高等学校计算机专业“十一五”规划教材

ARM嵌入式系统基础及应用

主　编　黄　俊

参　编　邱绍峰　王小平　代少升

刘科征　邵　凯

西安电子科技大学出版社

内 容 简 介

本书介绍了嵌入式系统的概念、组成、发展趋势及嵌入式处理器的分类，并对嵌入式操作系统作了简单介绍。全书共分 10 章，首先针对 ARM 体系结构的 CPU 模块、存储模块、I/O 模块和时钟模块等硬件模块的基础知识和开发进行了介绍，并给出了典型的硬件模块开发的例子。然后介绍了 Windows Embedded CE 嵌入式操作系统的管理、应用程序开发、驱动程序开发。此外，本书还介绍了嵌入式系统的发展趋势——可编程片上系统（SOPC）及 SOPC 的开发流程。最后针对工程应用详细讲述了嵌入式项目的开发方法，包括产品开发过程、文档、产品开发的工程与项目管理。

本书可作为高等院校相关专业的教材使用，也可供有志从事嵌入式系统设计和应用的工程师参考。

图书在版编目(CIP)数据

ARM 嵌入式系统基础及应用 / 黄俊主编. —西安：西安电子科技大学出版社，2010.9

高等学校计算机专业“十一五”规划教材

ISBN 978-7-5606-2370-2

Ⅰ. ①A… Ⅱ. ①黄… Ⅲ. ①微处理器，ARM—系统设计—高等学校—教材 Ⅳ. ①TP332

中国版本图书馆 CIP 数据核字(2010)第 149117 号

策　　划 陈　婷

责任编辑 杨丕勇　陈　婷

出版发行 西安电子科技大学出版社(西安市太白南路 2 号)

电　　话 (029)88242885　88201467　　邮　　编 710071

网　　址 www.xduph.com　　电子邮箱 xdupfxb001@163.com

经　　销 新华书店

印刷单位 陕西光大印务有限责任公司

版　　次 2010 年 9 月第 1 版　2010 年 9 月第 1 次印刷

开　　本 787 毫米×1092 毫米　1/16　　印张 15

字　　数 350 千字

印　　数 1～3000 册

定　　价 21.00 元

ISBN 978-7-5606-2370-2/TP・1195

XDUP 2662001-1

高等学校计算机专业“十一五”规划教材

编审专家委员会

前　言

嵌入式系统是当前电子及信息行业发展最快、应用最广、最有前景的应用技术之一。多媒体手机、掌上 PDA、电视机顶盒、数码相机、网络路由器等都离不开嵌入式系统。在众多的嵌入式处理器中，ARM(Advanced RISC Machines)处理器已成为主流应用处理器和嵌入式系统的代表。当前，基于 ARM 内核的 32 位 RISC 处理器以内核耗电少、成本低、功能强以及特有的 16/32 位双指令集，成为移动通信、手持计算、多媒体数字消费等嵌入式解决方案中的重要角色。多家知名半导体公司都推出了基于 ARM 内核的系列处理器产品，越来越多的开发人员利用 ARM 平台进行产品开发工作。

目前很多嵌入式系统方面的书籍定位于某种嵌入式处理器的原理和应用，专讲一种处理器开发工具的使用，对嵌入式系统的开发者来说，不能满足其在嵌入式系统总体设计、软/硬件选型、方案设计等方面的需要。本书正是针对这一问题而编写的。

本书共分 10 章，其中第 1 章介绍了嵌入式系统的概念、组成、发展趋势及嵌入式处理器的分类，并对嵌入式操作系统作了简单介绍；第 2 章主要介绍了构成 ARM 体系结构的 CPU 模块、存储模块、I/O 模块和时钟模块；第 3 章重点讲解了 ARM 硬件模块的开发，并给出了典型的硬件模块开发实例；第 4 章主要讨论了软件系统的开发，包括汇编语言开发和 C 语言开发，同时对嵌入式软件开发平台进行了介绍；第 5 章分析了嵌入式系统中的中断机制及其应用；第 6 章讲述了 Windows Embedded CE 嵌入式操作系统的管理和设计流程；第 7 章讲解了 Windows CE 应用程序开发的工具和具体步骤；第 8 章介绍了 Windows CE 驱动程序开发，并以 IIC 接口驱动设计为例，讲解了具体的设计步骤；第 9 章主要介绍 Nios II 软核处理器以及支持 Nios II 软核处理器的 FPGA 系列，并详细介绍了 SOPC 的开发流程；第 10 章详细讲述了嵌入式项目的开发方法，包括产品开发过程、文档、产品开发的工程与项目管理。

本书可作为高等院校相关专业研究生、本科生及高职院校相关专业的教材，也可供相关专业的工程技术人员参考。

在编写本书的过程中，张举、董伟、周萌、张杰、邢进、李霞、蔡昌、王建勇、陈培培、乔彬、朱雁程、谭峰、钟鹏、万志卫、李建寰、阳波、李铁军、唐浩、魏慧、王彬、李峥、赵蕾、刘燕霞、宛鹏飞、徐沛、盛春旭、张锐等在资料收集、整理和写作方面做了大量的工作，在此表示感谢！

由于时间仓促，加之作者水平有限，书中难免存在不足之处，敬请广大读者批评指正。

作　者

2010 年 6 月

目　录

第 1 章　嵌入式系统概述

随着科学技术的发展，嵌入式系统的应用越来越广泛，它几乎应用到了所有的电器设备中，如掌上 PDA、移动计算设备、电视机顶盒、手机、数字电视、汽车、微波炉、数码相机、家庭自动化系统、安全系统、自动售货机、工业自动化仪表、医疗仪器等。大力发展嵌入式系统，是适应技术发展趋势和市场发展潮流的关键性战略。它不仅自身的产业潜力十分巨大，同时将极大地带动相关产业的发展，并且对改变我国软件产业和集成电路产业相对落后的局面也是极为关键的一环。本章将介绍嵌入式系统的基础知识。

1.1　嵌入式系统基础

1.1.1　嵌入式系统的定义

IEEE(国际电气和电子工程师协会)对嵌入式系统的定义是：用于控制、监视或者辅助操作机器和设备的装置(devices used to control，monitor，or assist the operation of equipment，machinery or plants)。简而言之，嵌入式系统就是指嵌入到对象体中的专用计算机系统。狭义上讲，嵌入式系统是指以应用为核心，以计算机技术为基础，软硬件可裁剪，对功能、可靠性、成本、体积和功耗有严格要求的专用计算机系统。

一个嵌入式系统就是一个具有特定功能或用途的计算机软硬件集合体，就是嵌入到对象体中的专用计算机系统。它包括了三个要素：嵌入、专用、计算机。

1.1.2　嵌入式系统的基本组成

嵌入式系统一般由三个主要部分组成：嵌入式硬件平台、嵌入式操作系统、嵌入式系统应用软件。

(1) 嵌入式硬件平台，包括处理器、存储器(RAM、ROM)、输入/输出设备、辅助系统等。

(2) 嵌入式操作系统，指嵌入式硬件平台上运行的操作系统。

(3) 嵌入式系统应用软件，指用于实现具体业务逻辑功能的各种软件。

图 1.1 所示为嵌入式系统的组成图。

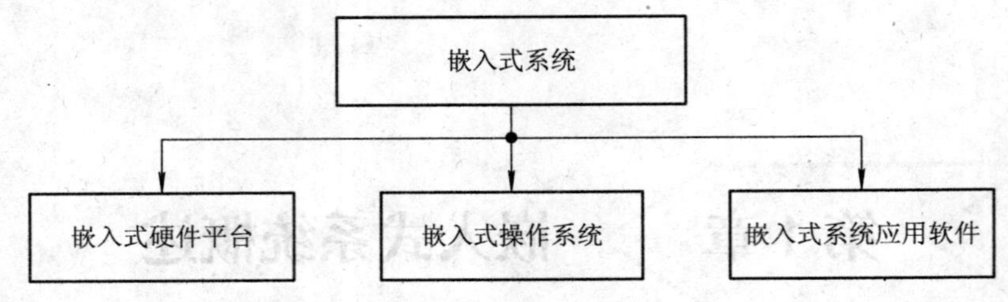

图 1.1　嵌入式系统的组成图

1.1.3　嵌入式系统的特点

嵌入式系统作为区别于一般计算机系统的专用计算机系统有其自身特点：

(1) 嵌入式 CPU 大多工作在为特定用户群设计的系统中，通常具有功耗低、体积小、集成度高等特点，能够把通用计算机中许多由板卡完成的任务集成在芯片内部，使得嵌入式系统趋于小型化，移动能力大大增强，与网络的耦合越来越紧密。

(2) 嵌入式系统是将先进的计算机技术、半导体技术和电子技术与各个行业的具体应用相结合后的产物，是一个技术密集、资金密集、不断创新的知识集成系统。

(3) 嵌入式系统的硬件和软件都必须高效率地设计，争取在同样的硅片面积上实现更高的性能，这样才能在具体应用中更具有竞争力。

(4) 嵌入式系统和具体应用有机地结合在一起，它的升级换代也与具体产品同步进行，因此嵌入式系统产品一旦进入市场，便具有较长的生命周期。

(5) 为了提高执行速度和系统可靠性，嵌入式系统中的软件一般固化在存储器芯片或单片机本身中，而不是存储于磁盘等载体中。

(6) 嵌入式系统本身不具备自行开发能力，即使设计完成以后用户通常也不能对其中的程序功能进行修改，必须有一套开发工具和环境才能进行开发。

1.1.4　嵌入式系统的发展趋势

嵌入式系统的发展趋势有以下几个方面：

(1) 提供强大的网络服务。嵌入式系统一般配备标准的一种或多种网络通信接口，以适应嵌入式分布处理结构和上网的要求。嵌入式系统还必须配备有 TCP/IP 协议簇软件支持的通信接口来满足外部联网的要求。

(2) 小尺寸、低成本和低功耗。嵌入式系统应选用最佳的编程模式并不断地改进算法，优化编译器性能，以限制内存容量和复用接口芯片，来满足小尺寸、低成本和低功耗的特性。

(3) 人性化的人机界面。自然的人机交互界面使嵌入式设备更具有亲和力，也更容易为用户所接受和使用。

(4) 完善的开发平台。应采用更强大的嵌入式处理器来满足电气结构更为复杂的应用产品，同时采用多任务编程技术和交叉开发技术来控制功能复杂性，简化应用程序设计，保障软件质量和缩短开发周期。

1.2 嵌入式微处理器

1.2.1 嵌入式微处理器简介

嵌入式微处理器是由通用计算机的 CPU 演变而来的，它虽然在功能上与标准微处理器基本相同，但一般在工作温度、抗电磁干扰、可靠性等方面都做了各种增强。

嵌入式微处理器一般具备以下几个特点：

(1) 对实时多任务的支持能力强，能完成多任务并且有较短的中断响应时间，可使内部的代码和实时内核的执行时间减少到最低限度。

(2) 具有功能很强的存储区保护功能。由于嵌入式系统的软件结构已模块化，为了避免在软件模块之间出现错误的交叉作用，需要设计强大的存储区保护功能，同时这也有利于软件诊断。

(3) 具有可扩展的处理器结构。

(4) 嵌入式微处理器功耗低，可用于便携式的无线及移动计算和通信设备中。靠电池供电的嵌入式系统芯片功耗仅为毫瓦级，甚至是微瓦级。

目前，嵌入式微处理器主要分为以下几种类型：

1) 微控制器(MCU)

嵌入式微控制器的典型代表是单片机这种 8 位的电子器件，目前在嵌入式设备中单片机仍然有着极其广泛的应用。

2) 微处理器(MPU)

嵌入式微处理器(Micro Processor Unit)是由通用计算机中的 80386、80387 CPU 演变而来的。与计算机处理器不同的是，在实际嵌入式应用中，MPU 只保留了和嵌入式应用紧密相关的功能硬件，去除了其他的冗余功能部分，这样就以最低的功耗和资源实现了嵌入式应用的特殊要求。

3) 数字信号处理器(DSP)

DSP 是专门用于信号处理方面的处理器，其在系统结构和指令算法方面进行了特殊设计，在数字滤波、FFT、频谱分析等各种仪器上，DSP 获得了大规模的应用。

4) 片上系统(SoC)

SoC 是 IC 设计的发展趋势。采用 SoC 设计技术，可以大幅度地提高系统的可靠性，减少系统的面积和功耗，降低系统成本，极大地提高系统的性能价格比。

5) 可编程片上系统(SOPC)

SOPC 被称为“半导体产业的未来”，是以 FPGA 为核心的硬件可重构技术。它是用可编程逻辑技术把整个系统放到一块硅片上的技术。

嵌入式微处理器型号主要有 AM186/88、X86 系列、SC-400、Power PC、MIPS 和 ARM 系列。下面对几种主要类型的嵌入式处理器分别进行介绍。

1.2.2 ARM 微处理器

ARM(Advanced RISC Machines)既是一个公司的名字，也是对一类微处理器的通称。

ARM 公司是专门从事基于 RISC 技术的芯片设计开发的公司。作为知识产权供应商，ARM 公司本身不直接从事芯片生产，而是靠转让设计许可获利。世界各大半导体生产商从 ARM 公司购买其设计的 ARM 微处理器核，再根据各自不同的应用领域，加入适当的外围电路，从而形成自己的 ARM 微处理器芯片产品。目前，全世界有几十家大的半导体公司都使用 ARM 公司的授权，因此使得 ARM 技术获得更多的第三方工具、制造、软件的支持，使得整个系统成本降低，产品更容易进入市场并被消费者所接受，同时也更具有竞争力。

ARM 微处理器一般采用 RISC 架构。RISC 体系结构一般具有如下特点：

(1) 采用固定长度的指令格式，指令归整、简单，基本寻址方式有 2～3 种。

(2) 使用单周期指令，便于流水线操作执行。

(3) 大量使用寄存器，数据处理指令只对寄存器进行操作，只有加载/存储指令可以访问存储器，以提高指令的执行效率。

(4) 所有的指令都可根据前面的执行结果决定是否被执行，从而提高指令的执行效率。

(5) 可用加载/存储指令批量传输数据，以提高数据的传输效率。

(6) 可在一条数据处理指令中同时完成逻辑处理和移位处理。在循环处理中使用地址的自动增减来提高运行效率。

1.2.3 嵌入式 DSP 处理器

嵌入式 DSP 是一种具有特殊结构的微处理器，主要用在数字滤波、FFT、谱分析等方面。DSP 芯片的内部采用程序和数据分开的哈佛结构，具有专门的硬件乘法器，广泛采用流水线操作，提供特殊的指令，可以用来快速地实现各种数字信号处理算法。

DSP 芯片一般具有如下主要特点：

(1) 在一个指令周期内可完成一次乘法和一次加法。

(2) 程序和数据空间分开，可以同时访问指令和数据。

(3) 片内具有快速 RAM，通常可通过独立的数据总线同时访问指令和数据。

(4) 具有低开销或无开销循环及跳转的硬件支持。

(5) 快速的中断处理和硬件 I/O 支持。

(6) 具有在单周期内操作的多个硬件地址产生器。

(7) 可以并行执行多个操作。

(8) 支持流水线操作，使取指、译码和执行等操作可以重叠执行。

目前，嵌入式 DSP 处理器最具有代表性的产品是 Texas Instruments 的 TMS320 系列和 Motorola 的 DSP56000 系列。TMS320 系列处理器包括用于控制的 C2000 系列、用于移动通信的 C5000 系列以及性能更高的 C6000 和 C8000 系列。DSP56000 目前已经发展成为 DSP56000、DSP56100、DSP56200 和 DSP56300 等几个不同系列的处理器。

1.2.4 网络处理器

国际网络处理器会议(Network Processors Conference)对网络处理器(NP，Network Processors)的定义是：网络处理器是一种可编程器件，主要用于完成通信领域的各种任务，比如包处理、协议分析、路由查找、声音/数据的汇聚、防火墙、QoS 等。

网络处理器是专门为处理数据包而设计的可编程处理器，能够直接完成网络数据处理的一般性任务。NP 的硬件体系大多采用高速的接口技术和总线规范，具有较高的 I/O 能力，包处理能力得到了很大提升。

NP 一般具有以下特点：

(1) 专用硬件协处理器。对要求高速处理的通用功能模块采用专用硬件实现以提高系统性能。

(2) 专用指令集。转发引擎通常采用精简指令集，并针对网络协议处理特点进行优化。

(3) 分级存储器组织。NP 存储器一般包含多种不同性能的存储结构，对数据进行分类存储以适应不同的应用。

(4) 高速 I/O 接口。NP 具有丰富的高速 I/O 接口，包括物理链路接口、交换接口、存储器接口、PCI 总线接口等。它们通过内部高速总线连接在一起，提供很强的硬件并行处理能力。

(5) 可扩展性。多个 NP 之间还可以互连，构成网络处理器簇，以支持更为大型高速的网络处理。

从网络处理器的以上特点可以看出，与通用处理器相比，网络处理器在网络分组数据处理上具有明显的优势。目前，NP 的主要生产厂商都是国外的，最具有代表性的是 Intel 的 IXP 系列产品和 SiByte 的 Mercurian 系列产品。

1.2.5　嵌入式片上系统

嵌入式片上系统(SoC，System on Chip)指的是在单个芯片上集成一个完整的系统，对所有或部分必要的电子电路进行包分组的技术。一个完整的片上系统一般包括中央处理器、存储器以及外围电路等。

SoC 设计技术始于 20 世纪 90 年代中期，随着半导体工艺技术的发展，IC 设计者能够将越来越复杂的功能集成到单硅片上，SoC 正是在集成电路(IC)向集成系统(IS)转变的趋势下产生的。1994 年 Motorola 发布的 Flex Core 系统(用来制作基于 68000 和 PowerPC 的定制微处理器)和 1995 年 LSILogic 公司为 Sony 公司设计的 SoC 可能是基于 IP (Intellectual Property)核完成 SoC 设计的最早报导。由于 SoC 可以充分利用已有的设计积累，显著提高 ASIC 的设计能力，故发展非常迅速。

SoC 一般可以分为专用 SoC 和通用 SoC 两种。专用 SoC 一般用于某个或某类系统中；通用 SoC 系列包括 Infineon 的 TriCore、Motorola 的 M-Core、某些 ARM 系列器件、Echelon 和 Motorola 联合研制的 Neuron 芯片及 Ti 公司的 SoC 系列芯片等。

1.3　嵌入式操作系统

1.3.1　操作系统的基本概念

操作系统是计算机厂家提供的最基本、最重要的系统软件。微机上常见的操作系统有 CP/M、MS-DOS、PC-DOS、UCDOS、UNIX、Linux、XENIX、OS/2、Windows 等。其中 MS-DOS、 Windows 和 Linux 是用得较多的操作系统。早期的计算机没有专门的操作系统，一般由操作人员自己控制计算机上的各种按钮和开关进行操作。在 20 世纪 50 年代第二代计算机诞生以后，计算机的速度和容量都有了很大的提高，使人机之间、CPU 和外设之间的速度不匹配的矛盾更为突出。为了解决这一矛盾，出现了供用户使用的监督程序，并通过此程序使用及控制计算机。到了 20 世纪 60 年代中期，监督程序才进一步发展成为操作系统。

操作系统是计算机系统的资源管理者，它负责管理并调度对系统各类资源的使用，具体地说，其具有以下五大管理功能：

(1) 处理机管理。处理机管理可合理地安排和调度每个进程占用 CPU 的时间，以保证多个作业的完成和 CPU 效率的提高，使用户等待的时间最少。

(2) 存储管理。存储管理可合理分配内存，使各个作业占有的内存区不发生冲突，不互相干扰，并且可对内存进行扩充。

(3) 文件管理。文件管理可完成文件的存取和对文件进行管理，包括管理文件的目录，为文件分配存储空间，执行用户提出的给文件命名、更名、存取、修改、删除等使用文件的各种命令。

(4) 设备管理。当用户程序要使用外部设备时，由它控制(或调用)驱动程序使外部设备工作，并随时对该设备进行监控，处理外部设备的中断请求等。

(5) 作业管理。用户为完成一个任务而要求计算机所做的全体工作称为一个作业。作业管理包括作业的调度、控制、处理和报告。

1.3.2　嵌入式操作系统简介

嵌入式操作系统是操作系统的一种，是在传统操作系统的基础上加入符合嵌入式应用的元素发展而来的，它负责嵌入式系统的全部软、硬件资源的分配、调度、控制、协调。嵌入式操作系统完成系统初始化以及嵌入式应用的任务调度和控制等核心功能。嵌入式操作系统具有以下特点：

(1) 体积小。嵌入式系统有别于一般的计算机处理系统，它不具备像硬盘那样大容量的存储介质，而大多使用闪存作为存储介质。这就要求嵌入式操作系统只能运行在有限的内存中，不能使用虚拟内存，中断的使用也受到限制。因此，嵌入式操作系统必须结构紧凑，体积微小。

(2) 实时性。大多数嵌入式系统都是实时系统，而且多是强实时多任务系统，要求相应的嵌入式操作系统也必须是实时操作系统。实时操作系统作为操作系统的一个重要分支已经成为了研究的一个热点，主要研讨实时多任务调度的算法和可调度性、死锁解除等问题。

(3) 特殊的开发环境。提供完整的集成开发环境是每一个嵌入式系统开发人员所期待的。一个完整的嵌入式系统的集成开发环境一般需要提供的工具是编译/连接器、调试器、软件仿真器和监视器等。

1.3.3　实时操作系统基础

实时操作系统(RTOS，Real Time Operating System)是指保证在一定时间限制内完成特定功能的操作系统，是嵌入式系统最重要的组成部分。实时操作系统可以分为软实时操作系统与硬实时操作系统。软实时操作系统要求事件响应是及时的，而硬实时操作系统不仅要求事件响应的实时，还要求在规定时间内完成对事件的处理。

实时操作系统必须具备以下特征：

(1) 支持多进程并发执行。

(2) 有进程和线程优先级。

(3) 多种中断级别，支持中断嵌套。

实时操作系统中的任务有三种基本状态：

(1) 就绪：进程已获得除 CPU 以外的其他资源。

(2) 运行：进程获得 CPU 控制权，处于正在执行的状态。

(3) 阻塞：进程因等待某事件或 I/O 结果而暂时不能运行的状态。任务发生阻塞时，进程主动放弃 CPU 控制权，等待系统实时事件的发生而转为就绪态。

实时操作系统可分为可抢占型和不可抢占型两类。对于基于优先级的系统而言，可抢占型实时操作系统是指内核可以抢占正在运行任务的 CPU 使用权并将使用权交给进入就绪态的优先级更高的任务，是内核抢了 CPU 让别的任务运行。不可抢占型实时操作系统使用某种算法并决定让某个任务运行后，就把 CPU 的控制权完全交给了该任务，直到它主动将 CPU 控制权还回来。

实时性取决于最长任务的执行时间。不可抢占型实时操作系统如果最长任务的执行时间不能确定，系统的实时性就不能确定。可抢占型实时操作系统的实时性好，优先级高的任务只要具备了运行的条件，或者说进入了就绪态，就可以立即运行。但是，如果任务之间抢占 CPU 控制权处理得不好，则会产生系统崩溃、死机等严重后果。

1.3.4 常见的实时操作系统及应用

目前，较为流行的嵌入式操作系统有：嵌入式 Linux、VxWorks、Windows CE、μCLinux 等。随着以智能手机为代表的便携式终端的普及，Symbian、Windows Mobile、Palm、Android 等操作系统也获得了广泛应用。

一般商用嵌入式操作系统都采用计费许可证，即以“提成”的方法向用户收取费用。购买者先付一笔费用购买嵌入式操作系统及其开发环境，在此基础上开发出自己的产品，然后每出售一套采用该系统的产品，便向操作系统提供商上交一定的费用。为便于应用系统的开发和调试，通常额外付费就可以取得嵌入式操作系统的源代码。Microsoft 公司本来从不向用户提供源代码，但是其嵌入式操作系统 Windows CE 却是例外，只要是在 Windows CE 上开发产品的厂商，均可与 Microsoft 公司签订合同，取得其源代码。采用商用嵌入式操作系统的好处是能得到比较好的技术支持。相关内容将在本书的第 6 章进行较为详细的介绍。

1.4 本章小结

本章主要介绍了嵌入式系统的一些基础知识，包括嵌入式系统的概念、发展历史、基本组成等，并在此基础上介绍了嵌入式系统处理芯片的各种类型和性能特点以及嵌入式操作系统的基本知识，使读者在阅读完本章之后能够对嵌入式系统有一个初步的认识。

思考与练习

1. 什么是嵌入式系统？嵌入式系统有哪些特点？
2. 简述嵌入式系统的发展过程。
3. 从硬件系统来看，嵌入式系统由哪几部分组成？
4. 从软件系统来看，嵌入式系统由哪几部分组成？
5. 嵌入式系统和通用计算机相比有什么特点？
6. 嵌入式处理器有哪几类？
7. ARM处理器、网络处理器、DSP、FPGA和片上系统各自的特点是什么？
8. 什么是嵌入式操作系统？什么是实时操作系统？它们各有哪些特点？

第 2 章　ARM 体系结构

嵌入式系统的核心部件是各种类型的嵌入式处理器。嵌入式处理器具有处理速度快、I/O 功能强、功耗低、实时性好等特点。目前的嵌入式系统大多采用基于 RISC(Reduced Instruction Set Computer)指令集的处理器作为内核。RISC 型处理器具有结构简单、处理速度快和处理功能强等优点，ARM 公司的 ARM、Hitachi 公司的 SH、Toshiba 公司的 MIPS 和 Motorola 公司的 M-Core 等都是新型嵌入式系统常用的 RISC 型处理器。其中基于 ARM 架构的处理器已在高性能、低功耗、低成本的嵌入式应用领域占据领先地位，成为嵌入式领域的主流处理器。因此，本章将重点介绍 ARM 处理器的体系结构。

2.1　ARM 处理器简介

2.1.1　ARM 处理器的型号和特点

ARM 微处理器目前包括 ARM 公司的 ARM7 系列、ARM9 系列、ARM9E 系列、ARM10E 系列、SecurCore 系列，以及 Intel 的 Xscale、StrongARM 等系列，以及其他厂商基于 ARM 体系结构的处理器，除了具有 ARM 体系结构的共同特点以外，每一个系列的 ARM 微处理器都有各自的特点和应用领域。其中，ARM7、ARM9、ARM9E 和 ARM10 为 4 个通用处理器系列，每一个系列都提供一套相对独特的性能来满足不同应用领域的需求。SecurCore 系列专门为安全要求较高的应用而设计。

1. ARM7 系列微处理器

ARM7 系列微处理器为低功耗的 32 位 RISC 处理器，最适合用于对价位和功耗要求较高的消费类应用场合。

ARM7 系列微处理器具有如下特点：

(1) 具有嵌入式 ICE-RT 逻辑，调试开发方便。

(2) 功耗极低，适合对功耗有严格要求的应用，如便携式产品等。

(3) 能够提供 0.9 MIPS/MHz 的三级流水线结构。

(4) 代码密度高且兼容 16 位的 Thumb 指令集。

(5) 对操作系统的支持广泛，包括 Windows CE、Linux、Palm OS 等。

(6) 指令系统与 ARM9 系列、ARM9E 系列和 ARM10E 系列兼容，便于用户的产品升级换代。

(7) 主频最高可达 130 MHz，高速的运算处理能力能胜任绝大多数的复杂应用。

ARM7 系列微处理器的主要应用领域有：工业控制、Internet 设备、网络和调制解调器设备、移动电话等多种多媒体和嵌入式应用。ARM7 系列微处理器包括 ARM7TDMI、ARM7TDMI-S、ARM720T、ARM7EJ 等几种类型的核。其中，ARM7TDMI 是目前使用最广泛的 32 位嵌入式 RISC 处理器，属低端 ARM 处理器核。其产品代号中，TDMI 中 T 的含义是支持 16 位压缩指令集 Thumb；D 的含义是支持片上 Debug；M 的含义是内嵌硬件乘法器(Multiplier)；I 的含义是嵌入式 ICE，支持片上断点和调试点。

2. ARM9 系列微处理器

ARM9 系列微处理器在高性能和低功耗特性方面具有最佳的性能，其具有以下特点：

(1) 5 级整数流水线，指令执行效率更高。

(2) 提供 1.1 MIPS/MHz 的哈佛结构。

(3) 支持 32 位 ARM 指令集和 16 位 Thumb 指令集。

(4) 支持 32 位的高速 AMBA 总线接口。

(5) 全性能的 MMU，支持 Windows CE、Linux、Palm OS 等多种主流嵌入式操作系统。

(6) MPU 支持实时操作系统。

(7) 支持数据 Cache 和指令 Cache，具有更高的指令和数据处理能力。

ARM9 系列微处理器包含 ARM920T、ARM922T 和 ARM940T 三种类型，主要应用于无线设备、仪器仪表、安全系统、机顶盒、高端打印机、数字照相机和数字摄像机等。

3. SecurCore 系列微处理器

SecurCore 系列微处理器专为安全需要而设计，提供了完善的 32 位 RISC 技术的安全解决方案。SecurCore 系列微处理器除了具有 ARM 体系结构的低功耗、高性能的特点外，还具有其独特的优势，即提供了对安全解决方案的支持。

SecurCore 系列微处理器主要应用于一些对安全性要求较高的应用产品及应用系统，如电子商务、电子政务、电子银行业务、网络和认证系统等领域。SecurCore 系列微处理器包含 SecurCore SC100、SecurCore SC110、SecurCore SC200 和 SecurCore SC210 四种类型，以适用于不同的应用场合。

4. StrongARM 微处理器

Intel StrongARM 处理器是便携式通信产品和消费类电子产品的理想选择，已成功应用于多家公司的掌上电脑系列产品。StrongARM 是 Intel 公司为手持式消费类电子设备和移动计算与通信的嵌入式处理器。采用 StrongARM 架构的处理器有：

- SA-1：StrongARM 处理器内核
- SA-110：StrongARM 处理器核
- SA-1100：通用处理器 MPU
- SA-1110：通用处理器 MPU
- IXP1200：采用 StrongARM 核的网络处理器

5. Xscale 处理器

Xscale 处理器是基于 ARMv5TE 体系结构的解决方案，是一款全性能、高性价比、低功耗的处理器。它支持 16 位的 Thumb 指令和 DSP 指令集，已使用在数字移动电话、个人数字助理和网络产品等场合。Xscale 架构处理器是为无线手持式应用产品开发的新一代嵌入式处理器，是 PCA 开发式平台架构中的应用子系统与通信子系统中的嵌入式处理器。Xscale 微架构处理器的时钟可以达 1 GHz，功耗为 1.6 W，运算速度能达到 1200 MIPS。采用 Xscale 架构的处理器有 IOP310、IOP321、PXA210、PXA 25X、PXA 26X、PXA 27X 等。

6. ARM11 系列微处理器

ARM11 系列微处理器是 ARM 公司近年推出的新一代 RISC 处理器，它是 ARM 新指令架构——ARMv6 的第一代设计实现。ARMv6 发布于 2001 年 10 月，它建立于过去十年 ARM 许多成功的结构体系基础上。ARMv6 架构是根据下一代的消费类电子、无线设备、网络应用和汽车电子产品等需求而制定的。ARM11 的媒体处理能力和低功耗特点，使其特别适用于无线和消费类电子产品；其高数据吞吐量和高性能的结合非常适合网络处理应用；另外，在实时性能和浮点处理等方面，ARM11 可以满足汽车电子应用的需求。可以预言，基于 AMRv6 体系结构的 ARM11 系列处理器将在上述领域发挥巨大的作用。

ARM11 系列处理器首先推出 350～500 MHz 时钟频率的内核，在未来将上升到 1 GHz。ARM11 系列微处理器在提供高性能的同时，允许在性能和功耗间做权衡以满足某些特殊应用。通过动态调整时钟频率和供应电压，开发者完全可以控制这两者的平衡。在 0.13 μm 工艺、1.2 V 条件下，ARM11 系列微处理器的功耗可以低至 0.4 mW/MHz。

ARM11 系列微处理器通过以下几点来增强处理器的性能：

- 多媒体处理扩展
- 使 MPEG4 编码/解码加快一倍
- 音频处理加快一倍
- 增强的 Cache 结构
- 实地址 Cache
- 减少 Cache 的刷新和重载
- 减少上下文切换的开销
- 增强的异常和中断处理
- 使实时任务的处理更加迅速，支持 Unaligned 和 Mixed-endian 数据访问
- 使数据共享、软件移植更简单，也有利于节省存储器空间

ARM11 系列微处理器是为了有效地提供高性能处理能力而设计的。ARM 并非不能设计出运行在更高频率的处理器，而是在处理器能提供超高性能的同时，还要保证功耗、面积的有效性。ARM11 优秀的流水线设计是这些功能的重要保证。该系列主要有 ARM1136J、ARM1156T2 和 ARM1176JZ 三个内核型号，分别针对不同应用领域。

2.1.2　ARM 处理器结构

1979 年，美国加州大学伯克利分校提出了精简指令集计算机 RISC 的概念，RISC 并非只是简单地去减少指令，而是把着眼点放在了如何使计算机的结构更加简单合理，以提高运算速度。RISC 结构通过优先选取使用频率最高的简单指令，避免复杂指令，将指令长度固定，指令格式和寻址方式种类减少，以控制逻辑为主，不用或少用微码控制等措施来达到上述目的。

ARM 处理器有 7 种不同的处理器模式，在每一种处理器模式下均有一组相应的寄存器与之对应，即在任意一种处理器模式下，可访问的寄存器包括 15 个通用寄存器(R0～R14)、1～2 个状态寄存器和程序计数器。在所有的寄存器中，有些是在 7 种处理器模式下共用同一个物理寄存器，而有些寄存器则是在不同的处理器模式下使用不同的物理寄存器。

ARM 微处理器在较新的体系结构中支持两种指令集：ARM 指令集和 Thumb 指令集。其中，ARM 指令为 32 位长度，Thumb 指令为 16 位长度。Thumb 指令集为 ARM 指令集的功能子集，但与等价的 ARM 代码相比较，可节省 30%～40%以上的存储空间，同时具备 32 位代码的所有优点。

2.2 ARM 寄存器描述

ARM 处理器共有 37 个寄存器，ARM 微处理器共有 37 个 32 位寄存器，其中 31 个为通用寄存器，6 个为状态寄存器。但是这些寄存器不能被同时访问，具体哪些寄存器是可编程访问的，取决于微处理器的工作状态及具体的运行模式。但在任何时候，通用寄存器 R14～R0、程序计数器 PC、一个或两个状态寄存器都是可访问的。

2.2.1 ARM 处理器的工作状态

ARM 处理器一般有两种工作状态，并且可以在两种工作状态之间进行切换。

(1) ARM 状态，此时处理器执行 32 位字对齐的 ARM 指令。

(2) Thumb 状态，此时处理器执行 16 位半字对齐的 Thumb 指令。

当 ARM 处理器执行 32 位的 ARM 指令集时工作在 ARM 状态；当 ARM 处理器执行 16 位 Thumb 指令集时工作在 Thumb 状态。在程序执行的过程中，微处理器可以随时在两种工作状态之间进行切换，并且处理器的工作状态并不影响处理器的工作模式和相应寄存器中的内容。

ARM 指令集和 Thumb 指令集均有切换处理器状态的指令，并且可以在两种工作状态之间切换，但当 ARM 处理器开始执行代码的时候，处于 ARM 状态。

当操作数寄存器的状态位为 1 时，可以采用执行 BX 指令的方法，使微处理器从 ARM 状态切换到 Thumb 状态。此外，当处理器处于 Thumb 状态时若发生异常，则异常处理返回时，自动切换到 Thumb 状态。

当操作数寄存器的状态位为 0 时，执行 BX 指令时可以使微处理器从 Thumb 状态切换到 ARM 状态。此外，当处理器进行异常处理时，把 PC 指针放入异常模式链接寄存器中，并从异常向量地址处开始执行程序，也可以使处理器切换到 ARM 状态。

2.2.2 ARM 处理器的运行模式

ARM 处理器支持 7 种运行模式，分别为：

(1) 用户模式(usr)：ARM 处理器正常的程序执行状态。

(2) 快速中断模式(fiq)：用于高速数据传输或通道处理。

(3) 外部中断模式(irq)：用于通用的中断处理。

(4) 管理模式(svc)：操作系统使用的保护模式。

(5) 数据访问终止模式(abt)：当数据或指令预取终止时进入该模式，用于虚拟存储及存储保护。

(6) 系统模式(system)：运行具有特权的操作系统任务，供操作系统使用的一种保护模式。

(7) 未定义指令中止模式(und)：当未定义的状态执行时进入该模式，用于支持硬件协处理器的软件仿真。

其中，除用户模式外，其他 6 种特权模式称为非用户模式或特权模式；除用户模式和系统模式外，其他 5 种模式又称为异常模式。可以通过软件改变 ARM 处理器的工作模式，外部中断或异常处理也可以引发模式转换。

大多数应用程序在用户模式下执行。当处理器工作在用户模式时，正在执行的程序不能访问某些被保护的资源，也不能改变模式，除非异常(exception)发生。当特定的异常出现时，程序进入相应的模式。每种模式都有某些私有的寄存器，以避免异常退出时用户模式的状态不可靠。系统模式与用户模式有完全相同的寄存器，但它是特权模式，不受用户模式的限制，仅供需要访问系统资源的操作系统任务使用。

2.2.3　ARM 状态下的寄存器组

在 ARM 状态下，处理器执行 32 位的 ARM 指令，此时的寄存器组包括通用寄存器和寄存器 R16。

1. 通用寄存器

通用寄存器包括 R0～R15，可以分为三类：未分组寄存器(R0～R7)，分组寄存器(R8～R14)，程序计数器 PC(R15)。

1) 未分组寄存器

在所有的运行模式下，未分组寄存器都指向同一个物理寄存器，它们未被系统用作特殊的用途，因此，在中断或异常处理进行运行模式转换时，由于不同的处理器运行模式均使用相同的物理寄存器，可能会造成寄存器中数据的破坏。

2) 分组寄存器

分组寄存器每一次所访问的物理寄存器都与处理器当前的运行模式有关。对于 R8～R12 来说，每个寄存器对应两个不同的物理寄存器。当使用 fiq 模式时，访问寄存器 R8_fiq～R12_fiq；当使用除 fiq 模式以外的其他模式时，访问寄存器 R8_usr～R12_usr。对于 R13、R14 来说，每个寄存器对应 6 个不同的物理寄存器，其中一个由用户模式与系统模式共用，另外 5 个物理寄存器对应于其他 5 种不同的运行模式。

采用以下的记号来指定不同的物理寄存器：

R13_<mode>

R14_<mode>

其中，mode 为 usr、fiq、irq、svc、abt、und 几种模式之一。

寄存器 R13 在 ARM 指令中常用作堆栈指针，用户也可使用其他的寄存器作为堆栈指针。在 Thumb 指令集中，某些指令强制性地要求使用 R13 作为堆栈指针。由于处理器的每种运行模式均有自己独立的物理寄存器 R13，在用户应用程序的初始化部分，一般都要初始化每种模式下的 R13，使其指向该运行模式的栈空间，这样，当程序的运行进入异常模式时，可以将需要保护的寄存器放入 R13 所指向的堆栈，而当程序从异常模式返回时，则从对应的堆栈中恢复。采用这种方式可以保证异常发生后程序的正常执行。

R14 也称做子程序连接寄存器(Subroutine Link Register)或连接寄存器 LR。当执行 BL 子程序调用指令时，R14 中得到 R15(程序计数器 PC)的备份。其他情况下，R14 用作通用寄存器。与之类似，当发生中断或异常时，对应的分组寄存器 R14_svc、R14_irq、R14_fiq、R14_abt 和 R14_und 用来保存 R15 的返回值。

3) 程序计数器 PC

R15 虽然也可用作通用寄存器，但一般不这么使用，因为对 R15 的使用有一些特殊的限制，当违反了这些限制时，程序的执行结果是未知的。

由于 ARM 体系结构采用了多级流水线技术，因此对于 ARM 指令集而言，PC 总是指向当前指令的下两条指令的地址，即 PC 的值为当前指令的地址值加 8 个字节。

在 ARM 状态下，任一时刻都可以访问以上所讨论的 16 个通用寄存器和 1～2 个状态寄存器。在非用户模式(特权模式)下，则可访问到特定模式分组寄存器。

2. 寄存器 R16

寄存器 R16 用作当前程序状态寄存器(CPSR，Current Program Status Register)。CPSR 可在任何运行模式下访问，它包括条件标志位、中断禁止位、当前处理器模式标志位以及其他一些相关的控制和状态位。

每一种运行模式下都有一个专用的物理状态寄存器，称为备份的程序状态寄存器(SPSR，Saved Program Status Register)。当异常发生时，SPSR 用于保存 CPSR 的当前值，从异常退出时则可由 SPSR 来恢复 CPSR。

由于用户模式和系统模式不属于异常模式，故没有 SPSR，在这两种模式下访问 SPSR 时，将返回未知结果。

2.2.4 程序状态寄存器

ARM 体系结构中包含一个当前程序状态寄存器(CPSR)和五个备份的程序状态寄存器(SPSR)。备份的程序状态寄存器用来进行异常处理，其功能包括：

(1) 保存 ALU 中的当前操作信息。

(2) 控制允许和禁止中断。

(3) 设置处理器的运行模式。

CPSR 和 SPSR 又统称程序状态寄存器(PSR)。PSR 各位的意义如下所述。

1. 条件码标志

N、Z、C、V 均为条件码标志位(Condition Code Flags)。它们的内容可被算术或逻辑运算的结果所改变，并且可以用于决定某条指令是否被执行。

在 ARM 状态下，绝大多数的指令都是有条件执行的；在 Thumb 状态下，仅有分支指令是有条件执行的。

2. 控制位

PSR 的低 8 位(包括 I、F、T 和 M[4:0])称为控制位，当发生异常时这些位可以被改变。如果处理器运行特权模式，各控制位也可以由程序修改。下面给出各控制位的控制功能。

(1) 中断禁止位：I、F。

➢ I=1，禁止 irq 中断；

➢ F=1，禁止 fiq 中断。

(2) T 标志位：该位反映处理器的运行状态。

对于 ARM 体系结构 v5 及以上版本的 T 系列处理器来说，当控制位为 1 时，程序运行于 Thumb 状态，否则运行于 ARM 状态。

对于 ARM 体系结构 v5 及以上版本的非 T 系列处理器来说，当控制位为 1 时，表示执行下一条指令会引起未定义的指令异常；当控制位为 0 时，表示运行于 ARM 状态。

(3) 运行模式位。

M[4：0]：M0、M1、M2、M3、M4 是模式位。这些位决定了处理器的运行模式。

并不是所有的运行模式位的组合都是有效的，无效的组合结果会导致处理器进入一个不可恢复的状态。

(4) 保留位。

PSR 中的其余位为保留位，当改变 PSR 中的条件码标志位或者控制位时，不要改变保留位，在程序中也不要使用保留位来存储数据。保留位将用于 ARM 版本的扩展。

2.2.5 异常处理

当程序执行流程发生暂时的停止时，称之为异常，例如处理一个外部的中断请求。在处理异常之前，当前处理器的状态必须保留，这样当异常处理完成之后，当前程序可以继续执行。处理器允许多个异常同时发生，并将会按固定的优先级进行处理。

ARM 体系结构中的异常，与 8 位/16 位体系结构的中断有很大的相似之处，但异常与中断的概念并不完全等同。

当一个异常出现以后，ARM 微处理器会执行以下操作：

(1) 将下一条指令的地址存入相应连接寄存器 LR，以便程序在处理异常返回时能从正确的位置重新开始执行。若异常是从 ARM 状态进入的，则 LR 寄存器中保存的是下一条指令的地址(当前 PC+4 或 PC+8，与异常的类型有关)；若异常是从 Thumb 状态进入的，则在 LR 寄存器中保存的是当前 PC 的偏移量。这样，异常处理程序就不需要确定异常是从何种状态进入的。例如：当发生软件中断异常 SWI 时，指令 MOV PC，R14_svc 总是返回到下一条指令，不管 SWI 是在 ARM 状态执行，还是在 Thumb 状态执行。

(2) 将 CPSR 复制到相应的 SPSR 中。

(3) 根据异常类型，强制设置 CPSR 的运行模式位。

(4) 强制 PC 从相关的异常向量地址取下一条指令执行，从而跳转到相应的异常处理程序处。

另外，ARM 处理器可以设置中断禁止位，以禁止中断发生。

如果异常发生时，处理器处于 Thumb 状态，则当异常向量地址被载入 PC 时，处理器自动切换到 ARM 状态。

异常处理完毕之后，ARM 微处理器会执行以下操作从异常返回：

(1) 将连接寄存器 LR 的值减去相应的偏移量后送到 PC 中。

(2) 将 SPSR 复制回 CPSR 中。

(3) 若在进入异常处理时设置了中断禁止位，要在此清除。

可以认为应用程序总是从复位异常处理程序开始执行的，因此复位异常处理程序不需要返回。当系统运行时，异常可能会随时发生，为保证在 ARM 处理器发生异常时不至于处于未知状态，在应用程序的设计中，首先要进行异常处理。采用的方式是在异常向量表中的特定位置放置一条跳转指令，当 ARM 处理器发生异常时，程序计数器 PC 会被强制设置为对应的异常向量，从而跳转到异常处理程序；当异常处理完成以后，会返回到主程序继续执行。

2.3　存储器映射 I/O

ARM 存储系统的体系结构比较灵活，以适应不同的嵌入式应用系统的需要。最简单的存储系统使用平面式的地址映射机制，就像一些简单的单片机系统一样，地址空间的分配方式是固定的，系统各部分都使用物理地址。而一些复杂系统可能包括下面介绍的一种或几种技术，从而提供更为强大的存储系统。

执行 ARM 系统 I/O 功能的标准方式是使用存储器映射 I/O。在这种方式下，加载或存储 I/O 值时，使用提供具有 I/O 功能的特殊存储器地址。通常，从存储器映射的 I/O 地址用于输入，而存储到存储器映射的 I/O 地址则用于输出。加载和存储都可用于执行控制功能，用于取代它们正常的输入或输出功能。

存储器映射的 I/O 位置的动作通常不同于正常的存储器位置的动作。对于存储器映射的 I/O 位置，第二次加载返回的值可以不同于第一次返回的值，这是由第一次加载的副作用或插入另一个存储器映射 I/O 位置的加载和存储的副作用导致的。

这些区别主要影响高速缓存的使用和存储器系统写缓冲区。一般来说，存储器映射的 I/O 位置通常标识为无高速缓存和无缓冲区，以避免对它们进行访问的次数、类型、顺序或时序等发生改变。

1. 从存储器映射的 I/O 取值

不同 ARM 实现，在存储器取值时会有相当大的区别，因此建议存储器映射的 I/O 位置只用于数据的加载和存储，而不用于取值。

2. 对存储器映射 I/O 的数据访问

一个指令序列在执行时，会在不同的点访问数据存储器，产生加载和存储访问的时序。如果这些加载和存储访问的是正常的存储器位置，那么它们在访问相同的存储器位置时只执行交互操作。对不同存储器位置的加载和存储可以按照不同于指令的顺序执行，但是不会改变最终的结果。这种自由改变存储器访问顺序的方式可被存储器用来提高性能。

此外，对同一存储器位置的访问还拥有其他可用于提升性能的特性，其中包括：

(1) 从相同的位置连续加载产生相同的结果。

(2) 从一个位置执行加载操作，将返回最后保存到该位置的值。

(3) 对某个数据规格的多次访问，可合并成单个的更大规模的访问。

但是如果存储器半字、字或字节的访问对象是存储器映射的 I/O 位置，那么一次访问会产生副作用，使访问地址改变成一个不同的地址。此时，不同时间顺序的访问将会使代码序列产生不同的结果。因此，当访问存储器映射的 I/O 位置时不能进行优化，它们的时间顺序绝对不能改变。

对于存储器映射的 I/O，每次存储器访问的数据规格都不会改变。每个 ARM 实现都提供一套机制来保证在存储器访问时不会改变访问的次数、数据的规格或时间顺序。该机制包含了实现定义的要求，在存储器访问时保护访问的次数、数据规格和时间顺序。如果不符合这些要求，就会发生不可预期的动作。

2.3.1 地址空间

ARM 是 32 位的处理器，地址空间是 2 的 32 次幂，其取值范围为 $0\sim2^{32}-1$，共 4G 地址空间。ARM 地址空间也可以看做是 2^{30} 个 32 位的字单元。这些字单元的地址可以被 4 整除，也就是说字单元地址的低两位均为 0。所有的外设(Flash、RAM、SD 卡等)都映射到这 4G 的空间上。比如大部分 ARM7 都把 RAM 映射到 0X40000000，所以对 RAM 的操作就在 0X40000000 开始的地址上。Flash 从 0X0 开始。使用 Flash 还要考虑地址重映射，就是选择片内 Flash 或片外 Flash。Flash 一般是 8 位或 16 位，当它接到 32 位的 ARM 上时，地址位就会错位。对于 16 位 Flash，Flash 的 A0 要接 ARM 的 A1。对于 8 位 Flash，Flash 的 A0 要接 ARM 的 A0。ARM 的 A0 对应 8 位，ARM 的 A1 对应 16 位，ARM 的 A2 对应 32 位；如果 Flash 是 32 位，那么 Flash 的 A0 接 ARM 的 A2。

2.3.2 存储器格式

在 ARM 中，存储器主要有大端模式(Big-endian)和小端模式(Little-endian)两种存储格式，如图 2.1 所示。所谓大端模式，是指数据的低位保存在内存的高地址中，而数据的高位保存在内存的低地址中。所谓小端模式，是指数据的低位保存在内存的低地址中，而数据的高位保存在内存的高地址中。

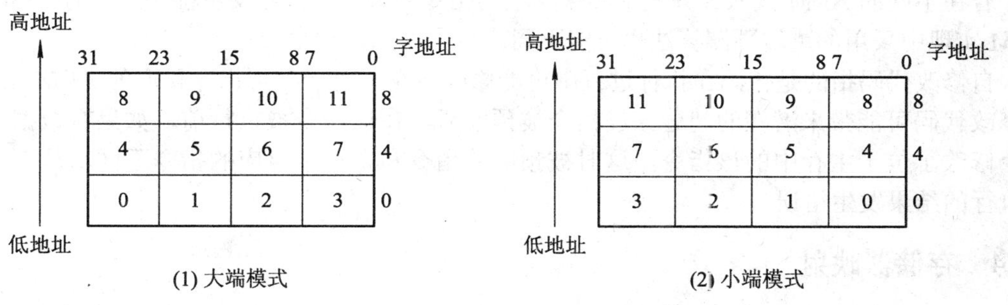

图 2.1 大端模式与小端模式

ARM 系统没有提供专门选择存储器格式的指令。如果系统中包含标准的 ARM 控制协处理器 CP15，则 CP15 的寄存器 C1 的位[7]决定了系统中存储器的格式。当系统复位时，寄存器 C1 的位[7]值为零，这时系统中存储器格式为 Little-endian 格式。如果系统中采用的是 Big-endian 格式，则复位异常中断处理程序中必须设置 C1 寄存器的位[7]。

2.3.3 非对齐的存储器访问

在 ARM 中，通常希望字单元的地址是字对齐的(地址的低两位为 0b00)，半字单元的地址是半字对齐的(地址的最低位为 0b0)。在存储访问操作中，如果存储单元的地址没有遵守上述的对齐规则，则称为非对齐(unaligned)的存储访问操作。

1．非对齐的指令预取操作

当处理器处于 ARM 状态器件时，如果写入到寄存器 PC 中的值是非字对齐的(低两位不为 0b00)，则要么指令执行的结果不可预知，要么地址值的低两位被忽略。

当处理器处于 Thumb 状态器件时，如果写入到寄存器 PC 中的值是非半字对齐的(最低位不为 0b0)，则要么指令执行的结果不可预知，要么地址值的最低位被忽略。

如果系统中指定，当发生非对齐的指令预取操作时，忽略地址值中相应的位，则由存储系统实现这种“忽略”。也就是说，这时该地址值原封不动地送到存储系统。

2．非对齐的数据访问操作

对于 Load/Store 操作，如果是非对齐的数据访问操作，系统定义了下面 3 种可能的结果：

(1) 执行的结果不可预知。

(2) 忽略字单元地址的低两位，即访问地址为 address and 0Xfffffffc 的字单元；忽略半字单元地址的最低位的值，即访问地址为 address and 0Xfffffffe 的半字单元。

(3) 对存储器访问，忽略访问非对齐的低地址位，但使用这些低位去检测控制加载数据的循环。

当发生非对齐的数据访问时，应采用上述 3 种处理方法中的哪一种是由各指令指定的。

在 ARM 中允许指令预取。在 CPU 执行当前指令的同时，可以从存储器中预取出若干条指令，具体预取多少条指令，不同的 ARM 实现中有不同的数值。

预取的指令并不一定能够得到执行，比如当前指令完成后，如果发生了异常中断，程序将会跳转到异常中断处理程序处执行，当前预取的指令将被抛弃；如果执行了跳转指令，则当前预取的指令也将被抛弃。

若在不同的 ARM 嵌入式开发中实现预取的指令条数不同，当发生程序跳转时，不同的 ARM 实现中采用的跳转预测算法也可能不同。

自修改代码指的是代码在执行过程中可能修改自身。对于支持指令预取的 ARM 系统，自修改代码可能带来潜在的问题。当指令被预取后，在该指令被执行前，如果有数据访问指令修改了位于主存中的该指令，这时被预取的指令和主存中对应的指令不同，从而可能使执行的结果发生错误。

2.3.4　存储器映射

ARM 处理器产生的地址叫虚拟地址，把这个虚拟地址按照某种规则转换到另一个物理地址去的方法称为地址映射。这个物理地址表示了被访问的存储器的位置。它是一个地址范围，该范围内可以写入程序代码。通过地址映射的方法将各存储器分配到特定的地址范围后，用户所见的存储器分布为存储器映射。

2.4　本 章 小 结

本章简述了 ARM 公司的 ARM 处理器，然后按照由内到外的顺序介绍了 ARM 处理器的相关知识(从 ARM 寄存器、工作状态和工作模式到 ARM 处理器某些具有代表性的部件)。通过本章内容的学习，读者应该掌握以下内容：

(1) ARM 寄存器的工作状态为 ARM 状态和 Thumb 状态，分别执行 32 位字对齐的 ARM 指令和 16 位半字对齐的 Thumb 指令。ARM 可以在两者之间进行零开销切换。

(2) ARM 处理器的工作模式有用户模式、快速中断模式、外部中断模式、管理模式、数据访问终止模式和系统模式。

(3) ARM 处理器共有 37 个寄存器，包括 31 个 32 位的通用寄存器和 6 个 32 位的状态寄存器。寄存器安排成部分重叠的组。每种处理器的模式使用不同的寄存器组。

思考与练习

1. 了解 ARM 各个系列型号的不同特点。
2. ARM 微处理器体系结构支持哪两种指令集？
3. 简述 ARM 微处理器体系结构中的 7 种工作模式。
4. 熟悉异常中断的流程。
5. 熟悉 ARM 系统中存储器格式的选择。

第 3 章　ARM 硬件模块开发

ARM 嵌入式系统是当今嵌入式系统开发的主流选择，它以 ARM CPU 为硬件平台，以 ADS 或相关软件为开发环境，以 ARM-Linux 或者 ARM-WinCE 为嵌入式操作系统，以各种中间件、驱动程序为软件平台。本章主要介绍 ARM 嵌入式常用硬件模块的电路与驱动设计，以及其工作特点。

3.1　ARM 硬件平台结构

ARM 嵌入式系统硬件平台一般由系统主板与系统扩展板组成。系统主板是硬件平台的基本组成部分，主要包括 ARM CPU、Flash、SDRAM、串口、键盘等部分。系统扩展板提供其他的硬件功能模块。

3.1.1　最小系统及常用硬件模块

能够使 ARM 嵌入式处理器正常运行的所必需的硬件模块和 ARM 嵌入式处理器构成了 ARM 嵌入式最小系统，最小系统主要包括：

➢ 用于调试的调试测试接口，如 JTAG 接口；用于存储和运行程序代码的存储器电路模块，如 Flash 和 SDRAM 模块。

➢ 用于提供系统时钟的时钟电路。

➢ 用于系统复位的复位电路。

➢ 用于为系统提供电源的电源电路以及用于数据计算处理的嵌入式处理器。

图 3.1 所示为 ARM 嵌入式最小系统的结构图。

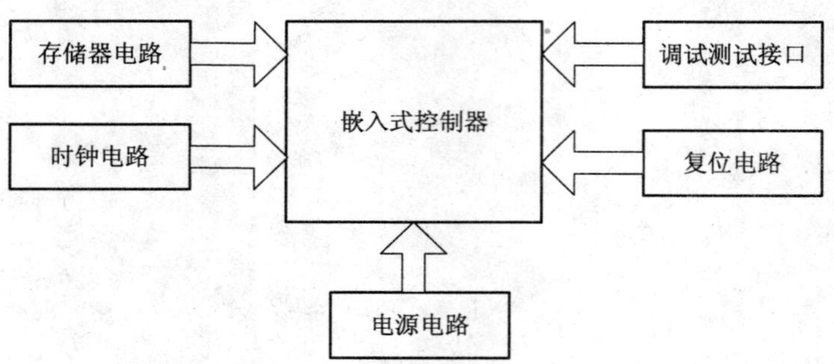

图 3.1　ARM 嵌入式最小系统框图

3.1.2 硬件设计基本原则

ARM 嵌入式应用系统的硬件电路设计是嵌入式系统开发的一个重要方面，遵循一定的电路设计原则可以使嵌入式系统的开发成本降低，使开发出来的系统具有更强的工作稳定性和可升级性。

设计 ARM 嵌入式应用系统的硬件电路应遵循以下原则：

(1) 尽可能选择典型电路，并符合 ARM 的常规用法，为硬件系统的标准化、模块化打下良好的基础。采用通用型平台硬件电路设计，可以根据需要增删部件而生产不同型号的产品，这样的设计思路可以大大地减小开发成本和开发周期，提高产品的市场竞争力。

(2) 系统扩展与外围设备的配置水平应充分满足应用系统的功能要求，并留有适当余地。如果条件许可，可在硬件电路设计中将富余的端口都做成插座形式的接口电路，这样有利于产品功能的扩展和改进，在产品升级和系统维护调试方面极大地减轻了开发人员和维护人员的工作。

(3) 硬件结构与应用软件设计结合考虑。实行软件设计优先实现原则，以简化硬件结构。须注意的是，软件方式实现的硬件功能，一般响应时间比硬件实现长，且占用 CPU 时间。

(4) 系统中选用的相关器件要尽可能做到性能匹配。系统中的所有芯片都应尽可能选择低功耗产品。芯片、器件的选择，去耦滤波设计，印刷电路板布线设计，通道隔离等均需要考虑系统可靠性及抗干扰设计。

(5) 根据应用需求选择合适的 ARM 处理器可极大提高系统的程序执行效率，缩短系统的反应时间，满足实时性的要求。

总之，在进行硬件设计的时候，既要充分考虑产品的可改进性，又要争取使产品的功能和硬件的开发成本达到完美的结合。

3.1.3 ARM 调试系统

用户选用 ARM 处理器开发嵌入式系统时，选择合适的开发工具可以加快开发进度，节省开发成本。因此一套含有编辑软件、编译软件、汇编软件、链接软件、调试软件、工程管理及函数库的集成开发环境(IDE)一般来说是必不可少的，至于嵌入式实时操作系统、评估板、ARM 开发/调试等其他开发工具则可以根据应用软件的规模和开发计划选用。 在集成开发环境中，包括编辑、编译、汇编、链接等工作在 PC 机上即可全部完成，调试工作则需要配合其他的模块或产品方可完成。目前常见的调试方法有以下几种。

1. 指令集模拟器

部分集成开发环境提供了指令集模拟器，可方便用户在 PC 机上完成一部分简单的调试工作。由于指令集模拟器与真实的硬件环境相差很大，因此即使用指令集模拟器调试通过的程序也有可能无法在真实的硬件环境下运行，用户最终还是必须在硬件平台上完成整个应用的开发。

2. 驻留监控软件

驻留监控软件(Resident Monitors)是一段运行在目标板上的程序，集成开发环境中的调试软件通过以太网口、并行端口、串行端口等通信端口与驻留监控软件进行交互，由调试软件发布命令通知驻留监控软件控制程序的执行、读写存储器、读写寄存器、设置断点等。驻留监控软件是一种比较低廉有效的调试方式，不需要任何其他的硬件调试和仿真设备。

使用驻留监控软件调试的不便之处在于对硬件设备的要求比较高，且一般在硬件稳定之后才能进行应用软件的开发，同时调试时要占用目标板上的部分资源，也不能对程序的全速运行进行完全仿真，所以对一些要求严格的情况不是很适合。

3. JTAG 仿真器

JTAG 仿真器也称为 JTAG 调试器，是通过 ARM 芯片的 JTAG 边界扫描口进行调试的设备。JTAG 仿真器比较便宜，连接方便，通过现有的 JTAG 边界扫描口与 ARM CPU 核通信，属于完全非插入式(即不使用片上资源)调试，它无需目标存储器，不占用目标系统的任何端口，而这些是驻留监控软件所必需的。使用集成开发环境配合 JTAG 仿真器是目前采用最多的一种调试方式。关于 JTAG 仿真器请参阅 4.6 节的内容。

3.2 SDRAM 模块设计

ROM(Read Only Memory)和 RAM(Random Access Memory)指的都是半导体存储器。ROM 在系统停止供电的时候仍然可以保持数据，而 RAM 在掉电之后就丢失数据。RAM 有两大类，一种称为静态 RAM(SRAM，Static RAM)，SRAM 速度非常快，但是它也比较贵，所以只在要求很苛刻的地方使用，譬如 CPU 的一级缓冲、二级缓冲。另一种称为动态 RAM(DRAM，Dynamic RAM)，DRAM 保留数据的时间很短，速度也比 SRAM 慢，不过它还是比任何的 ROM 都要快，并且价格比 SRAM 要便宜很多。

SDRAM 是同步的 DRAM，即数据的读写需要时钟来同步。DRAM 和 SDRAM 由于实现工艺问题，容量较 SRAM 大，但是读写速度不如 SRAM。

SDRAM 是一种具有同步接口的高速动态随机存储器，具有高速、大容量等优点。它的同步接口和流水线结构支持高速存储，数据传输速度可以和 ARM 的时钟频率同步。在 ARM 嵌入式系统应用中，SDRAM 主要作为程序的运行空间、数据和堆栈区。系统启动并完成系统的初始化后，通常装入到 SDRAM 中运行。

SDRAM 发展到现在已经经历了四代，分别是第一代 SDR SDRAM、第二代 DDR SDRAM、第三代 DDR2 SDRAM 和第四代 DDR3 SDRAM。第一代与第二代 SDRAM 均采用单端(Single Ended)时钟信号。第三代与第四代由于工作频率比较快，因此采用可降低干扰的差分时钟信号作为同步时钟。SDR SDRAM 的时钟频率就是数据存储的频率，第一代内存用时钟频率命名，如 pc100、pc133 则表明时钟频率为 100 MHz 和 133 MHz。之后的 DDR(Double Data Rate)内存则采用数据读写速率作为命名标准，并且在前面加上表示其 DDR 代数的符号，如 PC2(DDR2)、PC3(DDR3)。PC2700(DDR333)的有效工作频率是 333 MHz，物理工作频率为 166 MHz，2700 表示内存带宽为 2.7 GB/s。

3.2.1 SDRAM 芯片引脚描述

SDRAM 的主要生产厂商有 Hyundai、Winbond 等，现以 K4S561632D-TC75 为例简要介绍 SDRAM 的结构。

K4S561632D-TC75 存储器是 4 组 4M×16 位的动态存储器，工作电压为 3.3V，其封装形式为 54 脚的 TSOP，兼容 LVTTL 接口，数据宽度为 16 位，支持自动刷新和自刷新。图 3.2 所示为 K4S561632D-TC75 引脚图。

信号	引脚	引脚	信号
VDD	1	54	VSS
DQ0	2	53	DQ15
VDDQ	3	52	VSSQ
DQ1	4	51	DQ14
DQ2	5	50	DQ13
VSSQ	6	49	VDDQ
DQ3	7	48	DQ12
DQ4	8	47	DQ11
VDDQ	9	46	VSSQ
DQ5	10	45	DQ10
DQ6	11	44	DQ9
VSSQ	12	43	VDDQ
DQ7	13	42	DQ8
VDD	14	41	VSS
LDQM	15	40	N.C/RFU
$\overline{\text{WE}}$	16	39	UDQM
$\overline{\text{CAS}}$	17	38	CLK
$\overline{\text{RAS}}$	18	37	CKE
$\overline{\text{CS}}$	19	36	A12
BA0	20	35	A11
BA1	21	34	A9
A10/AP	22	33	A8
A0	23	32	A7
A1	24	31	A6
A2	25	30	A5
A3	26	29	A4
VDD	27	28	VSS

图 3.2　K4S561632D-TC75 引脚图

K4S561632D-TC75 内存芯片的主要信号有控制信号、地址信号和数据信号，均为工作时钟的同步输入、输出信号。

控制信号主要有 CS(片选信号)、CKE(时钟使能信号)、DQM(输入、输出使能信号)、CAS Latency(CAS 延迟)、RAS (Row Address Strobe，行地址选通脉冲)、WE(读、写控制命令字)。通过 CAS、RAS、WE 的各种逻辑组合，可产生各种控制命令。

地址信号有 BA0 和 BA1 页地址选择信号，A0～A12 地址信号，行、列地址选择信号。通过分时复用决定地址是行地址还是列地址。在读、写操作中，在地线上依次给出页地址、行地址、列地址，最终确定存储单元地址。

数据信号有 DQ0～DQ15，支持双向数据传输，其使能由 DQM 提供。

SDRAM 的工作模式通过 LOAD MODE REGISTER 命令对工作模式寄存器进行设置来选择。设置参量有 Reserved(保留状态)、Write Burst Mode(WB，写突发模式)、Operation Mode(Op Mode，工作模式)、CAS Latency(CAS 延迟)、Burst Type(BT，突发类型)、Burst Length(突发长度)。

3.2.2　SDRAM 的模块原理图

在 S3C2410X 芯片内具有独立的 SDRAM 刷新控制逻辑电路，可以方便地与 SDRAM 连接。采用两片 K4S561632D-TC75 存储器芯片可以组成 16 M × 32 位 SDRAM 存储器系统，其片选信号接 S3C2410X 的 Ngcs6 引脚，具体连线如图 3.3 所示。

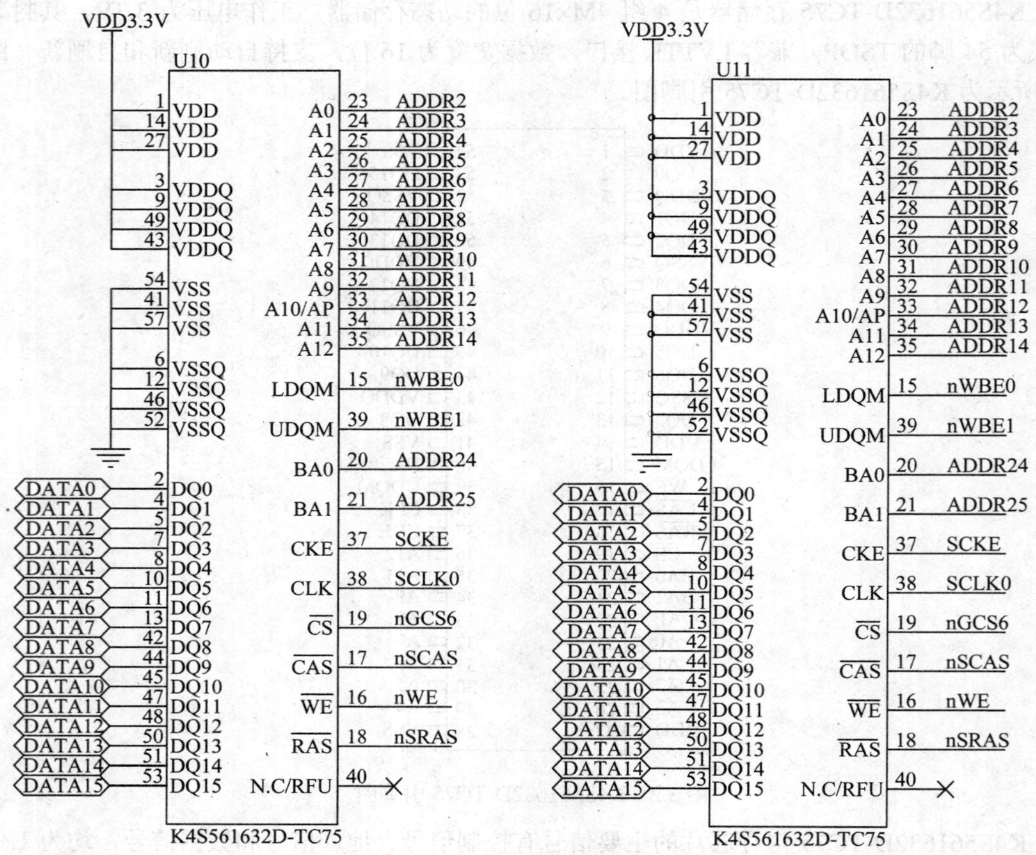

图 3.3　SDRAM 的模块原理图

3.2.3　SDRAM 的工作模式

SDRAM 支持的常用操作指令有 7 种：空操作(NOP)、预充电(Precharge)、激活操作(Active)、突发读(BurstRead)、突发写(BurstWrite)、自动刷新(Autorefresh)以及模式寄存器配置(Mode Register Set)。所有的操作命令都是通过信号线 RAS_N、CAS_N、WE_N 共同控制来实现的。SDRAM 进行存取数据操作之前，首先要对其初始化，即设置 SDRAM 的普通模式寄存器和扩展模式寄存器，确定 SDRAM 的工作方式。这些设置包括突发长度、突发类型、CAS 潜伏期和工作模式，以及扩展模式寄存器中对 SDRAM 内部延迟锁定回路(DLL)的使能与输出驱动能力的设置。初始化完成之后，SDRAM 便进入正常的工作状态，此时可对存储器进行读写和刷新。

3.2.4　SDRAM 的初始化操作

SDRAM 在上电以后必须对其进行初始化操作，具体操作如下：

(1) 系统在上电后要等待 100～200 μs，之后至少执行一条空操作或者指令禁止操作。

(2) 对所有芯片执行 PRECHARGE 命令，完成预充电。

(3) 向每组内存芯片发出两条 AUTO REFRESH 命令，使 SDRAM 芯片内部的刷新计数器可以进入正常运行状态。

(4) 执行 LOAD MODE REGISTER 命令，完成对 SDRAM 工作模式的设定。

完成以上步骤后，SDRAM 进入正常工作状态，等待控制器对其进行读写和刷新等操作。

3.2.5　SDRAM 的基本读写操作

SDRAM 的基本读操作需要控制线和地址线配合发出一系列命令来完成。首先发出 BANK 激活命令(ACTIVE)，并锁存相应的 BANK 地址(BA0、BA1 给出)和行地址(A0～A12 给出)。BANK 激活命令后必须等待大于 T_{RCD}(SDRAM 的 RAS 到 CAS 的延迟指标)时间后，发出读命令字。CL(CAS 延迟值)个工作时钟后，读出数据才能依次出现在数据总线上。最后，要向 SDRAM 发出预充电(PRECHARGE)命令，以关闭已经激活的页。等待 T_{RP} 时间(相隔 T_{RP} 时间后才可再次访问该行)后，可以开始下一次的读、写操作。SDRAM 的读操作只有突发模式(Burst Mode)，突发长度可选 1、2、4、8。

SDRAM 的基本写操作也需要控制线和地址线相配合地发出一系列命令来完成。先发出 BANK 激活命令(ACTIVE)，并锁存相应的 BANK 地址(BA0、BA1 给出)和行地址(A0～A12 给出)。BANK 激活命令后必须等待大于 T_{RCD} 的时间后才发出写命令字。写命令可以立即写入，需写入数据依次送到 DQ(数据线)上。在最后一个数据写入后延迟 T_{WR} 时间，发出预充电命令，关闭已经激活的页。等待 T_{RP} 时间后，可以展开下一次操作。写操作可以有突发写和非突发写两种。突发长度同读操作相同。

T_{RCD}、T_{RP}、T_{WR} 的具体要求详见 SDRAM 厂家提供的数据手册，所等待的工作时钟个数由 T_{RCD}、T_{RP}、T_{WR} 的最小值和工作时钟周期共同决定。

3.2.6　SDRAM 控制器的状态转换

SDRAM 控制器的功能就是初始化 SDRAM，将 SDRAM 复杂的读写时序转化为用户简单的读写时序，以及将 SDRAM 接口的双时钟沿数据转换为用户的单时钟沿数据，使用户像操作普通的 RAM 一样控制 SDRAM，同时，控制器还要产生周期的刷新命令来维持 SDRAM 内的数据而无需用户干预。

SDRAM 提供了多种命令，整个控制状态机非常复杂。在以 SDRAM 为缓存的系统中，并不需要用到所有的命令，为简化设计，同时兼顾尽可能多的应用场合，在控制器的设计中主要实现以下几种功能：SDRAM 初始化、预充电、可变长度突发读/写、自动刷新以及模式寄存器的重置。控制器的整个状态转换图如图 3.4 所示。

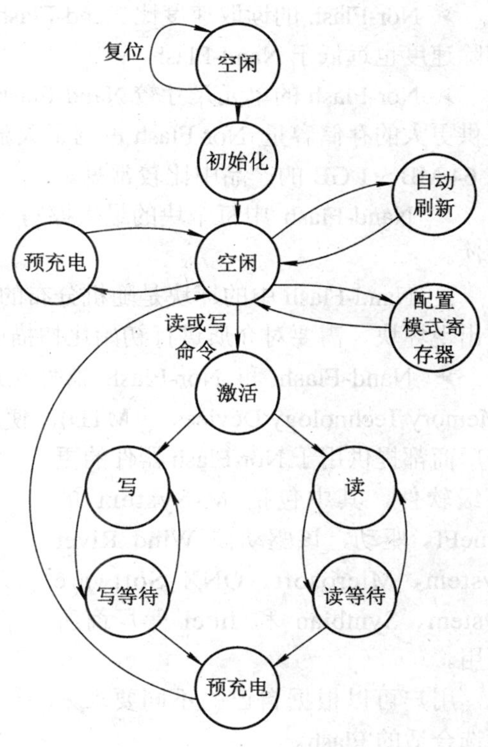

图 3.4　控制器的状态转换图

3.3 Flash 模块设计

嵌入式系统中的数据存储和数据管理是嵌入式系统开发中的一个重要部分，Flash 存储器因为其固有的速度快、成本低等诸多优点而被越来越多地应用到了嵌入式系统中。相对传统的 EEPROM 芯片，Flash 芯片可以用电气的方法快速地擦写。由于快擦写存储器不需要存储电容器，故其集成度更高，制造成本低于 DRAM。同时 Flash 模块使用方便，既具有 SRAM 读写的灵活性和较快的访问速度，又具有 ROM 在断电后不丢失信息的特点，所以得到了迅速发展。

3.3.1 Flash 的特点和分类

Flash 是非易失存储器，可以对存储器单元进行擦写和再编程，多用于存放程序代码、常量表和一些在系统掉电以后需要保存的用户数据，且具有速度快、成本低等优点。

目前 Flash 主要有两种：Nor-Flash 和 Nand-Flash。通过比较 Flash 的读、写、擦除速度，接口的差别以及容量的大小等，它们的特点介绍如下：

➢ Nand-Flash 使用复杂的 I/O 口串行地存取数据，8 个引脚用来传送控制、地址和数据信息，一次读写一个 512 字节的存储块。Nor-Flash 自带 SDRAM 接口，地址引脚可以满足寻址的要求，可以存取其内容的每一个字节。

➢ Nor-Flash 的读取速度比 Nand-Flash 稍快，但是它的写入速度远远慢于 Nand-Flash，擦除速度也远低于 Nand-Flash。

➢ Nor-Flash 的单元尺寸较 Nand-Flash 大，在相同的芯片尺寸内，Nand-Flash 显然可以提供更大的存储容量。Nor-Flash 占据了大部分容量为 1～128 MB 的内存市场，而 Nand-Flash 在 64 MB～1 GB 的产品中比较常见。

➢ Nand-Flash 中每个块的最大擦写次数是 100 万次，而 Nor-Flash 的擦写次数是 10 万次。

➢ Nand-Flash 中的坏块是随机分布的，可能在出厂时就存在坏块，也可能于使用过程中出现坏块。需要对介质进行初始化扫描以后才可发现坏块，并将坏块标记为不可用。

➢ Nand-Flash 和 Nor-Flash 器件在进行写入和擦除操作时都需要闪存技术驱动程序(Memory Technology Devices， MTD)。使用 Nor-Flash 时所需要的 MTD 要相对少一些，许多厂商都提供用于 Nor-Flash 器件的更高级软件，其中包括 M-System 的 TrueFfs 驱动，该驱动被 Wind River System、Microsoft、QNX Software System、Symbian 和 Intel 等厂商所采用。

用户可以根据自己的不同要求来挑选合适的 Flash。

Flash 的一般结构如图 3.5 所示。

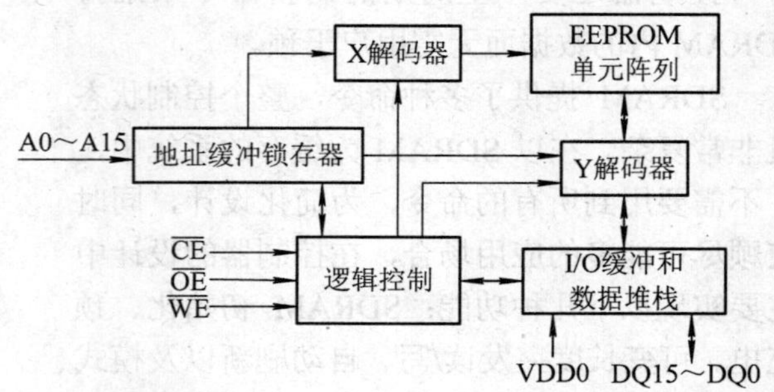

图 3.5 Flash 的一般结构

3.3.2　Nor-Flash 及 Nand-Flash 芯片引脚描述

1. Nor-Flash 芯片引脚描述

Nor 技术(亦称为 Linear 技术)闪速存储器是最早出现的 Flash Memory，目前仍是多数供应商支持的技术架构。它源于传统的 EPROM 器件，与其他 Flash Memory 技术相比，具有可靠性高、随机读取速度快的优势。Nor-Flash 在擦除和编程操作较少而直接执行代码的场合，尤其是纯代码存储的应用中广泛使用，如 PC 的 BIOS 固件、移动电话、硬盘驱动器的控制存储器等。

Nor-Flash 具有以下特点：

➢ 程序和数据可存放在同一芯片上，拥有独立的数据和地址总线，能快速随机读取，允许系统直接从 Flash 中读取代码执行，而无须先将代码下载至 RAM 中再执行。

➢ 可以单字节或单字编程，但不能单字节擦除，必须以块为单位或对整片执行擦除操作，在对存储器进行重新编程之前需要对块或整片进行预编程和擦除操作。

由于 Nor 技术 Flash Memory 的擦除和编程速度较慢，而块尺寸又较大，因此擦除和编程操作所花费的时间很长，在纯数据存储和文件存储的应用中，Nor 技术显得力不从心。

Flash 芯片的主要生产商有 Atmel、AMD、Hyundai 等，他们生产的同型器件一般具有相同的电器特性和封装形式，可以通用。

现在以 SST39LF/VF160 芯片为例介绍 Nor-Flash 的引脚功能，SST39LF/VF160 是 1 M × 16 位的 CMOS 芯片，SST39LF160 的工作电压为 3.0～3.6 V，SST39VF160 的工作电压为 2.7～3.6 V，采用 48 脚的 TSOP 封装或 TFBGA 封装，16 位数据宽度，以字模式的方式开始工作。SST39LF/VF160 的编程操作仅需 3.3 V 电压，通过命令可以对芯片进行编程、擦除以及其他操作。其引脚如图 3.6 所示，引脚功能如表 3.1 所示。

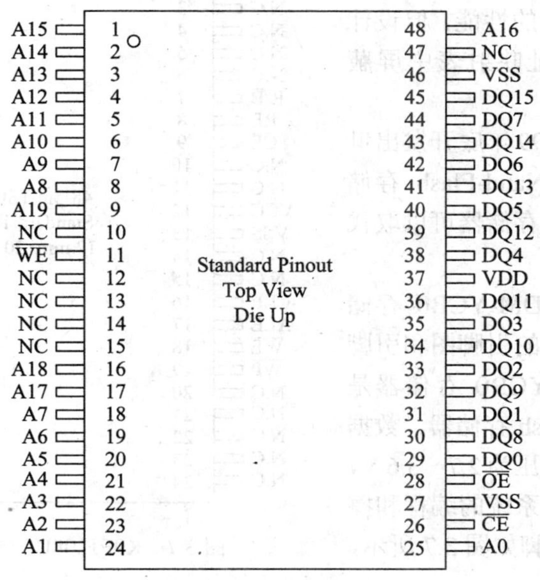

图 3.6　SST39LF/VF160 的引脚图

表 3.1　SST39LF/VF160 的引脚功能表

引　脚	名　称	功　能
$\overline{CE}$	片选	为低电平时芯片才能工作
$\overline{OE}$	输出使能	用于片内 4 个组的选择
A19～A0	地址总线	地址线
$\overline{WE}$	写使能	使能写信号和允许列改写
DQ15～DQ0	数据总线	数据输入/输出引脚
VDD	电源	3.3 V 电源
VSS	地	接地
NC	空	空引脚

2. Nand-Flash 芯片引脚描述

Nand 技术 Flash Memory 具有以下特点：

➢ 以页为单位进行读和编程操作，1 页为 256 或 512 B；以块为单位进行擦除操作，1 块为 4、8 或 16 KB；具有快编程和快擦除的功能，其块擦除时间是 2 ms，而 Nor 技术的块擦除时间达到几百 ms。

➢ 数据、地址采用同一总线，实现串行读取。随机读取速度慢且不能按字节随机编程。

➢ 芯片尺寸小、引脚少，是位成本(bit cost)最低的固态存储器，将很快突破每兆字节 1 美元的价格限制。

➢ 芯片包含有失效块，其数目最大可达到 3～35 块(取决于存储器密度)。失效块不会影响有效块的性能，但设计者需要将失效块在地址映射表中屏蔽起来。

Samsung 公司在 1999 年底开发出世界上第一颗 1 GB 的 Nand-Flash 存储器。基于 Nand-Flash 的存储器可以取代硬盘或其他设备。

下面以 K9F1208UDM-YCB0 存储器为例介绍 Nand-Flash 的引脚图和引脚功能。K9F1208UDM-YCB0 存储器是 64 M×8 位的 Nand-Flash 存储器，数据总线宽度为 8 位，工作电压为 2.7～3.6 V，采用 48 脚 TSOP 封装，系统的编程和擦除电压仅需 3.3 V，其引脚如图 3.7 所示，引脚功能如表 3.2 所示。

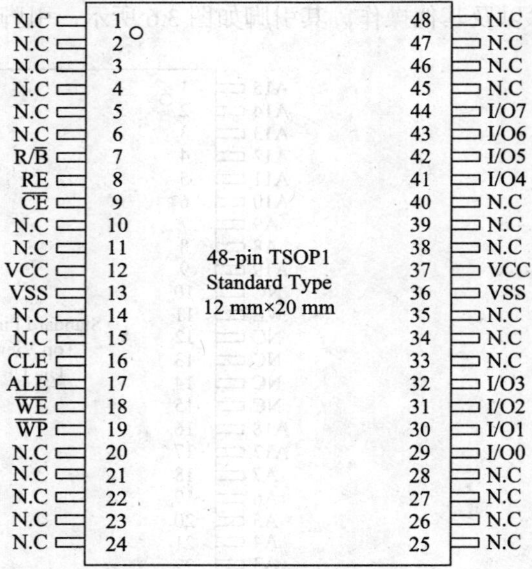

图 3.7　K9F1208UDM-YCB0 的引脚图

表 3.2　K9F1208UDM-YCB0 引脚功能表

引　脚	功　能	引　脚	功　能
I/O0～I/O7	数据输入输出	$\overline{\mathrm{WP}}$	写保护信号
CLE	命令锁存信号	R/$\overline{\mathrm{B}}$	就绪/忙信号
ALE	地址锁存信号	VCC	电源 2.7～3.3 V
$\overline{\mathrm{CE}}$	片选信号	VSS	接地
$\overline{\mathrm{RE}}$	读有效信号	N.C	空引脚
$\overline{\mathrm{WE}}$	写使能信号		

3.3.3　Flash 硬件设计

1. Nor-Flash 硬件设计

下面以芯片 SST39VF160 为例，简述 Nor-Flash 硬件设计方法。图 3.8 所示为 SST39VF160 的存储器系统电路，该图给出了芯片 SST39VF160 与 S3C2410X 微处理器的连线，构成 1 M×16 位的存储器系统。从图中可以看出，Nor-Flash 采用了 A1～A22 总共 22 条地址总线和 16 条数据总线与 CPU 连接，请注意地址是从 A1 开始的，这意味着它每次最小的读写单位是 2 byte。因此根据原理图，该设计总共可以兼容支持最大 8 Mb 的 Nor-Flash，实际图 3.8 中只用了 A1～A20 合计 20 条地址线，因为与 A21、A22 相连的 SST39VF160 的相应引脚是悬空的。

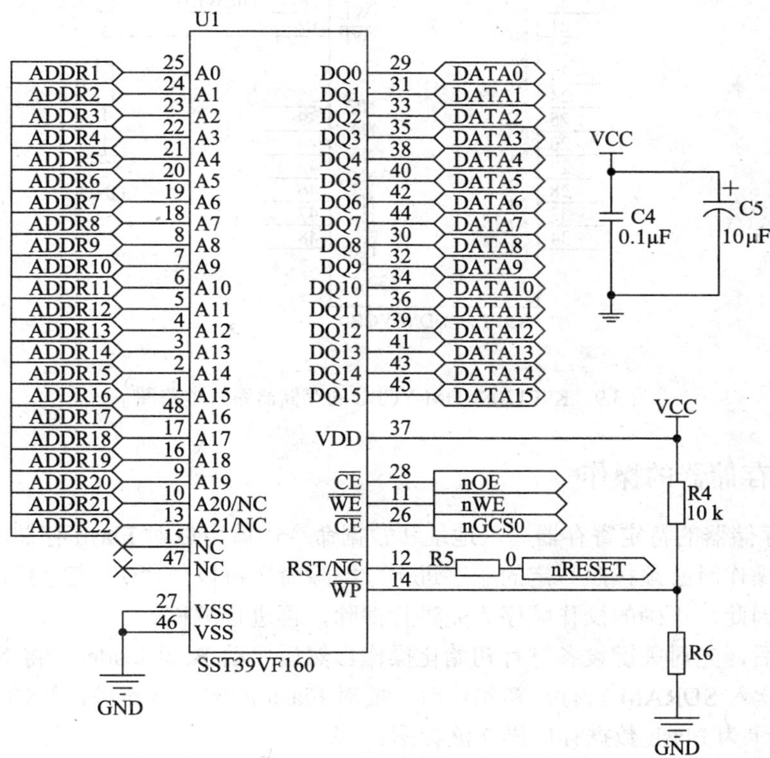

图 3.8　SST39VF160 的存储器系统电路图

2. Nand-Flash 硬件设计

下面以 K9F1208UDM-YCB0 为例，简述 Nand-Flash 硬件设计方法。图 3.9 所示为 K9F1208UDM-YCB0 的存储器系统电路，该图给出了芯片 K9F1208UDM-YCB0 与 S3C2410X 微处理器的连线。Nand-Flash 不具有地址线，它用专门的控制接口与 CPU 相连，数据总线为 8 bit，但这并不意味着 Nand-Flash 读/写数据会很慢。大部分的 U 盘或者 SD 卡等都是由 Nand-Flash 制成的。

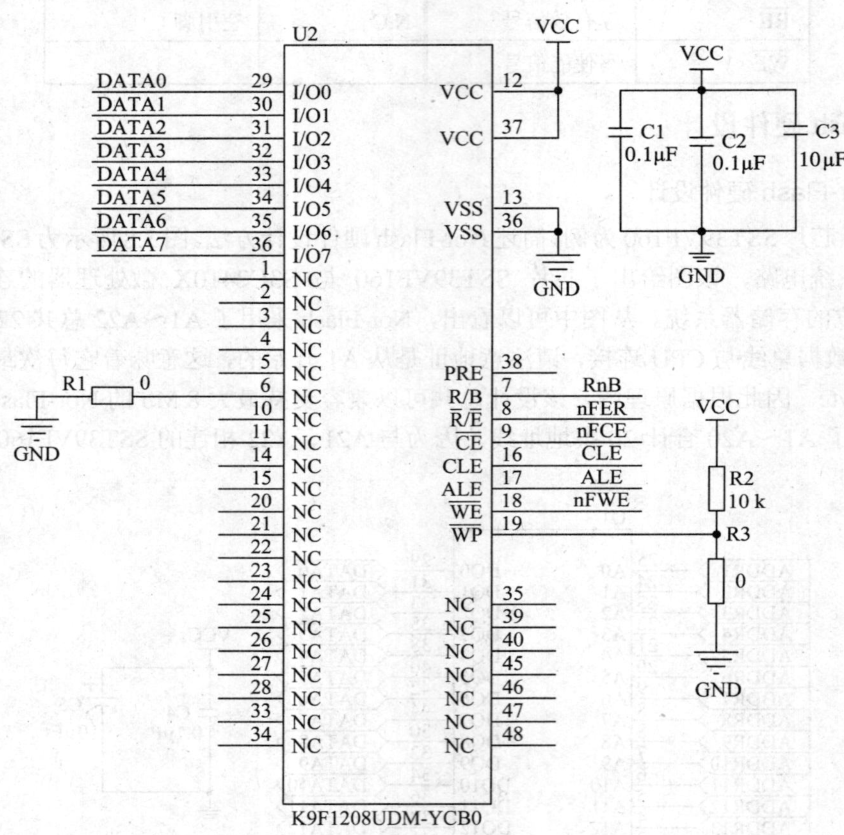

图 3.9　K9F1208UDM-YCB0 的存储器系统电路图

3.3.4　Flash 存储器的操作

向 Flash 存储器的特定寄存器写入地址和数据命令，就可以对 Flash 存储器进行烧写、擦除等操作，操作时必须按照一定的顺序进行。擦除命令可以使“0”变“1”，而编程指令则正好相反。因此，正确的操作顺序为先进行擦除，再进行编程。

系统启动后，先对关键设备进行初始化操作，然后启动 Boot-loader，将 Nand-Flash 上的 Linux 内核读入 SDRAM 执行。初始化时，要对 Flash 内部寄存器进行初始化设置。

图 3.10 所示为 Flash 数据存储操作流程图。

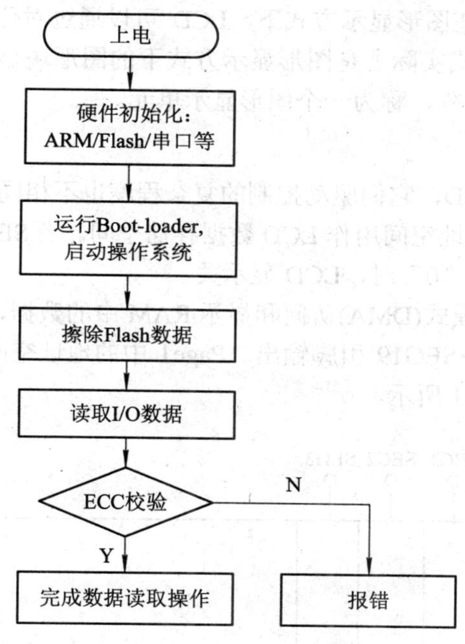

图 3.10　Flash 数据存储操作流程图

3.4　LCD 模块设计

液晶显示器(LCD，Liquid Crystal Display)具有显示质量高、功耗低、重量轻、体积小、无电磁辐射等优点，被越来越多地应用到 ARM 嵌入式系统开发中。LCD 是用来完成人机交互的一个重要通道。

3.4.1　LCD 工作原理

1. 显示模式

LCD 在显示子程序中读取对应的字模数据，然后送给 LCD，由 LCD 将接收到的对应的字模在相应的位置显示出来。

从色彩上分类，LCD 显示屏分为单色、灰度和彩色三种。从背光方式分类，有透射式、反射式、半反半透式 LCD 三类。LCD 可以分为段位式 LCD、字符式 LCD 和点阵式 LCD。

段位式 LCD 和字符式 LCD 只能用于字符和数字的简单显示，不能满足图形、曲线和汉字显示的需求；而点阵式 LCD 不仅可以显示字符、数字，还可以显示各种图形、曲线以及汉字，还可以实现屏幕滚动、动画、分区开窗口、闪烁、反转等功能。

LCD 点阵格式采用倒序，纵向取模，以半角为单位。以半角为单位是为了中文点阵和西文字符字模的统一。

在文本显示方式下，液晶屏显示信息的管理单位是 8×8 点阵，称为一个文本显示单位，每个文本显示单位对应文本显示缓冲区中的 8 个连续存储单元，在此方式下，写入文本显示缓冲区的是字符代码。在图形显示方式下，LCD 可以通过对位操作来控制液晶屏上任意一点的显示情况。文本方式实际上是图形显示方式下的图形块显示。在图形显示方式下，液晶屏显示单元是 8×1 点阵，称为一个图形显示单元。

2. LCD 显示地址

不同功能和大小的 LCD，它们驱动控制的复杂程度也不相同。这里以 S3C9228 为例，S3C9228 Page1 的 RAM 地址空间用作 LCD 数据存储空间。当 SEG 位的值为“1”时，LCD 显示开；当 SEG 位的值为“0”时，LCD 显示关。

采用直接存储器访问模式(DMA)访问和显示 RAM 中的数据，同时，数据在 f_{LCD} 信号的同步作用下，经过 SEG0～SEG19 引脚输出。Page1 中的地址空间不用作 LCD 显示，可以用作通用存储器，如图 3.11 所示。

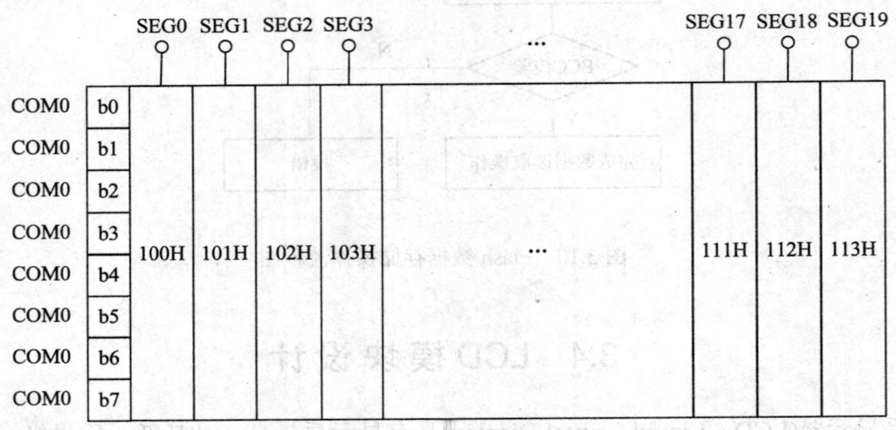

图 3.11　LCD 显示 RAM 的地址结构图

液晶显示驱动模块是在液晶像素的两电极之间建立交变电场。在点阵式液晶显示器中，像素的两电极是以矩阵方式排列的，由驱动电路循环地给每行电极施加电压，同时通过列电极给该行像素施加选择脉冲电压，以实现对像素的驱动。这种行扫描是按逐行顺序进行的，循环一周为一帧。

3.4.2　LCD 硬件电路设计

下面以 HY12864 为例介绍 LCD 的接口电路。HY12864 是一个 128×64 点阵的 LCD，采用两片 HD61202 芯片作为列驱动器，同时使用一片 HD61203 作为行驱动器的液晶模块，HY12864 与微控制器的数据传输采用 8 位并行传输方式。

LCD 接口电路如图 3.12 所示，设计中由 LJ12 的 I/O 口控制 LCD 的片选与读、写，并通过 LJ12 的同步串行通信接口 SPI 来传输 LCD 的显示数据。在 LCD 的 DB0～DB7 和串行口 MOSI 之间加了一个 74HC164 芯片，从而使 A、B 引脚上的信号做与运算，作为串行输入的数据信号，并移位输出到 Q0～Q7 引脚上。MR 信号用于清除 Q0～Q7 的信号。

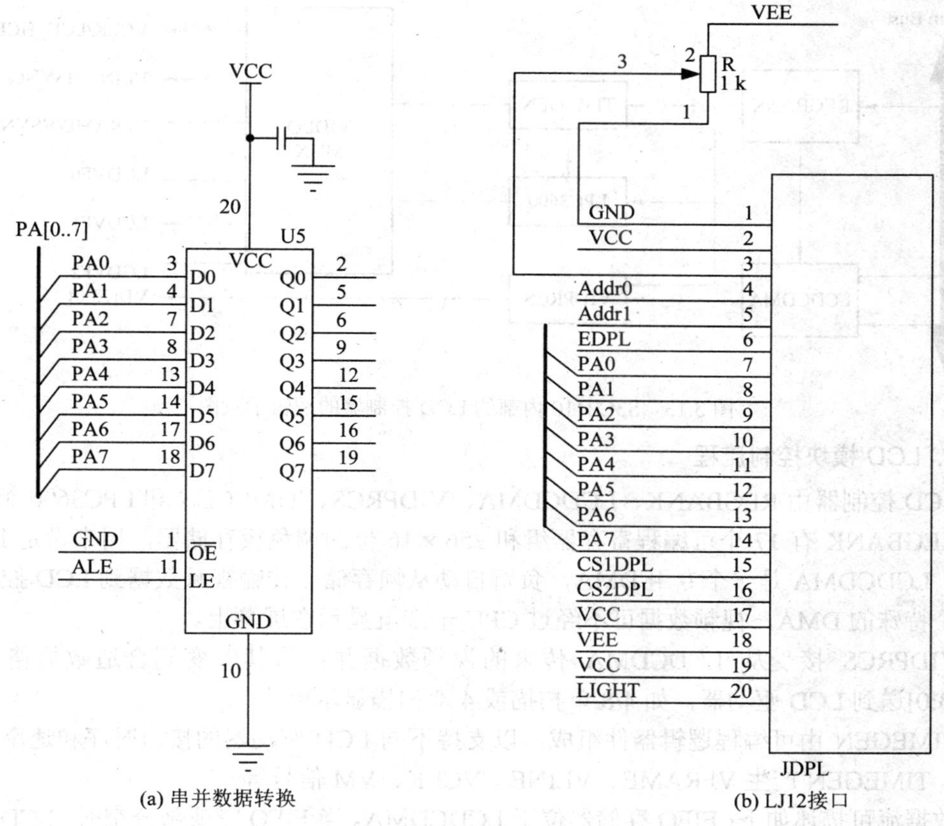

图 3.12　LCD 接口电路图

3.4.3　LCD 驱动程序设计

1. LCD 引脚介绍

S3C2410 LCD 控制器用于传输视频数据和产生必要的控制信号，如 VFRAME、VLINE、VCLK、VM，等等。除了控制信号外，还包括输出视频数据的端口 VD[23:0]。

2. 寄存器介绍

S3C2410 支持 STN-LCD 和 TFT-LCD，这里只介绍其对 TFT-LCD 的控制。S3C2410 的 LCD 控制寄存器主要有 LCDCON1 寄存器、LCDCON2 寄存器、LCDCON3 寄存器、LCDCON4 寄存器和 LCDCON5 寄存器等，详情请见相应产品的电子手册。

图 3.13 是 S3C2410 内部的 LCD 控制器的逻辑示意图。

REGBANK 是 LCD 控制器的寄存器组，用来对 LCD 控制器的各项参数进行设置。而 LCDCDMA 则是 LCD 控制器专用的 DMA 信道，负责将视频资料从系统总线（System Bus）上取来，通过 VIDPRCS 从 VD[23:0]发送给 LCD 屏。同时 TIMEGEN 和 LPC3600 负责产生 LCD 屏所需要的控制时序，例如 VSYNC、HSYNC、VCLK、VDEN，然后从 VIDEO MUX 送给 LCD 屏。

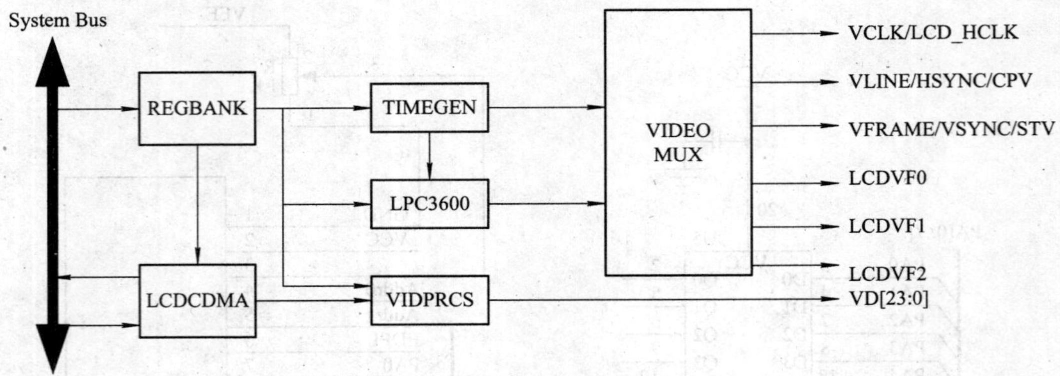

图 3.13　S3C2410 内部的 LCD 控制器的逻辑示意图

3. LCD 模块控制流程

LCD 控制器由 REGBANK、LCDCDMA、VIDPRCS、TIMEGEN 和 LPC3600 组成。

REGBANK 有 17 个可编程寄存器组和 256×16 位的调色板存储器，用来设定 LCD 控制器。LCDCDMA 是一个专用 DMA，负责自动从帧存储器传输视频数据到 LCD 控制器，用这个特殊的 DMA，视频数据可不经过 CPU 干涉就显示在屏幕上。

VIDPRCS 接受从 LCDCDMA 传来的视频数据并在将其改变到合适数据格式后经 VD[23:0]送到 LCD 驱动器，如 4/8 单扫描或 4 双扫描显示模式。

TIMEGEN 由可编程逻辑器件组成，以支持不同 LCD 驱动器的接口时序和速率的不同要求。TIMEGEN 产生 VFRAME、VLINE、VCLK、VM 信号等。

数据流可描述如下：FIFO 存储器位于 LCDCDMA。当 FIFO 空或部分空时，LCDCDMA 要求从基于突发传输模式的帧存储器中取来数据，存入要显示的图像数据，而这个帧存储器是 LCD 控制器在 RAM 中开辟的一片缓冲区。当这个传输请求被存储控制器中的总线仲裁器接收到后，从系统存储器到内部 FIFO 就会成功传输 4 个字。FIFO 的总大小是 28 个字，其中低位 FIFOL 是 12 个字，高位 FIFOH 是 16 个字。S3C2410 有两个 FIFO 来支持双扫描显示模式。在单扫描模式下，只使用一个 FIFO(FIFOH)。

4. LCD 控制器初始化

下面给出 LCD 控制器的初始化代码：

```
s2410IOP->GPCUP        = 0xFFFFFFFF;
s2410IOP->GPCCON       = 0xAAAAAAAA;
s2410IOP->GPDUP        = 0xFFFFFFFF;
s2410IOP->GPDCON       = 0xAAAAAAAA;

s2410LCD->LCDCON1    =   (6 <<   8) |(LCD_MVAL <<   7)   |(3 <<   5) |(BppMode <<   1) |(0
<<   0) ;

s2410LCD->LCDCON2    =   (LCD_VBPD  <<  24)  |((YSize-1)  <<  14)  |(LCD_VFPD  <<   6)
|(LCD_VSPW <<   0) ;
```

```
s2410LCD->LCDCON3      =  (LCD_HBPD << 19) |((XSize-1) <<   8) |(LCD_HFPD <<   0) ;

s2410LCD->LCDCON4      =  (LCD_MVAL <<   8) |(LCD_HSPW <<   0) ;

s2410LCD->LCDCON5      =  (0 << 12) |(1 << 11) |(0 << 10) |(1 <<   9) |(1 <<   8) |(0 <<   7) |(0
<<   6) |(0 <<   5) |(0 <<   4) |(0 <<   3) |(0 <<   2) |(0 <<   1) |   (1 <<   0) ;
s2410LCD->LCDSADDR1   =  ((IMAGE_FRAMEBUFFER_DMA_BASE  >>  22)     <<  21)
|((M5D(IMAGE_FRAMEBUFFER_DMA_BASE >> 1)) <<   0);

s2410LCD->LCDSADDR2   = M5D((IMAGE_FRAMEBUFFER_DMA_BASE + (XSize * YSize *
2)) >> 1);
s2410LCD->LCDSADDR3   = (((XSize - XSize) / 1) << 11) | (XSize / 1);
s2410LCD->LPCSEL    |= 0x3;
s2410LCD->TPAL    = 0x0;
s2410LCD->LCDCON1    |= 1;
```

3.5　USB 模块设计

早期的计算机系统中常用串口或并口连接外围设备。每个接口都需要占用计算机的系统资源(如中断、I/O 地址、DMA 通道等)。无论是串口还是并口都是点对点的连接，一个接口仅支持一个设备。因此每添加一个新的设备，就需要添加一个 ISA/EISA 或 PCI 卡来支持，同时系统需要重新启动才能驱动新的设备。

USB 总线是 Intel、DEC、Microsoft、IBM 等公司联合提出的一种新的串行总线标准，主要用于 PC 机与外围设备的互联。USB 总线具有成本低、使用简单、支持即插即用、易于扩展等特点，已被广泛地应用在嵌入式系统中。

3.5.1　USB 发展简介

从 1994 年 11 月 11 日发表了 USB V0.7 版本以后，USB 版本经历了多年的发展，到现在已经发展为 3.0 版本。

第一代：USB 1.0/1.1 的最大传输速率为 12 Mb/s，于 1996 年推出。

第二代：USB 2.0 的最大传输速率高达 480 Mb/s。USB 1.0/1.1 与 USB 2.0 的接口是相互兼容的。2003 年发布了统一的 USB 2.0 标准，但是在闪存盘和 MP3 市场的 USB 2.0 传输速率问题一直没有解决好。

第三代：USB 3.0 理论上的传输速率可达 5 Gb/s 并向下兼容 USB 1.0/1.1/2.0。该标准于 2008 年发布，目前逐渐开始有产品上市。

英特尔公司(Intel)和业界领先的公司一起携手组建了 USB 3.0 推广组，旨在开发速度超过当今 10 倍的超高速 USB 互联技术。该技术是由 Intel、HP、NEC、NXP 半导体以及 Texas Instruments 等公司共同开发的，应用领域包括个人计算机、消费及移动类产品的快速同步即时传输。随着数字媒体的日益普及以及传输文件的不断增大，传输速率甚至超过 25 Gb/s，快速同步即时传输已经成为必备的性能需求。

USB 3.0 具有向下兼容的特性，并兼具传统 USB 技术的易用性和即插即用功能。该技术采用与有线 USB 相同的架构，除对 USB 3.0 规格进行优化以实现更低的能耗和更高的协议效率之外，USB 3.0 的端口和线缆还支持未来的光纤传输。

3.5.2　USB 工作原理及特点

1. USB 总线的特点

(1) 使用简单。所有 USB 系统的接口一致，连线简单，系统可对设备进行自动检测和配置，支持热插拔。

(2) 应用范围广。USB 系统数据报文附加信息少，带宽利用率高，可同时支持同步传输和异步传输两种方式。一个 USB 系统最多可支持 127 个物理设备。USB 设备的带宽可从几 Kb/s 到几 Mb/s(在 USB2.0 版本，最高可达几百 Mb/s)。一个 USB 系统可同时支持不同速率的设备，如低速的键盘、鼠标，全速的 ISDN、语音，高速的磁盘、图像等。

(3) 较强的纠错能力。USB 系统可实时地管理设备插拔。在 USB 协议中包含了传输错误管理、错误恢复等功能，同时根据不同的传输类型来处理传输错误。

(4) 总线供电。USB 总线可为连接在其上的设备提供 5 V 电压、100 mA 电流的供电，最大可提供 500 mA 的电流。USB 设备也可采用自供电方式。

(5) 低成本。USB 接口电路简单，易于实现，特别是低速设备。USB 系统接口/电缆也比较简单，成本比串口/并口低。

2. USB 系统的拓扑结构

一个 USB 系统包含三类硬件设备: USB 主机(USB Host)、USB 设备(USB Device)和 USB 集线器(USB Hub)，如图 3.14 所示。

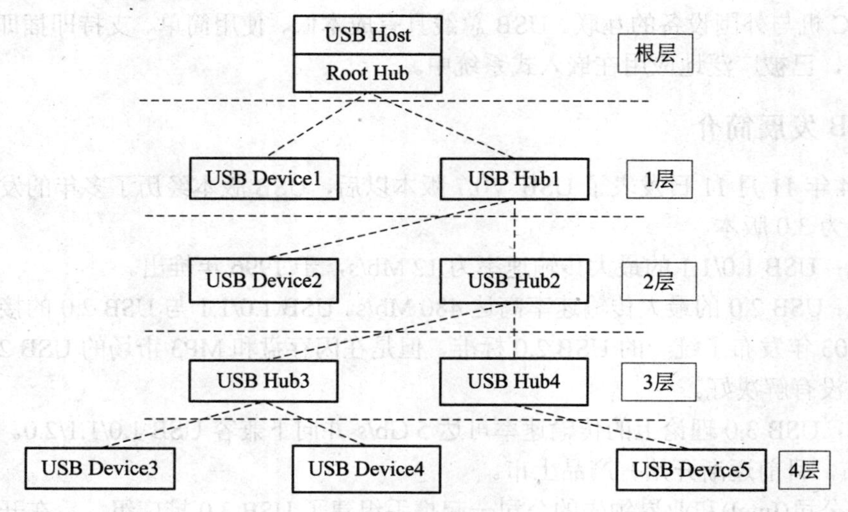

图 3.14　USB 系统拓扑结构图

1) USB Host

在一个 USB 系统中，当且仅当有一个 USB Host 时，USB Host 具有以下功能:

➢ 管理 USB 系统；
➢ 每毫秒产生一帧数据；
➢ 发送配置请求对 USB 设备进行配置操作；
➢ 对总线上的错误进行管理和恢复。

2) USB Device

在一个 USB 系统中，USB Device 和 USB Hub 的总数不能超过 127 个。USB Device 接收 USB 总线上的所有数据包，通过数据包的地址域判断目标 USB 设备。若地址不符，则简单地丢弃该数据包；若地址相符，则通过响应 USB Host 的数据包与 USB Host 进行数据传输。

3) USB Hub

USB Hub 用于设备扩展连接，所有 USB Device 都连接在 USB Hub 的端口上。一个 USB Host 总与一个根 HUB (USB Root Hub)相连。USB Hub 为其每个端口提供 100 mA 电流供设备使用。同时，USB Hub 可以通过端口的电气变化诊断出设备的插拔操作，并通过响应 USB Host 的数据包把端口状态汇报给 USB Host。一般来说，USB 设备与 USB Hub 间的连线长度不超过 5 m，USB 系统的级联不能超过 5 级(包括 Root Hub)。

3. USB 总线数据传输

USB 总线上数据传输的结构如图 3.15 所示。

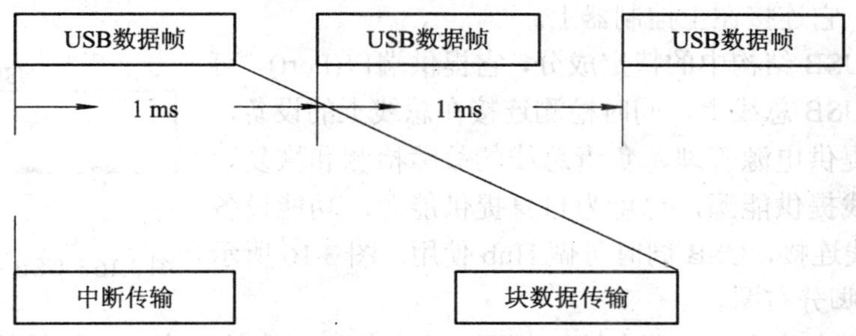

图 3.15　USB 总线上数据传输的结构图

从物理结构上来看，USB 系统是一个星型结构，但在逻辑结构上，每个 USB 逻辑设备都是直接与 USB Host 相连进行数据传输的。在 USB 总线上，每毫秒传输 1 帧数据。每帧数据可由多个数据包的传输过程组成。USB 设备可根据数据包中的地址信息来判断是否响应该数据传输。在 USB 规范中，规定了 4 种传输方式以适应不同的传输需求。

1) 控制传输(Control Transfer)

控制传输发送设备请求信息，主要用于读取设备配置信息及设备状态、设置设备地址、设置设备属性、发送控制命令等功能。全速设备每次控制传输的最大有效负荷可为 64 个字节，而低速设备每次控制传输的最大有效负荷仅为 8 个字节。

2) 同步传输(Isochronous Transfer)

同步传输仅适用于全速/高速设备。同步传输每毫秒进行一次，有较大的带宽，常用于语音设备。同步传输每次传输的最大有效负荷可为 1023 个字节。

3) 中断传输(Interrupt Transfer)

中断传输用于支持数据量少的周期性传输需求。全速设备的中断传输周期可为 1～255 ms，而低速设备的中断传输周期为 10～255 ms。全速设备每次中断传输的最大有效负荷可为 64 个字节，而低速设备每次中断传输的最大有效负荷仅为 8 个字节。

4) 块数据传输(Bulk Transfer)

块数据传输是非周期性的数据传输，仅全速/高速设备支持块数据传输，同时，当且仅当总线带宽有效时才进行块数据传输。块数据传输每次数据传输的最大有效负荷可为 64 个字节。

3.5.3 USB 硬件电路设计

1. USB 的硬件结构

USB 采用四线电缆，其中两根用来传送数据的串行通道，另两根为下行设备提供电源。USB 是基于令牌的总线。类似于令牌环网络或 FDDI 基于令牌的总线，USB 主控制器广播令牌其总线上设备检测令牌中的地址是否与自身相符，是通过接收或发送数据给主机来响应的。USB 通过支持悬挂(suspend)/恢复(resume)操作来管理 USB 总线电源。USB 系统采用级联星型拓扑，该拓扑由三个基本部分组成：主机(Host)、集线器(Hub)和功能设备。

主机，也称为根、根结或根 Hub。如果 ARM 处理器包含 USB 控制器，则主机集成在 ARM 处理器中，否则需要在嵌入式系统中添加一块控制器芯片作为主机。主机包含主控制器和根集线器(Root Hub)，控制着 USB 总线上的数据和信息的流动，每个 USB 系统只能有一个根集线器，它连接在主控制器上。

集线器是 USB 结构中的特定成分，它提供端口(Port)，可将设备连接到 USB 总线上，同时检测连接在总线上的设备，并为这些设备提供电源管理，负责总线的故障检测和恢复。集线器可为总线提供能源，也可为自身提供能源。功能设备通过端口与总线连接，USB 同时可做 Hub 使用。图 3.16 所示为 USB 接口引脚分布图。

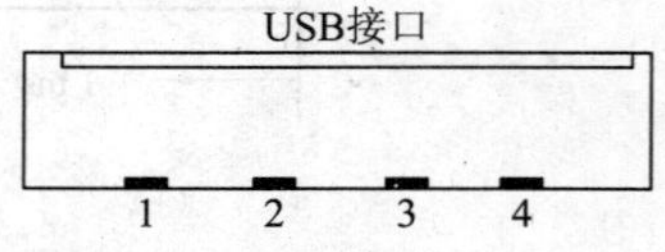

图 3.16　USB 接口引脚分布图

USB 接口具有速度快、兼容性好、不占中断、可以串接、支持热插拔等特点。USB 接口定义如下：

(1) 第 1 脚为电源正极 +5 V。

(2) 第 2 脚为 DATA− 数据线。

(3) 第 3 脚为 DATA+ 数据线。

(4) 第 4 脚为 GND，电源地。

2. USB 的硬件原理图

ARM 通过发送命令和完成初始化来与 USB 建立连接。以下将以 PDIUSBD12 为例介绍 USB 与 ARM 的连接电路图。

ARM nCS 作为 PDIUSBD12 的片选信号，使用的是 ARM 的 External I/O BANK2 的地址范围;PDIUSBD12 的 A0 脚与 ARM 的 A0 口相连，用以控制 PDIUSBD12 的命令和数据状态;PDIUSBD12 的 ALE 脚接地，表示 PDIUSBD12 这时是一个独立的地址和数据总线配置;

PDIUSBD12 的中断脚 INT_N 连接到 ARM 外部中断 2 脚，使用外部中断 2。图 3.17 所示为 USB 与 ARM 的连接电路图。

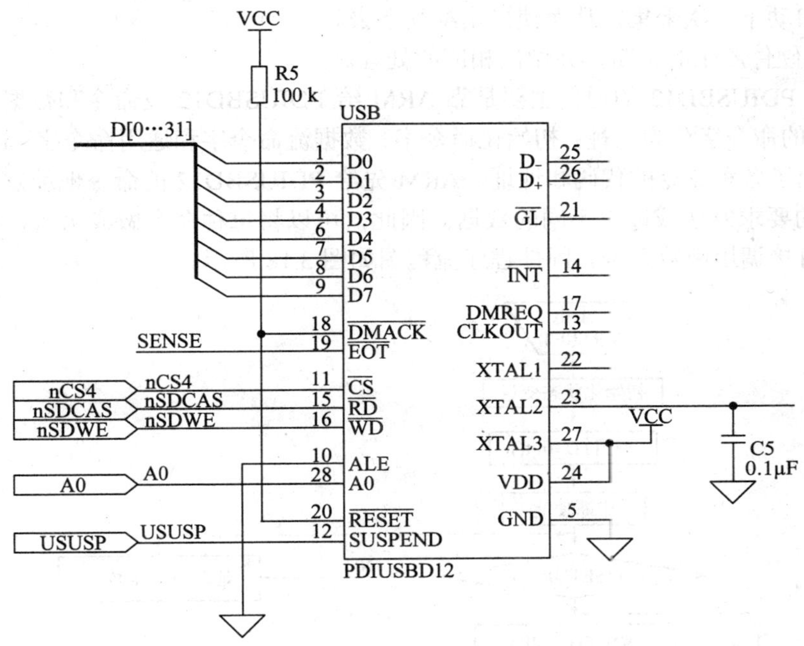

图 3.17　USB 与 ARM 的连接电路图

3.5.4　USB 驱动程序设计

本节我们以 PHILIPS 公司的 USB 接口芯片 PDIUSBD12 为例说明 USB 驱动程序的设计方法。 PDIUSBD12 是一个性能优化的 USB 器件，通常用于基于微控制器的系统，并通过高速通用并行接口与微控制器进行通信，而且支持本地 DMA 传输。该器件采用模块化的方法实现一个 USB 接口，允许在众多可用的微控制器中选择最合适的作为系统微控制器，允许使用现有的体系结构使固件投资减到最少。这种灵活性减少了开发时间、风险和成本。PDIUSBD12 非常适合于很多外围设备，如打印机、扫描仪、外部大容量存储器(U 盘)和数码相机等。

1. USB 固件程序的设计

固件程序不仅要协助 USB 控制芯片 PDIUSBD12 完成 USB 通信的任务，而且还要控制采集模块和标准信号源的工作，具体包括：

(1) 应答主机列举设备的所有请求，完成设备的列举和重列举过程。其中包括用软件来模拟 USB 设备的断开与重新连接，对接收到的设备包进行分析和判断，对主机的设备请求做出适当的响应工作，直到主机对设备的配制完成。

(2) 初始化工作。对采集模块和信号源模块的硬件和 USB 芯片进行初始化，设置一些特殊功能寄存器的初值，例如开启或关闭中断、配制 I/O 端口等。

(3) 当主机发送数据时，接收数据包并解析数据包的含义，根据事先约定的协议进行相应的操作。

(4) 当主机要求回传采集到的数据时，根据设备状态回传数据，或者回答数据未准备好。当数据回传准备好时，进行回传数据，每次回传结束后，自动按照原先保存的设置初始化采集参数并启动下一次采集，从而使采集继续下去。

(5) 响应硬件产生的中断，并做出相应的处理。

ARM 与 PDIUSBD12 的通信主要是靠 ARM 给 PDIUSBD12 发命令和数据来实现的。PDIUSBD12 的命令字分为三种：初始化命令字、数据流命令字和通用命令字。PDIUSBD12 数据手册给出了各种命令的代码和地址。ARM 先给 PDIUSBD12 的命令地址发命令，再根据不同命令的要求发送或读出不同的数据。因此，可以将每种命令做成函数，用函数实现各个命令，直接调用函数即可。固件程序流程图如图 3.18 所示。

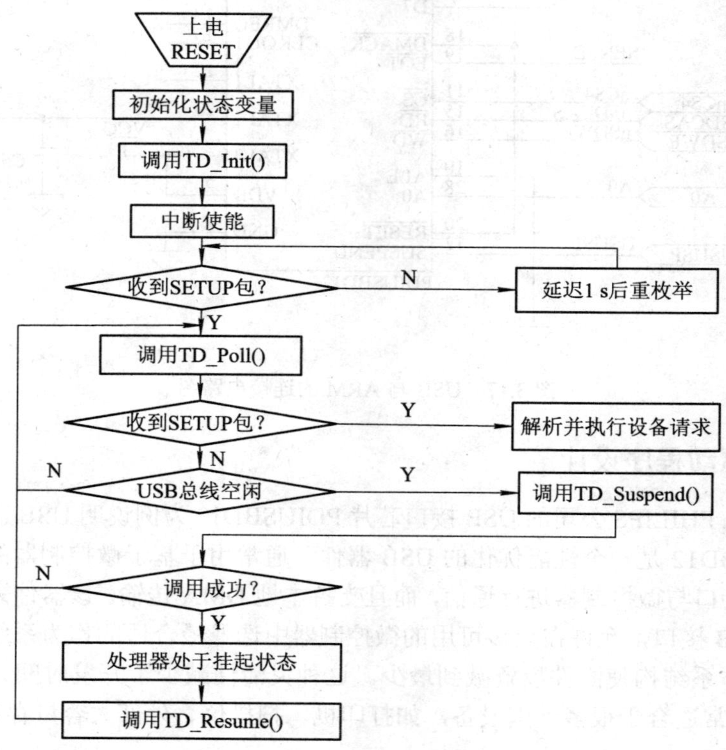

图 3.18 固件程序流程图

图 3.18 中的各函数作用如下：

✧ TD_Init()：此函数用于初始化全局状态变量。

✧ TD_Poll()：此函数在操作外设时反复调用，用于外设功能程序代码的执行。

✧ TD Suspend()：此函数使外设进入低功耗挂起状态。

✧ TD_Resume()：此函数用于对外部恢复事件做出反应，并恢复处理器正常工作状态。

2. USB 驱动程序的设计

目前用于驱动程序开发的工具主要有 Windiver、微软的 DDK 和 Compuware 公司的 DriverStudio 等。这里使用 DriverStudio 驱动开发工具进行开发，对于面向对象编程的软件开发，DriverStudio 是一个良好的驱动开发工具，并且开发时间比较短。DriverStudio 工具包中的 DriverWorks 提供了三个类：KDriver、KPnpDevice 和 KPnpLowerDevice，这三个类用于实现 WDM 驱动程序的框架结构。图 3.19 所示是这些子程序的示意图。

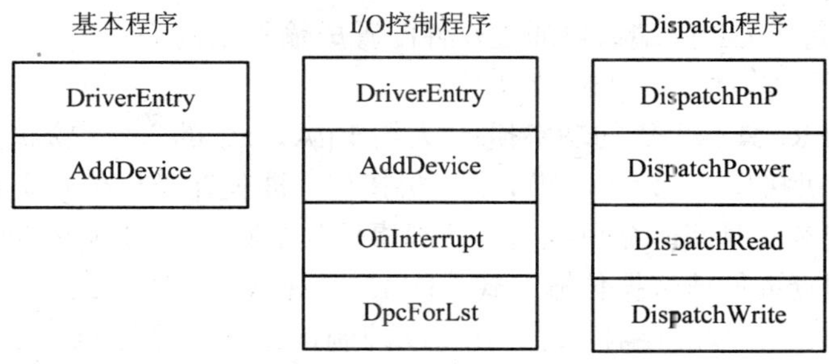

图 3.19　USB 驱动程序的示意图

在这些子程序中，DriverEntry、AdddDevice 和一些 Dispatch 程序是驱动设备必需的部分。若驱动程序要对 IRP 进行排队，则它必须包括 StartIO 程序；若需要中断的驱动程序，则必须具有 OnInterrupt 和 DpcForLst 程序；若驱动程序要进行 DMA 传输，则它要有 AdapterControl 程序。每个驱动程序的子程序选择都是建立在自己需要的功能基础之上的。

其中，KDriver 类提供设备驱动程序的基本框架。它负责驱动程序的初始化，并负责将 IRP 分发到目标设备对象。由于 KDriver 是抽象类，因此必须创建一个 KDriver 的派生类，并重载 DriverEntry 例程，在 DriverEntry 例程中做一些初始化的工作。每当 Pnp 子系统检测到驱动程序所负责的设备时，就调用 AddDevice 例程，UnLoad 例程负责最后的清除工作。

KPnpDevice 类是 KDevice 类的派生类，在驱动程序中只作为基类使用。它支持即插即用和电源管理，主要处理 IRP_MJ_PNP 和 IRP_MJ_POWER 请求包。

KPnpLowerDevice 类提供了一个物理设备对象的模型，当驱动程序创建或初始化一个 KPnpLowerDevice 类实例的时候，它就将一个设备对象连向一个物理设备的对象。

除了用到以上类外，开发 USB 驱动程序还要用到 DriverWorks 提供的 3 个用于实现 USB 设备操作的类：KUSBLowerDevice、KUSBInterface 和 KUSBPipe。其中，KUSBLowerDevice 类允许 USB 驱动程序通过默认控制管道控制 USB 设备，如配置 USB 设备、传输各种控制和状态请求；KUSBInterface 类的作用更多的是结构上的而非功能上的，其成员函数几乎不与实际物理设备发生交互作用，驱动程序用这个类获取接口和管道信息；KUSBPipe 类对应于管道，管道使主机和一个端点的信息连接，这个类用于初始化管道信息和管道操作控制。

3.6　I/O 接口模块设计

3.6.1　GPIO

在嵌入式系统应用中，常有许多结构较简单的外部设备/电路需要 CPU 提供控制手段，有的则被 CPU 用作输入信号。而且，许多这样的设备/电路只要有开/关两种状态就够了。对这些设备/电路的控制，使用传统的串行口或并行口都不合适。所以在微控制器芯片上一般都会提供一个“通用可编程 I/O 接口”，即通用输入/输出(GPIO，General-Purpose IO ports)接口。GPIO 通常用于需要开关量驱动的设备控制，如 LED 彩灯的控制、步进电机的控制、继电器的控制等。GPIO 使用工业标准 I²C、SMBus 或 SPI 接口简化了 I/O 口的扩展。当微控制器或芯片组没有足够的 I/O 端口，或当系统需要采用远端串行通信或控制时，GPIO 产品能够提供额外的控制和监视功能。GPIO 接口可以用来模拟 SPI、I²C 等接口，为项目开发提供灵活的选择。每个 GPIO 端口可通过软件配置成输入或输出。

GPIO 具有以下一些优点：

➢ 低功耗：GPIO 具有更低的功率损耗(大约 1 μA，μC 的工作电流则为 100 μA)。
➢ 集成 I²C 人机接口：GPIO 内置 I²C 人机接口，即使在待机模式下也能够全速工作。
➢ 可预先确定响应时间：缩短或确定外部事件与中断之间的响应时间。
➢ 支持中断和查询低速数据传输方式、DMA 高速数据传输方式和多种 I/O 端口类型。

GPIO 接口至少有两个寄存器，即通用 I/O 控制寄存器与通用 I/O 数据寄存器。数据寄存器的各位都直接引到芯片外部，而对这种寄存器中每一位的作用，即每一位的信号流通方向，则可以通过控制寄存器中的对应位独立地加以设置。这样，有无 GPIO 接口也就成为微控制器区别于微处理器的一个特征。

在实际的 MCU 中，GPIO 是有多种形式的。比如，有的数据寄存器可以按位寻址，有些不能按位寻址，需要在编程时加以区分。GPIO 接口除了两个标准寄存器外，还提供上拉寄存器，可以设置 IO 的输出模式是高阻，还是带上拉的电平输出，或是不带上拉的电平输出。

GPIO 属于字符型设备，其驱动程序的编写有两种方式，即静态编译进内核和动态加载编译模块，并且设备驱动程序必须向 Linux 核心或者它所在的子系统提供一个标准的接口。如果使用的芯片带有 MMU 内存管理，在写驱动模块的时候必须利用 IO REM AP 命令进行重新映射。

3.6.2　UART

UART 为通用异步串行接口，主要由三部分组成：接收器、发送器和控制器。接收器用来将接收到的串行码转换成并行码，并对其进行错误检测。发送器用来将并行码转换为一定数据格式的串行码。控制器用以接收 CPU 的控制信号，执行 CPU 所要求的操作，并输出状态信息和控制信息。

异步通信的通信线路上没有数据的时候处于逻辑 1 状态，在开始发送数据的时候，发送设备首先发送一个逻辑 0，紧接着就发送数据位。当接收设备接收到 0 起始位时，表示开始接收数据，在字符数据的传送过程中，数据位从低位开始传输。数据发送完毕之后，要发送奇偶校验位，用于有限差错检测。奇偶校验位之后，便是停止位，异步串行通信数据格式如图 3.20 所示。

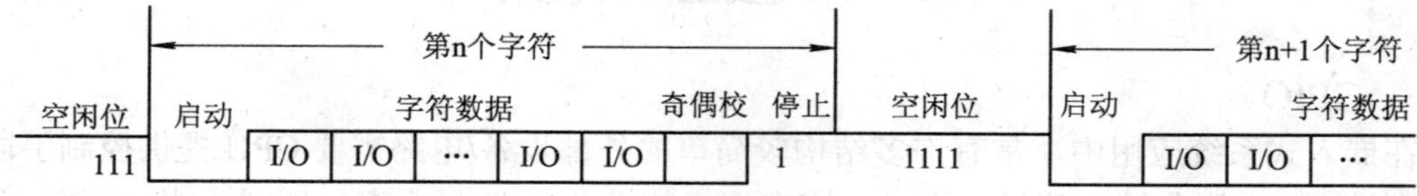

图 3.20　异步串行通信的数据格式

ARM 的 UART 单元提供独立的异步串行 I/O 端口，每个端口都可以在中断和 DMA 两种模式下工作，支持的最高波特率为 115.2 kb/s，每个 UART 通道包含两个 16 位 FIFO，分别用于接收和发送数据。

串口 UART 模块如图 3.21 所示。

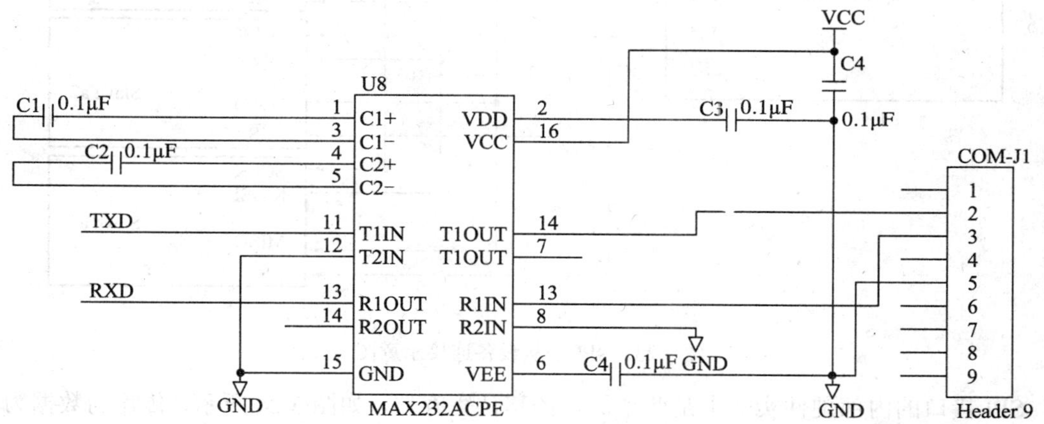

图 3.21　串口 UART 模块示意图

3.6.3　SPI 接口

SPI 接口(Serial Peripheral Interface)意为串行外围接口，是 Motorola 首先在其 MC68HCXX 系列处理器上定义的。SPI 接口主要应用在 EEPROM、Flash、实时时钟、AD 转换器、数字信号处理器和数字信号解码器上。

SPI 接口用于 CPU 和外围低速器件之间的同步串行数据传输，在主器件的移位脉冲下，数据按位传输，高位在前，低位在后，为全双工通信。数据传输速度总体来说比 I²C 总线要快，速度可达到几 Mb/s。

SPI 接口是以主从方式工作的，这种模式通常有一个主器件和一个或多个从器件，如图 3.22 所示，其接口包括以下四种信号：

(1) MOSI：主器件数据输出，从器件数据输入。

(2) MISO：主器件数据输入，从器件数据输出。

(3) SCLK：时钟信号，由主器件产生。

(4) $\overline{SS}$：从器件使能信号，由主器件控制。

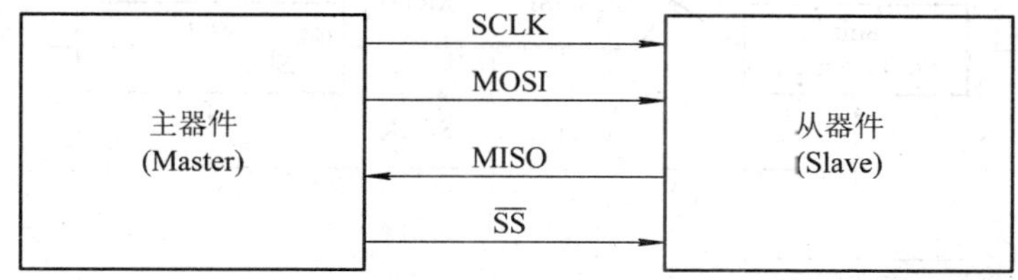

图 3.22　SPI 接口连接图

在点对点的通信中，SPI 接口不需要进行寻址操作，且为全双工通信，显得简单高效。在多个从器件的系统中，每个从器件需要独立的使能信号，硬件比 I²C 系统要稍微复杂一些，如图 3.23 所示。

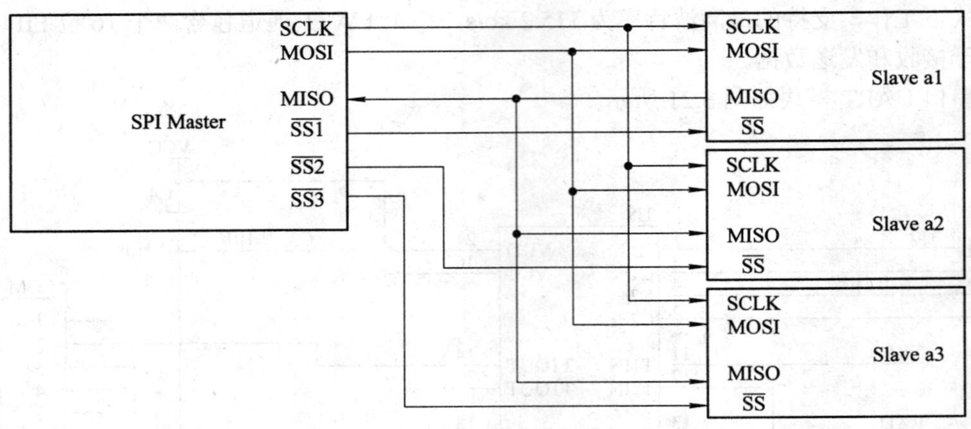

图 3.23　SPI 多从设备连接示意图

SPI 接口的内部硬件实际上是两个简单的移位寄存器，如图 3.24 所示，传输的数据为 8 位。在主器件产生的从器件使能信号和移位脉冲下，按位传输，高位在前，低位在后。如图 3.25 所示，在 SCLK 的下降沿上数据改变，同时一位数据被存入移位寄存器。SPI 接口存在一个缺点，即没有指令流控制，没有应答机制确认是否接受数据。

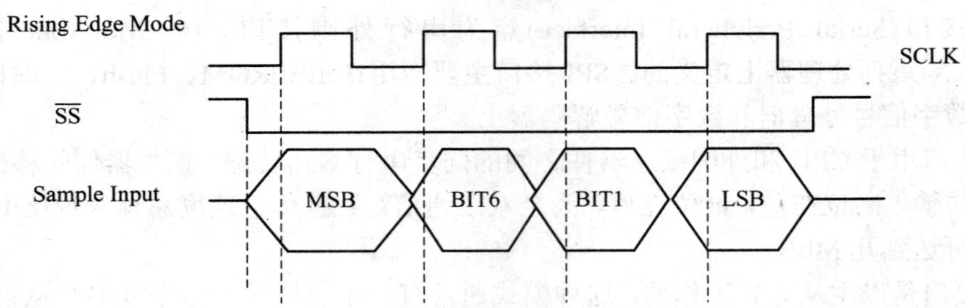

图 3.24　SPI 接口信号时序图

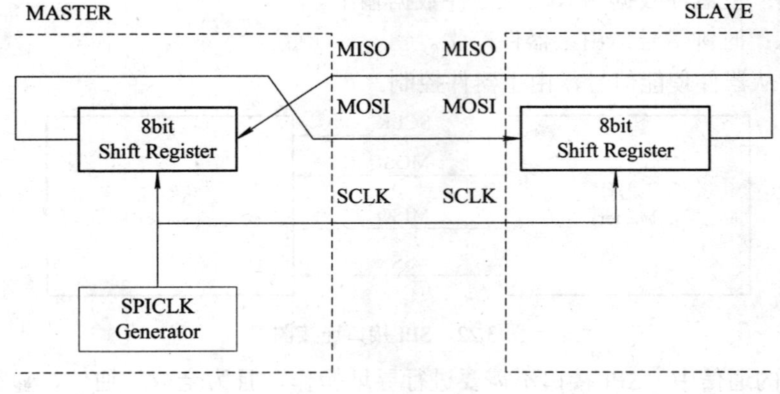

图 3.25　SPI 接口工作原理图

3.6.4　I^2C 总线

I^2C(Inter-Integrated Circuit)总线是一种由 PHILIPS 公司开发的两线式串行总线，用于连接微控制器及其外围设备。I^2C 总线产生于 20 世纪 80 年代，最初为音频和视频设备而开发，如今主要在服务器管理中使用，其中包括单个组件状态的通信。例如，管理员可对各个组件进行查询，以管理系统的配置或掌握组件的功能状态，通过 I^2C 也可以随时监控内存、硬盘、网络、系统温度等多个参数，增加了系统的安全性，方便了管理。

1. I^2C 总线的特点

I^2C 总线最主要的优点是其简单性和有效性。由于接口直接在组件之上，因此 I^2C 总线占用的空间非常小，减小了电路板的空间和芯片管脚的数量，降低了互联成本。总线的长度可达 25 英尺，并且能够以 10 kb/s 的最大传输速率支持 40 个组件。I^2C 总线的另一个优点是支持多主控(Multimastering)，其中任何能够进行发送和接收的设备都可以成为主总线。一个主控能够控制信号的传输和时钟频率。

2. I^2C 总线的工作原理

I^2C 总线是由数据线 SDA 和时钟 SCL 构成的串行总线，可发送和接收数据。在 CPU 与被控 IC 之间、IC 与 IC 之间进行双向传送，最高传送速率达 100 kb/s。各种被控制电路均并联在这条总线上，就像电话机一样只有拨通各自的号码才能工作，所以每个电路和模块都有唯一的地址。在信息的传输过程中，I^2C 总线上并接的每一模块电路既是主控器(或被控器)，又是发送器(或接收器)，这取决于它所要完成的功能。CPU 发出的控制信号分为地址码和控制量两部分，地址码用来选址，即接通需要控制的电路，确定控制的种类；控制量决定该调整的类别(如对比度、亮度等)及需要调整的量。这样，各控制电路虽然挂在同一条总线上，却彼此独立、互不相关。

I^2C 总线在传送数据过程中共有三种类型信号：开始信号、结束信号和应答信号。

- 开始信号：SCL 为高电平时，SDA 由高电平向低电平跳变，开始数据传送。
- 结束信号：SCL 为低电平时，SDA 由低电平向高电平跳变，结束数据传送。
- 应答信号：接收数据的 IC 在接收到 8 bit 数据后，向发送数据的 IC 发出特定的低电平脉冲，表示已收到数据。

CPU 向受控单元发出一个信号后，等待受控单元发出一个应答信号，CPU 接收到应答信号后，根据实际情况做出是否继续传递信号的判断。若未收到应答信号，可判断为受控单元出现故障。

3.7　本 章 小 结

嵌入式系统开发是一个软、硬件协同设计开发的过程。ARM 嵌入式开发平台是以 ARM CPU 为开发平台，以 ADS 或相关软件为继承开发环境，以 ARM-Linux 或者 ARM-WinCE 嵌入式操作系统及各种中间件、驱动程序为软件平台搭建的 ARM 嵌入式系统，其中硬件平台和软件平台是其核心。

本章以模块化的设计思想，使用具体的代码实例讲解 ARM 处理器的主要片上部件和某些外围设备的电路设计和驱动设计。

通过本章的学习，读者应该掌握以下内容：

(1) 嵌入式软件的特点：强调软硬件的协同工作，需要固化软件，使用交叉编译环境，对抗干扰性和可靠性的要求高，实时性要求更高，需要考虑代码大小。

(2) 模块化的设计思想被广泛地应用到嵌入式软件的设计过程中，使得应用程序的结构清晰，可读性良好，效率更高，可移植性更好。

(3) 针对 SDRAM 模块的设计要注意 SDRAM 内部操作是一个复杂的状态机，设计师必须考虑多种工作模式问题。

(4) 针对 Flash 模块的设计需要注意在 Flash 编程之前应先擦除 Flash，同时要知道擦除操作不可恢复。

(5) 针对 LCD 模块设计需要注意选取的 LCD 型号及结构。一般情况下，LED 背光方式供电最好为 3.8～4.0 V 的直流电源。

(6) 针对 USB 模块设计需要知道 USB 接口数据传输的主要任务是：从 PC 上下载内核(.bin 文件)或应用程序(.exe 文件)。

(7) 针对 GPIO 模块的设计需要注意 ARM 的 GPIO 资源有限，在设计外围电路时，应尽量考虑通过软件提供多用途的输入和输出信号。

思考与练习

1. 常见的调试方法有哪些?
2. 结合本章的内容，查阅相关资料和手册进行 SDRAM 工作模式的设置。
3. 简述 Nand-Flash 与 Nor-Flash 的区别。
4. 列举常见的 LCD 显示模式。
5. 列举 USB 的 4 种不同数据传输方式。

第 4 章　ARM 编程与调试

4.1　ARM 指令系统

ARM 微处理器是基于精简指令集计算机(RISC)原理设计的。ARM 体系提供两种指令集：32 位的 ARM 指令集和 16 位的 Thumb 指令集。ARM 指令集执行效率高，但是代码密度低。Thumb 指令集是 ARM 指令集的功能子集，它具有较高的代码密度，同时保持了 ARM 大多数性能上的优势。ARM 程序和 Thumb 程序可以相互调用，且两种状态之间的切换开销几乎为零。

4.1.1　ARM 指令介绍

ARM 指令包括数据处理指令、数据传送指令、控制流指令、分支、陷入系统代码。

ARM 指令字长为固定的 32 位，基本格式如下：

<opcode>{<cond>}{S}<Rd>,<Rn>,{<operand2>}

其中<>号内的项是必需的，{}号内的项是可选的。各项的含义如下：

- opcode：指令助记符，如 AND 表示逻辑与指令；
- cond：指令执行条件；
- S：指令的操作是否影响 CPRS 寄存器的值；
- Rd：目标寄存器；
- Rn：包含第一个操作数的寄存器；
- operand2：第二个操作数。

对应的 ARM 指令编码格式如表 4.1 所示。

表 4.1　ARM 指令编码格式

31	28　27	25　24	21　20　19	16　15	12　11	0
opcode	001	cond	S	Rd	Rn	operand2

指令中的第二个操作数“operand2”有很多表示方法，灵活地使用这些表示方法能够提高代码效率。它包括以下形式。

1. 常数表达式

常数表达式 #immed_8r 必须对应 8 位位图，即是由一个 8 位的常数通过循环右移偶数位得到。所以不是每一个 32 位的常数都是合法的，只有通过以上的移位方法得到的常数才是合法的。

合法的常量如下：

0xff,0x3fc,0xff00,0x104,200。

不合法的常量如下：

0x102,0x1010,511,0xff1,0xffff。

常量表达式应用示例如下：

```
MOV    R0, #0X104          ; 令 R0 的数值为 0X104
AND    R1, R2, #0xff       ; R2 和 0xff 与，并把结果保存在 R1 中
```

2. 寄存器方式

在寄存器方式 Rm 下，指令的操作数“operand2”为寄存器的数值。

寄存器方式应用示例如下：

```
MOV    R1, R3              ; 将 R3 的数值放到 R1 中
SUB    R1, R2, R3          ; R1 的数值等于 R2 的数值减去 R3 的数值
```

3. 寄存器移位方式

在寄存器移位方式下，指令的操作数“operand2”为寄存器移位后所得的结果。

移位方式如下：

```
LSL    #m                  ; 逻辑左移 m 位(1≤m≤31)
LSR    #m                  ; 逻辑右移 m 位(1≤m≤31)
ASL    #m                  ; 算术左移 m 位(1≤m≤32)
ASR    #m                  ; 算术右移 m 位(1≤m≤32)
ROR    #m                  ; 循环右移 m 位(1≤m≤31)
RRX                        ; 右移一位，并用 CPSR 中的 C 条件标志位填补空出的位
```

寄存器移位方式应用示例如下：

```
ADD    R1, R1, R1, LSL  #4      ; R1=R1+R1*24=R1*17
SUB    R1, R1, R2, LSR  R3      ; R1=R1-R2/2R3
```

ARM 指令中的第 28～32 位是给 cond 用的，它可以组成 16 种条件码。当 ARM 微处理器工作在 ARM 状态时，所有的指令都是根据 CPSR 中的条件标志位状态与指令的条件码是否符合来决定是否执行。当执行的条件满足时就执行该命令，否则指令被忽略，转向下一条指令。例如，在跳转指令 B 后面加上后缀 EQ(即 BEQ)，则表示“相等则跳转”，即当 CPSR 中的 Z 标志置位时发生跳转。16 种条件码的含义及助记符如表 4.2 所示，其中只有 15 种可以使用，第 16 种(1111)为系统保留。

表 4.2 16 种条件码的含义及助记符

条件码(cond)	助记符	标 志	含 义
0000	EQ	Z 置位	相等
0001	NE	Z 清零	不相等
0010	CS	C 置位	进位设置
0011	CC	C 清零	进位清除
0100	MI	N 置位	负数

续表

条件码(cond)	助记符	标　志	含　义
0101	PL	N 清零	正数或零
0110	VS	V 置位	溢出设置
0111	VC	V 清零	溢出清除
1000	HI	C 置位、Z 清零	无符号数大于
1001	LS	C 置位、Z 清零	无符号数小于或等于
1010	GE	N 等于 V	带符号数大于或等于
1011	LT	N 不等于 V	带符号数小于
1100	GT	清零且 N 等于 V	带符号数大于
1101	LE	置位或 N 不等于 V	带符号数小于或等于
1110	AL	忽略	无条件执行

4.1.2　ARM 指令寻址方式

寻址方式是根据指令中给出的地址码字段来实现寻找真实操作数地址的方式。ARM 指令的寻址方式有以下几种。

1. 立即寻址

立即寻址又叫做立即数寻址，操作码字段后面的地址部分就是操作数，即数据就包含在指令当中，那么取出指令也就取到了操作数。

立即寻址方式示例如下：

```
MOV    R0, #0x104        ; R0←0x104
ADD    R0, R1, #200      ; R0←R1 + 200
```

2. 寄存器寻址

指令中的地址码字段指定了寄存器的编号，将寄存器中的数值作为操作数。执行指令时直接取出寄存器中的数值进行操作，这种寻址方式的效率比较高。

寄存器寻址方式示例如下：

```
SUB    R0, R1, R2        ; R0←R1−R2
MOV    R0, R1            ; R0←R1
```

3. 寄存器间接寻址

寄存器间接寻址指令中的地址码字段给出的是一个通用寄存器的编号，它是以该寄存器中的值作为操作数的地址，而操作数本身存放在存储单元中。

寄存器间接寻址方式示例如下：

```
ADD   R1，R2，[R3]     ；将 R3 中的数值作为地址，取出此地址中的数值后与 R2 相加，
                       ；结果保存在 R1 中
LDR   R1,[R2]          ；将 R2 中的数值作为地址，取出此地址中的数值并保存在 R1 中
```

4. 寄存器偏移寻址

寄存器偏移寻址是 ARM 指令集特有的寻址方式，当第 2 个操作数是寄存器偏移方式时，

先将其进行移位操作后再与第一个操作数结合。

寄存器偏移寻址方式示例如下：

```
MOV   R0, R1, LSL  #1          ；R1 中的值左移一位，结果放入 R0 中，即 R0 = R1*2
AND   R0, R0, R1, LSR  R2      ；R1 中的值右移 R2 位，和 R0 作逻辑与操作后，结果放
                               ；入 R0 中
```

可采用的移位方式有以下几种：

➢ LSL：逻辑左移，寄存器中字的低端空出的位补 0。

➢ LSR：逻辑右移，寄存器中字的高端空出的位补 0。

➢ ASR：算术右移，在移位过程中保持字的符号位不变，即如果原操作数为正数，则在字的高端空出的位补 0，否则补 1。

➢ ROR：循环右移，即由字的低端移出的位来填补字的高端空出位。

➢ RRX：带扩展的循环右移，操作数右移一位，高端空出的位由原 CPSR 中的 C 条件标志位填补。

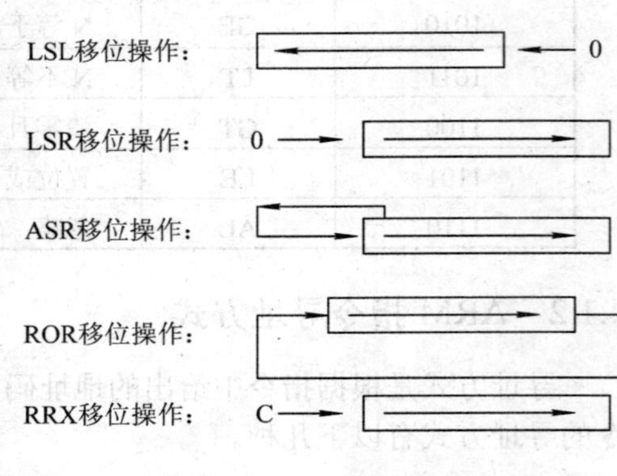

图 4.1　循环移位操作图示

各移位操作如图 4.1 所示。

5. 基址寻址

基址寻址是将基址寄存器的内容与指令中所给出的地址偏移量相加，形成操作数的有效地址。基址寻址一般用于访问基址附近的存储单元。

基址寻址方式示例如下：

```
LDR    R0,  [R1, #0X0C]      ；将 R1 中的数值加上#0X0C 形成操作数的有效地址，取出
                             ；此地址中的数值保存在 R0 中
LDR    R0,  [R1  # -2]       ；将 R1 中的数值减去 2 形成操作数的有效地址，取出此地址
                             ；中的数值保存在 R0 中，然后 R1 的内容自动减 2 个字节
```

6. 多寄存器寻址

多寄存器寻址可以一次传送多个寄存器的值，在一条指令中最多允许传送 16 个通用寄存器的值。

多寄存器寻址方式示例如下：

```
LDMIA  R0!，{R1-R4, R7}      ；将 R0 单元中的数据读到 R1、R2、R3、R4 和 R7 中，
                             ；R0 自动加 1
STMIA  R0!，{R1-R4, R7}      ；将 R1、R2、R3、R4 和 R7 中的值保存在 R0 指向的地址
                             ；单元，R0 自动加 1
```

在使用多寄存器寻址方式的时候，寄存器子集的顺序按由小到大的顺序排列，连续的寄存器用连字符“-”连接，否则用“，”分隔。

7. 堆栈寻址

堆栈是一个按照特定顺序进行存取的存储区，操作顺序为“先进后出”，它使用一个被

称做堆栈指针的专用寄存器指示当前的操作位置，堆栈指针总是指向栈顶。当堆栈指针指向最后压入堆栈的有效数据时，称为满堆栈；当堆栈指针指向下一个将要放入数据的空位置时，称为空堆栈。

另外，根据堆栈的生成方式，堆栈又可以分为递增堆栈和递减堆栈。当堆栈由低地址向高地址生成时，称为递增堆栈；当堆栈由高地址向低地址生成时，称为递减堆栈。因此根据以上的划分方式就有 4 种不同类型的组合。

➢ 满递增堆栈：堆栈指针指向最后压入的数据，且由低地址向高地址生成。如指令 LDMFA、STMFA 等。

➢ 空递增堆栈：堆栈指针指向下一个将要放入数据的空位置，且由低地址向高地址生成。如指令 LDMEA、STMEA 等。

➢ 满递减堆栈：堆栈指针指向最后压入的数据，且由高地址向低地址生成。如指令 LDMFD、STMFD 等。

➢ 空递减堆栈：堆栈指针指向下一个将要放入数据的空位置，且由高地址向低地址生成。如指令 LDMED、STMED 等。

堆栈寻址方式示例如下：

```
STMFD    SP! , {R0-R5, LR}      ；将 R0～R5、LR 入栈，满递减堆栈
LDMFD    SP! , {R0-R5, LR}      ；数据出栈，放入 R0～R5、LR 寄存器中，满递减堆栈
```

8. 块复制寻址

块复制寻址也是一种多寄存器传送指令，它用于将一块数据从存储器的某一位置复制到另一位置。

块复制寻址方式示例如下：

```
STMDA   R0!, {R1-R5}        ；将 R1～R5 的数据保存到存储器中，存储器指针在保存第一
                            ；个值之后增加，增长方向为向下增长
STMDB   R0!, {R1-R5}        ；将 R1～R5 的数据保存到存储器中，存储器指针在保存第一
                            ；个值之前增加，增长方向为向下增长
STMIA   R0!, {R1-R5}        ；将 R1～R5 的数据保存到存储器中，存储器指针在保存第一
                            ；个值之后增加，增长方向为向上增长
STMDB   R0!, {R1-R5}        ；将 R1～R5 的数据保存到存储器中，存储器指针在保存第一
                            ；个值之前增加，增长方向为向上增长
```

9. 相对寻址

相对寻址方式与基址寻址类似，它以程序寄存器 PC 提供的当前值为基地址，指令中的地址码作为偏移量，两者相加后得到的地址作为操作数的有效地址。

相对寻址方式示例如下：

```
BL      SUBR1           ；调用到 SUBR1 子程序
BEQ     LOOP            ；条件跳转到 LOOP 标号处
...
LOOP  MOV       R1, #3
...
```

```
SUBR1
…
```

跳转指令 BL 用的是相对寻址方式。

4.1.3　ARM 指令集介绍

ARM 指令集可以分为 6 大类，即跳转指令、数据处理指令、程序状态寄存器(PSR)处理指令、加载/存储指令、协处理器指令和异常产生指令。为了更清晰地描述这些指令，有些大类的指令进一步分为几个小类指令来分别介绍。

1. 跳转指令

跳转指令用于实现程序流程的跳转，在 ARM 程序中有两种方法可以实现程序的跳转：一是使用跳转指令；另一种是直接向 PC 寄存器中写入目标地址值。通过后一种方式可以实现在 4 GB 空间中的任意跳转。如果在跳转之前结合使用“MOV　LR, PC”等指令，可以保存返回地址值，从而实现了在 4 GB 连续的线性地址空间中进行子程序的调用。

ARM 跳转指令可以实现从当前指令向前或向后 32 MB 的地址空间内的跳转，它包括以下 4 类指令：

(1) B 指令——跳转指令。

格式：B{cond}　<地址>

B 指令是最简单的跳转指令。当遇到 B 指令时，ARM 处理器就立即跳转到给定的地址处，从那里开始执行。需要注意的是，指令中的地址是相对当前 PC 值的一个偏移量，而不是目标地址。目标地址应是先将指令中的 24 位带符号的补码立即数扩展为 32 位(扩展其符号位)，再将此 32 位数左移两位得到的值与 PC 寄存器的值相加所得的结果。

(2) BL 指令——带返回的跳转指令。

格式：BL{cond}　<地址>

BL 跳转指令常用于实现子程序的调用。跳转之前，在寄存器 R14 中保存 PC 的当前内容，返回时通过将 R14 的内容重新装载到 PC 中来实现。

(3) BLX 指令——带返回和切换的跳转指令。

格式：BLX　　<地址>

　　　BLX {cond} Rm

第一种格式的 BLX 指令实现从 ARM 指令集跳转到指令中的目标地址，并将处理器的工作状态由 ARM 状态切换到 Thumb 状态，同时将 PC 的当前内容保存到寄存器 R14 中。

第二种格式的 BLX 指令的目标地址存放在指令中的寄存器 Rm 中，目标地址指令既可以是 ARM 指令，也可以是 Thumb 指令，具体是由 CPSR 中的 T 位决定的。

因此当子程序为 Thumb 指令集而调用者为 ARM 指令集时，可以通过 BLX 指令实现子程序的调用和处理器工作状态的切换。同时，子程序的返回可以通过将寄存器 R14 中的值复制到 PC 中来完成。

(4) BX 指令——带状态切换的跳转指令。

格式：BX {cond} Rm

BX 指令跳转到指令中所指定的目标地址，目标地址处的指令既可以是 ARM 指令，也可以是 Thumb 指令。

2. 数据处理指令

数据处理指令大致分为 3 类：数据传送指令、算术逻辑运算指令和比较指令。数据处理指令只能对寄存器的内容进行操作，而不能对内存中的数据进行操作。所有的 ARM 数据处理指令都可以选择 S 作为后缀，以影响状态标志。比较指令不需要采用后缀，它会直接影响状态标志位。

1) 数据传送指令

数据传送指令用于在寄存器和存储器之间进行数据的双向传输。

(1) MOV——数据传送指令。

格式：MOV {cond} {S} Rd, operand2

MOV 指令将操作数 operand2 传送到目标寄存器 Rd 中，其中 operand2 可以是寄存器、被移位的寄存器以及立即数。该指令用于移位运算等操作。

(2) MVN——数据求反传送指令。

格式：MVN {cond} {S} Rd, operand2

MVN 指令将操作数 operand2 按位取反后传送到目标寄存器 Rd 中，operand2 同上。因为其具有取反功能，所以可以装载范围更广的立即数。

2) 算术逻辑运算指令

算术逻辑运算指令用于完成常用的算术与逻辑运算，不仅将运算结果存入目标寄存器中，同时更新 CPSR 中相应的条件标志位。

(1) ADD——加法指令。

格式：ADD{cond}{S} Rd, Rn， operand2

ADD 指令将操作数 operand2 与 Rn 的值相加，结果保存在 Rd 寄存器中，operand2 同上，Rn 是寄存器。ADD 指令可用于无符号和有符号数的加法运算。

(2) SUB——减法指令。

格式：SUB{cond}{S} Rd, Rn， operand2

SUB 指令将操作数 Rn 减去 operand2，结果保存在 Rd 中，operand2 同上，Rn 是寄存器。SUB 指令可用于无符号和有符号数的减法运算。

(3) RSB——逆向减法指令。

格式：RSB{cond}{S} Rd, Rn， operand2

RSB 指令将操作数 operand2 减去 Rn，结果保存在 Rd 中，operand2 同上，Rn 是寄存器。该指令同样可用于无符号和有符号数的减法运算。

(4) ADC——带进位加法指令。

格式：ADC{cond}{S} Rd, Rn， operand2

ADC 指令将 operand2 与 Rn 中的值相加，再加上 CPSR 中的 C 条件标志位的值，把结果保存在 Rd 中。由于它使用了进位标志位，因此可以进行比 32 位数大的加法运算。

(5) SBC——带进位减法指令。

格式：SBC {cond}{S} Rd, Rn， operand2

SBC 指令将寄存器 Rn 中的值减去 operand2，再减去 CPSR 中的 C 条件标志位的非(即若 C 标志位为 0 则减 1，反之减 0)，结果保存在 Rd 中。由于使用了进位标志位来借位，因此可以进行大于 32 位的减法操作。

(6) RSC——带进位逆向减法指令。

格式：RSC{cond}{S}　Rd, Rn，　operand2

运算方式同 SBC，但是是用 operand2 减去 Rn。

(7) AND——逻辑与操作指令。

格式：AND{cond}{S}　Rd, Rn，　operand2

AND 指令将两个操作数进行按位逻辑与操作，结果保存到 Rd 中。该指令常用于屏蔽 Rn 的某些位。

(8) ORR——逻辑或指令。

格式：ORR{cond}{S}　Rd, Rn，　operand2

ORR 指令将两个操作数进行逻辑或操作，结果保存到 Rd 中。该指令常用于设置 Rn 的某些位。

(9) EOR——逻辑异或指令。

格式：EOR{cond}{S}　Rd, Rn，　operand2

EOR 指令将两个操作数进行逻辑异或操作，结果保存到 Rd 中。该指令常用于对 Rn 的某些位取反。

(10) BIC——位清除指令。

格式：BIC{cond}{S}　Rd, Rn，　operand2

BIC 指令将 Rn 的值与 operand2 的反码按位作逻辑与操作，结果保存到 Rd 中。operand2 为 32 位的掩码，如果在掩码中设置了某一位则清除该位，未设置的掩码位保持不变。

3) 比较指令

比较指令不保存运算结果，只更新 CPSR 中的标志位。

(1) CMP——比较指令。

格式：CMP{cond}　Rn, operand2

CMP 指令将 Rn 中的值减去 operand2 的值，根据运算结果设置 CPSR 中的条件标志位，以便后面的指令进行条件执行。它与 SUBS 指令的区别在于，CMP 指令不保存运算结果。

(2) CMN——基于相反数的比较指令。

格式：CMN{cond}　Rn, operand2

CMN 指令将 Rn 中的值加上 operand2 的值，根据运算结果设置 CPSR 中的条件标志位，以便后面的指令进行条件执行。它与 ADDS 指令的区别在于，CMN 指令不保存运算结果。

(3) TST——位测试指令。

格式：TST{cond}　Rn, operand2

TST 指令对两个操作数进行按位逻辑与操作，根据运算结果设置 CPSR 中的条件标志位。该指令一般用来测试是否设置了特定的位。Rn 为要测试的数据字，而 operand2 是一个位掩码。经测试，如果匹配则 Z 置位，否则 Z 复位。

(4) TEQ——相等测试指令。

格式：TEQ{cond}　Rn, operand2

类似于 TST 指令，但 TEQ 指令是对两个操作数进行按位逻辑异或操作。与 EORS 指令的区别同样在于它不保存运算结果。在用 TEQ 进行相等测试时，它不会影响进位标志(不像 CMP)，TEQ 指令常与 EQNE 条件码配合使用，若两个数据相等则 EQ 有效，反之 NE 有效。

另外，ARM 指令集中还包括两类乘法指令：一类是 32 位的乘法指令，即操作结果为 32 位；另一类是 64 位的乘法指令，即操作结果为 64 位。具体包括以下 6 条指令：

(1) MUL——32 位乘法指令。

格式：MUL{cond}{S}　Rd, Rm, Rs

MUL 提供了 32 位整数乘法，将 Rm 和 Rs 中的值相乘，结果保存在 Rd 中。Rm 和 Rs 为 32 位的有符号数或无符号数。

(2) MLA——32 位带加法的乘法指令。

格式：MLA{cond}{S}　Rd, Rm, Rs，Rn

同 MUL，但将乘积后得到的结果再加上 Rn。

(3) UMULL——64 位无符号数乘法指令。

格式：UMULL{cond}{S}　RdLo, RdHi, Rm, Rs

将 Rm 和 Rs 中的值作无符号数的乘法，乘积结果的低 32 位放在 RdLo 中，高 32 位放在 RdHi 中。Rm 和 Rs 都为 32 位的有符号数或无符号数。

(4) UMLAL——64 位带加法的无符号数乘法指令。

格式：UMLAL{cond}{S}　RdLo, RdHi, Rm, Rs

将 Rm 和 Rs 中的值作无符号数的乘法，得到的 64 位乘积结果与 RdLo 和 RdHi 相加。低 32 位保存在 RdLo 中，高 32 位保存在 RdHi 中。

(5) SMULL——64 位有符号数乘法指令。

格式：SMULL{cond}{S}　RdLo, RdHi, Rm, Rs

与 UMULL 类似，不过 SMULL 是作 64 位有符号数的相乘操作。

(6) SMLAL——64 位带加法的有符号数乘法指令。

格式：SMLAL{cond}{S}　RdLo, RdHi, Rm, Rs

与 UMLAL 类似，不过 SMLAL 是作 64 位有符号数的相乘操作。

3. 程序状态寄存器处理指令

程序状态寄存器处理指令用于在状态寄存器和通用寄存器之间传送数据，包括以下两条指令。

(1) MRS——读状态寄存器指令。

格式：MRS{cond}　Rd, psr

其中 psr 为 CPSR 或 SPSR，Rd 为目标寄存器，不允许为 R15。MRS 指令把程序状态寄存器的内容传送到通用寄存器中，该指令主要用于两种情况：一是当需要改变状态寄存器的值时，就用 MRS 指令把数据从状态寄存器送入通用寄存器，修改之后再写回状态寄存器。另一种情况是当在处理异常或进程切换，需要保存状态寄存器的值时，可用该指令把状态寄存器的值读出，然后进行保存。

(2) MSR——写状态寄存器指令。

格式：MSR{cond} psr_fields,　#immed_8r

　　　MSR{cond} psr_fields,　Rm

➢ psr 为 CPSR 或 SPSR。

➢ fields：指定传送的区域，状态寄存器的 32 位可以分为 4 个 8 位的域：bit[7:0]为控制域，用 c 表示；bit[15:8] 为扩展域，用 x 表示；bit[23: 16]为状态域，用 s 表示；bit[31:24]为标志域，用 f 表示。

➢ #immed_8r：将要传送到状态寄存器的立即数。

➢ Rm：源寄存器，存放将要传送到状态寄存器指定域的数据。

➢ MSR：用于将操作数的内容传送到程序状态寄存器中的指定域中。通常用于恢复或改变状态寄存器的内容。如：当退出中断异常处理时，如果事先保存了状态寄存器的内容，则可以通过 MSR 指令将保存的值恢复到状态寄存器中。其中，MRS 与 MSR 通常配合使用实现 CPSR 或 SPSR 寄存器的“读—修改—写”操作，来进行处理器模式切换。需要注意的是，程序不能通过直接修改 CPSR 中 T 控制位将程序状态从 ARM 状态切换到 Thumb 状态，而必须通过执行 BX 等指令来实现。

4. 加载/存储指令

加载指令用于从内存中读取数据放入寄存器中；存储指令用于将寄存器的值保存到内存。加载/存储指令可以分为单寄存器操作指令和多寄存器操作指令。单寄存器加载/存储指令可分为字和无符号字节加载/存储指令与半字和有符号字节加载/存储指令。前者包括以下 4 种指令：

(1) LDR(T)——字数据读取指令(用户模式的字数据读取指令)。

格式：LDR(T){cond}　Rd, <地址>

LDR 指令通常用于两种情况：一种情况是从指定地址读取 32 位的字到目标寄存器 Rd 中；另一种情况是当 PC 作为指令中的目标寄存器时，指令能实现程序跳转的功能。T 为可选后缀，如果指令有 T，就为用户模式下的字数据读取指令，也就是即使处理器是在特权模式下，存储系统也将访问看成是在处理器的用户模式下进行的。

(2) LDRB(T)——字节数据读取指令(用户模式的字节数据读取指令)。

格式：LDRB(T){cond}　Rd, <地址>

LDRB 指令用于从指定地址中读取 8 位的字节数据到目标寄存器 Rd 中，并将寄存器的高 24 位清零。同样，T 也是可选后缀，有 T 就为用户模式下的字节数据读取指令。

(3) STR(T)——字数据写入指令(用户模式字数据写入指令)。

格式：STR(T){cond}　Rd, <地址>

STR 指令把存储在寄存器 Rd 中的字数据写入到指令中指定地址的存储单元中。同样，T 也是可选后缀，作用同前。

(4) STRB(T)——字节数据写入指令(用户模式字节数据写入指令)。

格式：STRB(T){cond}　Rd, <地址>

STRB 指令用于把寄存器 Rd 中低 8 位的字节数据写入到指定地址的存储单元。T 的作用同前。

半字和有符号字节加载/存储指令包括以下 4 种：

(1) LDRH——半字数据读取指令。

格式：LDRH{cond}　Rd, <地址>

LDRH 指令用于从指定地址中读取 16 位的半字数据到目标寄存器 Rd 中，并将寄存器的高 16 位清零。

(2) LDRSB——有符号的字节数据读取指令。

格式：LDRSB{cond}　Rd, <地址>

LDRSB 指令用于从指定地址中读取 8 位的字节数据到目标寄存器 Rd 中，并将寄存器的高 24 位设置为该字节数据的符号位的值(即将该 8 位字节数据进行符号位扩展，生成 32 位字数据)。

(3) LDRSH——有符号的半字数据读取指令。

格式：LDRSH{cond}　Rd, <地址>

LDRSH 指令用于从指定地址中读取 16 位的半字节数据到目标寄存器 Rd 中，并将寄存器的高 16 位设置为该字节数据的符号位的值。

(4) STRH——半字数据写入指令。

格式：STRH{cond}　Rd, <地址>

STRH 指令用于将寄存器 Rd 中的低 16 位的半字数据写入指令中指定地址的存储单元。

多寄存器加载/存储指令又称为批量加载/存储指令，它实现在一组寄存器和一块连续的内存单元传输数据，主要用于现场保护、数据复制、参数传送等。指令形式为 LDM/STM，LDM 为加载多个寄存器，STM 为存储多个寄存器。允许一条指令传送 16 个寄存器的任何子集或全部寄存器。

LDM/STM 指令的格式如下：

　　LDM{cond}<模式>　Rn{!},　registers{^}

　　STM{cond}<模式>　Rn{!},　registers{^}

➢ 模式：控制地址的增长方式，一共包括 8 种模式，如下所示(前 4 种用于数据块的传输，后 4 种用于堆栈操作)：

- IA　每次传送后地址加 4
- IB　每次传送前地址加 4
- DA　每次传送后地址减 4
- DB　每次传送前地址减 4
- FD　满递增堆栈
- ED　空递增堆栈
- FA　满递减堆栈
- EA　空递减堆栈

➢ “!”：表示在操作结束后，将最后的地址写回 Rn 中。

➢ registers：寄存器，可以包含多个寄存器，使用“,”分开，且由小到大排列，如{R1,R2,R4-R7}。

➢ “^”：若使用该后缀，则在进行数据传送且寄存器不包括 PC 时，加载/存储的寄存器是在用户模式下的，而不是在当前模式下。若在 LDM 指令的寄存器中包含 PC 的情况下使用，那么除了正常的多寄存器传送外，还将 SPSR 复制到 CPSR 中，这样可用于异常处理返回。需要注意的是该后缀不允许在用户模式和系统模式下使用。

在进行数据复制时，先设置好源数据指针和目标指针，然后使用块复制指令

LDMIA/STMIA、LDMIB/STMIB、LDMDA/STMDA、LDMDB/STMDB 进行读取和存储。

在进行堆栈操作时，先设置好堆栈指针(SP)，然后使用堆栈寻址指令 STMFD/LDMFD、STMED/LDMED、STMFA/LDMFA、STMEA/LDMEA 实现堆栈操作。

另外，加载/存储指令还包括数据交换指令 SWP，格式如下：

SWP{cond}{B}　Rd, Rm, [Rn]

其中 B 为可选后缀，若有 B 则交换字节，否则交换 32 位字。SWP 指令用于将一个内存字单元(该单元的地址存放在寄存器 Rn 中)的内容读取到寄存器 Rd 中，并将寄存器 Rm 中的内容写入到该内存字单元。若 Rd 和 Rm 相同，则指令表示交换该寄存器和内存单元的内容。如指令"SWP R1,R2,[R3]"表示将 R3 指向的存储单元内容读取到 R1 中，并将 R2 中的内容写入 R3 指向的存储单元。

SWPB 指令只从内存单元取出一个字节到 Rd 中，将 Rd 的高 24 位设置为 0，同时将 Rm 中的低 8 位数值写入到该内存单元。

5. 协处理器指令

ARM 微处理器支持 16 个协处理器，用于各种协处理操作。在程序的执行过程中，每个协处理器只执行针对自身的协处理指令，而忽略其他处理器的指令。当一个协处理器不能执行属于自身的协处理指令时，会产生未定义指令异常中断。

协处理器指令主要用于：ARM 处理器初始化、ARM 协处理器的数据处理操作；ARM 处理器的寄存器和 ARM 协处理器的寄存器之间的数据传送；ARM 协处理器的寄存器和存储器之间的数据传送。ARM 协处理指令包括以下 5 条指令：

(1) CDP——协处理器数据操作指令。

格式：CDP{cond} coproc,opcode1,CRd, CRn, CRm,{opcode2}

- cond：条件指令执行条件码，当 cond 忽略或为 0b1111 时，指令无条件执行。
- coproc：协处理器编码，标准名为 pn，n 的范围为 0～15。
- opcode1：协处理器的操作码。
- CRd：作为目标寄存器的协处理器寄存器。
- CRn：存放第一个操作数的协处理器寄存器。
- CRm：存放第二个操作数的协处理器寄存器。
- opcode2：可选的协处理器的操作码。

如指令：

```
CDP   p2, 4, C3, C4, C1, 7   ; 完成对协处理器 p2 的初始化
```

其中操作码 1 为 4，操作码 2 为 7，目标寄存器为 C3，原操作数寄存器为 C4、C1。该类指令操作是由协处理器完成的，不涉及 ARM 存储器和内存单元。

(2) LDC——协处理器数据读取指令。

格式：LDC{cond}{L} coproc, CRd, <地址>

其中 L 为可选后缀，指明是长整数传送，如双精度数据的传送。

LDC 指令用于将指令中地址所指向的存储器中的字数据读取到协处理器寄存器中。

如指令：

```
LDC   p2,C3,[R4   #5]    ; 将内存单元(R4+5)所对应的数值传送到协处理器 p2 的 C3 寄存器中
```

(3) STC——协处理器数据写入指令。

格式：STC{cond}{L} coproc, CRd, <地址>

STC 指令用于将协处理器寄存器中的数据写入到指令中指定地址所指向的存储器中。

如指令：

```
STC  p2,C3,[R4  #5] ；将协处理器 p2 的 C3 寄存器中的内容传送到内存单元(R4+5)
```

(4) MCR——ARM 寄存器到协处理寄存器的数据传输指令。

格式：MCR{cond} coproc,opcode1,CRd, CRn, CRm,{opcode2}

MCR 指令用于将 ARM 处理寄存器中的数据传送到协处理器寄存器中。

(5) MRC——协处理寄存器到 ARM 寄存器的数据传输指令。

格式：MRC{cond} coproc,opcode1,CRd, CRn, CRm,{opcode2}

MRC 指令用于将协处理器寄存器中的数据传送到 ARM 处理寄存器中。

6. 异常产生指令

异常产生指令包括两条：SWI 和 BKPT。

(1) SWI——软中断指令。

格式：SWI{cond}　immed_24

SWI 指令用于产生软中断，从而实现从用户模式切换到管理模式，并将 CPSR 保存到管理模式下的 SPSR 中，然后程序跳转到 SWI 异常入口。

另外，用户请求的服务类型由指令中的 24 位立即数指定，参数通过寄存器传递；若 24 位立即数被忽略，则用户请求的服务类型由寄存器 R0 的数值决定。

(2) BKPT——断点中断指令。

格式：BKPT　immed_16

BKPT 用于产生软件断点中断，供软件调试程序使用，用来保存额外的断点信息。

4.1.4　Thumb 指令集

Thumb 指令集是 ARM 指令集的功能子集，指令长度为 16 位，它没有改变 ARM 体系底层的程序设计模型，只是在该模型上增加了一些限制条件。与 32 位等价代码相比，Thumb 指令集在保留了 32 位代码优势的同时，大大节省了系统的存储空间。

在编写 Thumb 指令时，要先使用伪指令 CODE16 声明；而在编写 ARM 指令时，使用伪指令 CODE32 声明。在 ARM 指令下，可以通过 BX 指令跳转到 Thumb 指令，以切换处理器的工作状态。Thumb 指令没有提供访问 CPSR/SPSR 寄存器的指令，处理器根据 CPSR 中的 T 位来决定指令类型：当 T 位为 0 时，指令为 ARM 指令；当 T 位为 1 时，指令为 Thumb 指令。

根据 Thumb 指令集的功能可以将其分为两大类：存储器访问指令和数据处理指令。由于从功能上来讲，Thumb 指令是 ARM 指令的子集，在了解了 ARM 指令的基础上很容易理解 Thumb 指令，所以这里只对其作一个简单的介绍。

1. 存储器访问指令

Thumb 指令集的存储器访问指令包括 3 类：

(1) 单寄存器加载/存储指令 LDR/STR，它可以将 R0～R7 的任何子集进行加载/存储。

同 ARM 中的 LDR/STR 指令一样，也可以通过加后缀 B、H、SB、SH 实现对无符号字节、无符号半字、有符号字节和有符号半字的加载/存储操作。

(2) 批量加载/存储指令 LDMIA/STMIA。加上后缀 IA，即在每次传送完数据后，地址加 4。

(3) 堆栈处理指令 PUSH、POP。PUSH 实现低寄存器和可选寄存器 LR 的入栈操作；POP 实现低寄存器和可选寄存器 PC 的出栈操作；堆栈地址由 SP 寄存器设置。

格式：PUSH {register, [LR]}

　　　POP　{register, [PC]}

2. 数据处理指令

1) 数据传送指令

(1) MOV——数据传送指令。

格式：MOV Rd, Rm

(2) MVN——数据求反传送指令。

格式：MVN　Rd, Rm　　；先将 Rm 取反，再传送到 Rd 中

(3) NEG——数据取负传送指令。

格式：NEG　Rd, Rm　；先将 Rm 乘 –1，再传送到 Rd 中

2) 算术逻辑指令

算术逻辑指令包括：加法运算指令 ADD、减法运算指令 SUB、带进位加法指令 ADC、带进位减法指令 SBC、乘法指令 MUL、逻辑与指令 AND、逻辑或指令 ORR、逻辑异或指令 EOR、位清除指令 BIC、算术右移指令 ASR、逻辑左移指令 LSL、逻辑右移指令 LSR 和循环右移指令 ROR。格式与 ARM 指令中的算术逻辑指令相同，这里就不再赘述。

3) 比较指令

比较指令包括：比较指令 CMP、负数比较指令 CMN 和位测试指令 TST。

Thumb 指令集也包括跳转指令 B、带返回的跳转指令 BL、带切换的跳转指令 BX 以及软中断指令 SWI。

3. ARM 指令集与 Thumb 指令集的区别

Thumb 指令集大多数是常用的 32 位 ARM 指令的子集，压缩成 16 位宽。它没有协处理器指令、信号量指令以及访问 CPSR 或 SPSR 的指令，也没有乘加指令以及 64 位乘法指令等，且第二操作数受到限制。除了条件指令 B 具有条件执行功能外，其他指令均是无条件执行。Thumb 指令一般是不能预测的，而 ARM 指令是可以预测的。Thumb 指令用的是双地址形式(目标寄存器和原寄存器是同一个寄存器)，而 ARM 指令用的是 3 地址形式。对 Thumb 指令来说，访问寄存器 R0～R7 是透明的，访问寄存器 R8～R15 则是受到限制的(只有 MOV 和 ADD 指令能直接访问寄存器 R8～R15)，而在 ARM 状态下，对 R0～R15 的访问都是透明的。

4.2　ARM 汇编语言设计

本节主要介绍 ARM 汇编语言的语句格式和程序设计。

4.2.1　ARM 汇编语言格式简介

1. ARM 汇编语言的语句格式

ARM 汇编语言的语句格式如下：

{符号}　　{指令或伪指令}　　；{注释}

符号必须位于一行的代码开头，并且不能包含空格。指令或伪指令的助记符必须全部采用大写或小写字母，不能大小写混用。如果一条语句很长，可以将其分为若干行，上下行之间通过上一行末尾的“/”符号来连接。

2. ARM 汇编语言中的符号

在 ARM 汇编语言中使用符号来代替地址、常量和变量，以增加程序的可读性。符号的命名规则如下：

- 符号由大小写字母、数字、下划线组成。
- 符号有大小写之分。
- 符号在其作用范围内是唯一的，即在其作用范围内不可以有同名的符号。
- 自定义的符号名不能与系统保留字相同，不能与指令或伪指令同名。

另外，符号代表地址时又称为标号。当标号以数字开头时，其作用范围就是当前段，称为局部标号。只有局部标号以数字开头，其他符号都不能以数字开头。

符号包括变量、常量、地址标号、局部标号等。

1) 变量

ARM汇编语言有数字变量、逻辑变量和字符串变量3种。变量的值在程序的运行过程中可以改变，但是类型不能改变。

(1) 数字变量：用于在程序运行过程中保存数字值，但数字值的大小不能超出数字变量所能表示的范围。

(2) 逻辑变量：用于在程序运行过程中保存逻辑值，逻辑值只有 true 和 false。

(3) 字符串变量：用于在程序中保存一个字符串，字符串的长度不能超过字符串变量所能表示的范围。

2) 常量

常量是指在程序运行过程中不能被改变的量，相对于变量而言，常量也包括三种类型：数字常量、逻辑常量和字符串常量。它们都是固定的，不能被程序改变。数字常量一般是 32 位的整数，当为无符号数时其取值范围为 $0\sim2^{31}-1$；当为有符号数时，其取值范围为 $-2^{31}\sim2^{31}-1$。

3) 地址标号

地址标号是表示程序中指令或者数据的地址，根据地址标号的生成方法可以分为绝对地址标号、基于 PC 的标号和基于寄存器的标号 3 种。

(1) 绝对地址标号：一个32位的数字量，寻址范围为$0\sim2^{31}-1$。

(2) 基于PC的标号：用于表示跳转指令的目标地址，或代码中所嵌入数据。PC标号通常位于目标指令或数据定义伪指令之前。

(3) 基于寄存器的标号：常用于访问数据段中的数据，在汇编中用 MAP、FIELD 和 EQU

伪指令来定义。

4) 局部标号

局部标号主要在局部范围内使用，它由两部分组成：前面是一个 0～99 的数字，后面跟一个表示该局部变量作用范围的符号。

3. ARM 汇编语言中的表达式和运算符

在 ARM 汇编语言中也经常使用表达式，表达式一般由数值、符号、括号、运算符组成。其运算次序的优先级如下：

- 括号运算符的优先级最高。
- 相邻的单目运算符的执行顺序为由右至左，且单目运算符的优先级高于其他运算符。
- 优先级相同的双目运算符的执行顺序为由右至左。

常用的表达式有数字表达式、逻辑表达式和字符串表达式，与它们相关的运算符及其表达的含义如表 4.3 所示。

表 4.3　常用的表达式和运算符

类型	运算符	含　义
数字表达式及运算符	+、–、×、/、MOD	加、减、乘、除和取余运算
	SHL、SHR、ROL、ROR	左移、右移、循环左移和循环右移
	AND、OR、NOT、EOR	逻辑与、逻辑或、逻辑非和异或操作
逻辑表达式及运算符	>、<、=、>=、<=、/=、<>	大于、小于、等于、大于等于、小于等于、不等于和不等于
	LAND、LOR、LNOT、LEOR	逻辑与、逻辑或、逻辑非和逻辑异或操作
字符串表达式及运算符	LEN	返回字符串的长度，以字符数为单位
	CHR	将 0～255 之间的整数转换成一个字符
	LEFT	返回字符串最左端一定长度的字串

4.2.2　ARM 汇编语言的程序设计

ARM 汇编语言以程序段为单位组织代码，段是相对独立的、不可分割的并且具有独立名称的指令或者数字序列。段可以分为代码段和数据段，代码段存放执行代码，数据段存放执行代码时需要用到的数据。一个 ARM 汇编程序至少应该有一个代码段，大的程序可以分割成几个代码段和数据段，在编译连接时最终形成一个可执行的映像文件，该文件包括以下几个部分：

- 一个或多个代码段，代码段的属性为只读。
- 零个或多个包含初始值的数据段，数据段的属性为可读写。
- 零个或多个不包含初始值的数据段，数据段的属性为可读写。

链接器根据一定的规则将各个段安排在存储器中相应的位置，因此源程序中段之间的相邻关系与执行的映像文件中段之间的相邻关系一般不相同。

通过下面一个简单的例子说明 ARM 汇编语言源程序的基本结构代码如下：

```
    AREA    Example1, CODE, READONLY
```

```
ENTRY
START
MOV     R0, #0x104
MOV     R1, #200
SUB     R0, R0, R1
…
END
```

在上面的例子中，AREA 伪指令表明了一个段的开始，并定义该段的名称为 Example，属性为代码段，且只读。ENTRY 伪指令标识程序的入口点，ARM 程序至少要包含一个 ENTRY。START 为地址标号。接下来是指令序列，该指令实现了一个简单的减法运算。程序的末尾为 END 伪指令，告诉编译器源文件结束，每个汇编程序都必须有一条 END 伪指令。

在汇编语言中通常会对子程序进行调用。子程序的调用一般是通过 BL 指令完成的，格式如下：

```
BL      子程序名
```

在执行该指令时，首先将子程序的返回地址存放在 LR 寄存器中，同时将程序计数器 PC 指向子程序的入口点；在子程序执行完毕需要返回时，将 LR 中的返回地址传送到 PC 中即可。在调用子程序的同时，可以通过寄存器 R0～R3 来完成参数的传递和从子程序返回运算结果。

汇编语言的子程序调用示例如下：

```
AREA    Example1, CODE, READONLY
ENTRY
START
MOV     R0, #0x104
MOV     R1, #200
SUB     R0, R0, R1
BL      ram_loop
…
ram_loop                        ; 子程序
…
MOV     PC, LR
…
END
```

4.3　ARM C 语言设计

本章主要介绍 ARM 处理器下 C 语言编程的优化，C 语言与汇编语言的混合编程以及 ARM C/C++ 编译器的基本知识。

4.3.1　C 语言编程技术

ARM 和 Thumb C 编译器采用的都是标准 ANSI C 编译器，它能够产生精简而有效的机器指令，但是若能在写 C 代码的时候注意一些编程技巧，则能够对程序进行进一步的优化，从而有效地降低 C 语言编译后代码的长度和执行时间，提高代码的执行效率。下面将介绍几种 ARM 处理器下 C 语言编程效率优化的方法。

1. 变量的定义

由于 ARM 采用 32 位 4 字节来存储数据，因此在定义变量的时候一定要注意空间的分布。最好是把所有相同类型的变量放在一起定义，这样会避免造成存储空间的浪费。另外，对于局部变量，尽量使用 32 位的变量类型。因为编译器在把局部变量分配给内部寄存器时，每个变量占用一个 32 位寄存器，因此使用 char、short 型变量不但没有提高程序的执行效率，反而会需要更多指令。

2. 除法和求模的优化

ARM 在硬件上不支持除法指令，编译器是通过调用 C 库函数来实现除法运算的。但直接利用 C 库函数进行除法运算，会消耗较多的软件运行时间，执行速度比较慢，因此应尽量避免使用除法和求模运算。

(1) 在某些程序设计中，可以把除法改写为乘法。如：$(x/y) > z$，在已知 y 是正数而且 $y\times z$ 是整数的情况下，就可以写为 $x > (z \times y)$。

(2) 尽可能使用 2 的次方作为除数，编译器使用移位操作完成除法。在程序设计中，使用无符号型的除法要快于符号型的除法。

(3) 对于求模运算也可以采用其他的语句来进行替换，例如代码：

```
Count=(Count+increment)%size;
```

可以用以下代码替换：

```
Count+=increment;
if (size<=Count)
{
Count-= size;
}
```

(4) 对于一些特殊的除法和求余运算，采用查找表的方法也可以获得很好的运行效果。

3. 循环体的优化

(1) 如果循环体内存在逻辑判断，并且循环次数很大，最好将逻辑判断移到循环体的外面。在多重循环中应将最长的循环放在最内层，这样可以减少 PC 指针从内循环跳到外循环的次数。

(2) 程序中的循环结束条件应是“递减到 0”的循环，结束条件尽量简单，以减少指令和寄存器的使用。

(3) 如果循环体至少执行一次，则优先选用 do-while。如果一个循环体只循环几次，可以将其展开。因为当循环展开后，不需要循环计数器和相关的跳转语句，虽然代码的长度有所增加，但是执行的效率更高。

4. 条件执行的优化

(1) 在 ARM C 语言程序设计中，有符号变量应尽量采用 x<0、x>=0、x==0 和 x!=0 的关系运算；对于无符号变量应采用 x==0、x!=0(或者 x>0)的关系运算符。编译器都可以对条件执行进行优化。

(2) ARM 中的条件执行是通过对运算结果标志位进行判断实现的。在 ARM C 语言程序设计中，条件判断应当尽量采用“与 0 比较”的形式，因为在 ARM C 语言程序中，如果运算结果是与 0 作比较，编译器会移去比较指令，通过一条带标志位指令实现运算和判断。

(3) 对于程序设计中的条件语句，应尽量简化 if 和 else 判断条件。与传统的 C 语言程序设计有所不同，在 ARM C 语言程序设计中，关系表述中类似的条件应该集中在一起，使编译器能够对判断条件进行优化。

4.3.2　C 语言与汇编语言混合编程

在嵌入式系统开发中，目前使用的主要编程语言是 C 语言和汇编语言。C 语言结构好，表达能力强，有大量的支持库，功能丰富，使用灵活，开发效率高；但是在一些实时控制的场合，汇编语言有着不可替代的作用。汇编语言是一种面向机器的语言，具有运行速度快，占用存储空间小，可直接对硬件进行控制的特点，因此在实际开发和软件编制过程中，我们常常将 C 和汇编语言进行混合编程，充分利用两种语言的优势，使开发和编程工作达到事半功倍的效果。

1. 在 C 语言中内嵌汇编

在 ARM C 语言中内嵌汇编使用的标记是_asm 或 asm 关键字，用法如下：

```
_asm
{
    instruction [;  instruction]
    …
     [instruction]
}
asm("instruction [;  instruction]");
```

需要注意的问题有：

(1) 内嵌的汇编语句可以用“；”结束，也可以用换行符结束，一行中可以有多个汇编语句，相互间用分号分隔，不能跨行书写；内嵌汇编语句的分号不是注释的开始，要对语句进行注释时，应使用 C 语言的注释。

(2) 一般不要直接指定物理寄存器，而应让编译器进行分配；在使用物理寄存器时，不要使用过于复杂的 C 语言表达式，以避免物理寄存器冲突。

(3) R12 和 R13 可能被编译器用来存放中间编译结果，R0～R3、R12 和 R14 可能在计算表达式值时用于子程序调用，因此要避免直接使用这些物理寄存器。

2. 在汇编程序中访问 C 程序变量

汇编程序可以通过地址间接地访问 C 程序中声明的全局变量。具体访问方法是：首先，使用 IMPORT 伪指令声明该全局变量；用 LDR 指令读取该全局变量的内存地址，然后根据该数据的类型使用相应的 LDR 指令读取该全局变量的值，再使用相应的 STR 指令修改后将值赋予该全局变量。程序如下：

```
AREA asmfile, CODE, READONLY
EXPORT asmAdd
IMPORT globV1          ；声明变量
asmAdd
LDR R0, = globV1       ；将内存地址读入到 R0 中
LDR R1, [R0]           ；将数据读入到 R1 中
MOV R2, #2
MUL R3, R1, R2
STR R3, [R0]           ；修改后将值赋予变量
MOV PC, LR
END
```

3. 汇编语言与 C 语言之间的相互调用

汇编语言与 C 语言在进行相互调用的时候要遵守相应的 ATPCS 规则，以保证程序调用时参数的正确传送。

1) 在 C 程序中调用汇编程序

在 C 程序中调用汇编程序，一是要在 C 程序中声明函数原型，并加 extern 关键字；二是要在汇编程序中使用 EXPORT 伪指令导出函数名，并用该函数名作为汇编代码段的标识，以使该代码段可以被其他程序调用，最后用 MOV PC, LR 返回。

2) 在汇编程序中调用 C 程序

在汇编程序中调用 C 程序，需要在汇编中使用伪指令 IMPORT 声明将要调用的 C 程序，然后将 C 程序的代码放在一个独立的 C 文件中进行编译，剩下的工作由连接器来处理。

4.3.3　ARM C/C++ 编译器

ARM C/C++ 编译器可以被使用在 UNIX 和 Windows/MS-DOS 环境下。ARM C++ 编译器可以编译成多种格式的 C/C++ 源代码，其中包括 ANSI C、EC++ 和 C++。表 4.4 列出的是 ARM 中常见的 C/C++ 编译器。

表 4.4　ARM 中常见的 C/C++ 编译器

编译器名称	编译器种类	源文件种类	源文件后缀	输出的目标文件类型
armcc	C	C	*.C	32 位的 ARM 代码
Tcc	C	C	*.C	16 位的 Thumb 代码
armcpp	C++	C/C++	*.C/*.CPP	32 位的 ARM 代码
tcpp	C++	C/C++	*.C/*.CPP	16 位的 Thumb 代码

在介绍这些编译器之前，必须要明白什么是汇编/编译过程。所谓汇编/编译过程就是将用 ANSI C 或汇编语言编写的程序编译成 16 位的 Thumb 或 32 位的 ARM 指令代码。汇编和

编译工作是由集成到 ADS 中的开发工具完成的，用户也可以通过 ADS 提供的命令行界面直接调用它们。了解这些开发工具，将有助于开发出高质量的产品。

1. ARM C 编译器 armcc

armcc 编译器用于将遵循 ANSI C 编写的程序编译成 32 位的 ARM 指令代码，它通过了 Plum Hall C Validation Suite 为 ANSI C 设计的一致性测试。

armcc 编译器最基本的用法为

armcc [options] file1 file2 … filen

其中，

options: 编译器所需要的选项，它控制了编译的过程和生成文件的属性。

file1,file2 … filen：需要处理的源文件名字。

在这里我们罗列出常用的 options 选项，如表 4.5 所示。

表 4.5　常用的 options 选项

选　项	功　能
-c	表示只进行编译而不链接文件
-D<symbol>	定义预处理的宏，相当于在源程序开头使用了宏定义语句 #define symbol
-g<options>	指定是否在生成的目标文件中包含调试信息表
-I<directory>	将 directory 所指的路径添加到 #include 的搜索路径列表中去
-J<directory>	用 directory 所指的路径代替默认的对 #include 的搜索路径
-O<file>	指定编译器最终生成的输出文件名
-O<number>	控制代码优化的编译选项，O 后面跟的数字代表不同的优化级别。-O0 代表不优化；-O1 代表关闭了影响调试结果的优化功能；-O2 代表提供了最大的优化功能
-S	对源程序进行预处理和编译，自动生成汇编文件而不是目标文件
-U<SYMBOL>	取消预处理宏名，相当于在源文件开头使用语句 #undef symbol

对于详细的 armcc 的选项和用法，可以在 ADS 命令控制台环境下，使用 armcc –help 命令来查看。

ARM C/C++编译器通过文件后缀名来区分文件的类型。ARM C/C++编译器支持和产生以下几种格式的文件。

➢ filename.c：ARM C 编译器将*.C 格式的文件作为源文件；ARM C++编译器将*.C、*.CPP、*.CP、*.C++、*.CC 格式的文件都作为源文件。

➢ filename.h：头文件。

➢ filename.o：编译器输出的 ELF 格式的目标文件。

➢ filename.s：ARM 或者 Thumb 格式的汇编代码文件。

➢ filename.lst：错误及警告信息的列表文件。

ARM 编译器支持的各种语法 pragmas 及其含义如表 4.6 所示。

表 4.6　ARM 编译器支持的各种语法及其含义

Pragmas	默认状态	含　义
Check_printf_format	Off	检查 printf 类函数中的字符串
Check_scanf_format	Off	检查 scanf 类函数中的字符串
Check_stack	On	检查数据栈是否溢出
Debug	On	是否产生调试信息表
Import	—	引入外部符号
Ospace	—	编译器对代码大小进行优化
Otime	—	编译器对代码运行速度进行优化
Onum	—	指定编译器优化级别
Softtp linkage	Off	是否使用软件浮点连接

对于这几种参数的详细说明请参阅相关手册。

2. Thumb C 编译器 tcc

tcc 编译器将 ANSI C 源代码编译成 16 位的 Thumb 指令代码，其用法类似于 armcc。该编译器也通过了 Plum Hall C Validation Suite 为 ANSI C 设计的一致性测试。

3. 汇编器 armasm

armasm 是 ARM 和 Thumb 的汇编器，它对用 ARM 汇编语言和 Thumb 汇编语言编写的源代码进行汇编。

4. ARM C++编译器 armcpp

armcpp 编译器用来将 ISO C++ 或 EC++ 编译成 32 位的 ARM 指令代码。

5. Thumb C++编译器 tcpp

tcpp 编译器用来将 ISO C++或 EC++编译成 16 位的 Thumb 指令代码。

对于初学者来说，在 ARM 入门过程中，可以只对这些命令工具做一些了解，不必花太多的精力来研究每一条指令的选项或者用法。ADS 中提供的 GUI 界面可以满足大多数用户配置汇编/编译过程的要求。

4.4　ADS 开发平台

本节主要介绍 ARM 开发软件 ADS(ARM Developer Suite)。通过学习如何在 CodeWarrior IDE 集成开发环境下编写、编译一个示例工程，使读者掌握在 ADS 软件平台下开发用户应用程序的方法。本节还描述了使用 AXD 调试工程的方法，使读者对于调试工程有个初步的理解，为进一步使用和掌握调试工具起到抛砖引玉的作用。

4.4.1　ADS 开发平台的特点

ARM ADS 的全称为 ARM Developer Suite，是 ARM 公司推出的新一代 ARM 集成开发工具。现在 ADS 的最新版本是 1.2，它取代了早期的 ADS1.1 和 ADS1.0。ADS 可以安装在

WindowsNT/2000/98/95/XP 等操作系统中使用。

ADS 由命令行开发工具、ARM 实时库、GUI 开发环境(CodeWarrior 和 AXD)、实用程序和支持软件组成。有了这些部件，用户就可以为 ARM 系列的 RISC 处理器编写和调试自己开发的应用程序了。

4.4.2　CodeWarrior 软件的使用方法

CodeWarrior for ARM 是一套集编辑、编译、连接于一体的集成开发工具，它充分发挥了 ARM RISC 的优势，使产品开发人员能够很好地应用尖端的片上系统技术。该工具是专为基于 ARM RISC 的处理器而设计的，它可加速并简化嵌入式开发过程中的每一个环节，使得开发人员只需通过一个集成软件开发环境就能研制出 ARM 产品，在整个开发周期中，开发人员无需离开 CodeWarrior 开发环境，因此节省了在操作工具上所花的时间，使得开发人员有更多的精力投入到代码编写上来。

CodeWarrior IDE 为用户提供了以下功能：

(1) 源代码编辑器，集成在 CodeWarrior IDE 的浏览器中，能够根据语法格式，使用不同的颜色显示代码。

(2) 源代码浏览器，它保存了在源码中定义的所有符号，能够使用户在源码中快速方便的跳转。

(3) 查找和替换功能，用户可以在多个文件中，利用字符串通配符，进行字符串的搜索和替换。

(4) 文件比较功能，方便用户比较路径中的不同文本文件的内容。

1. 建立一个工程

工程将多个源码文件组织在一起，并决定最终生成文件的格式、存放路径等。

建立工程的步骤如下：

(1) 首先在 CodeWarrior 下新建一个工程。方法有两种，可以在工具栏中单击 New 按钮，也可以选择 File→New 命令，弹出的对话框如图 4.2 所示。

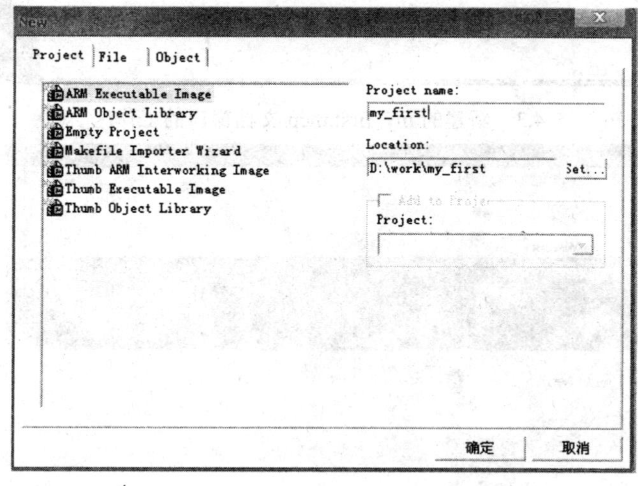

图 4.2　在 CodeWarrior 下新建一个工程 my_first

该对话框为用户提供了 7 种可选的工程类型：

➢ ARM Excutable Image：用于由 ARM 指令的代码生成一个 ELF 格式的可执行的映像文件。

➢ ARM Object Library：用于由 ARM 指令的代码生成一个 armar 格式的目标文件库。

➢ Empty Project：用于创建一个不包含任何库或者源文件的工程。

➢ Makefile Importer Wizard：用于将 Visual C 的 nmake 或者 GNU make 文件转入到 CodeWarrior IDE 工程文件。

➢ Thumb ARM Excutable Image：用于由 ARM 指令和 Thumb 指令的混和代码生成一个可执行的 ELF 格式的映像文件。

➢ Thumb Excutable image：用于由 Thumb 指令创建一个可执行的 ELF 格式的映像文件。

➢ Thumb Object Library：用于由 Thumb 指令的代码生成一个 armar 格式的目标文件库。

我们在这里选择 ARM Executable Image，在“Project name：”中输入工程文件名，本例以 ADS1.2 中自带的 example 中的 sorts 为例，输入“my_first”，点击“Location：”文本框的“Set”按钮，浏览选择想要保存该工程的路径(本例为“D:\work”)，将这些设置好之后，点击“确定”，即可创建一个新的名为“my_first”的工程。这个时候会出现“my_first.mcp”窗口，如图 4.3 所示，同时会在 D:\work 目录下创建一个工程目录 my_first，而 my_first.mcp 会出现在 D:\work\myfirst 目录中，如图 4.4 所示。

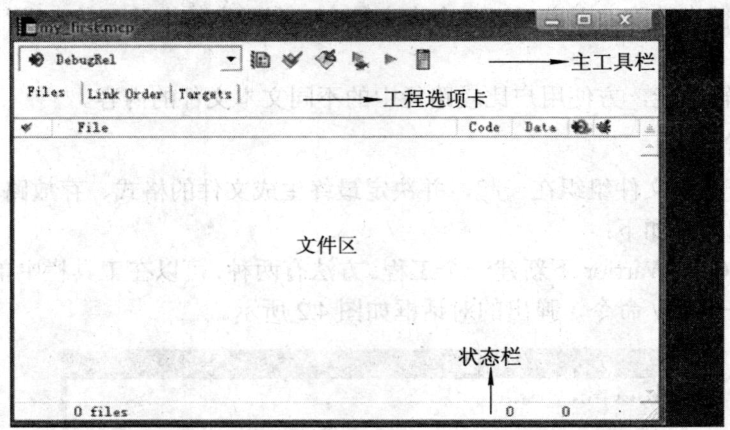

图 4.3　新建的 my_first.mcp 文档窗口的工作区

图 4.4　新建工程的保存目录

在新建的 my_first.mcp 文档窗口中，大致可以分为四个区域，如图 4.3 所示。

在出现的 my_first.mcp 的窗口中，可以看到默认的目标调试环境是 DebugRel，右侧的下拉列表框中还有另外两个可用的目标调试环境，分别为 Release 和 Debug。

3个目标调试系统的含义分别为：

DebugRel：在生成目标时，会为每一个源文件生成调试信息；

Debug：该目标为每一个源文件生成最完全的调试信息；

Release：该目标不会生成任何调试信息。

图 4.3 中有 3 个选项卡，分别为 Files、Link Order、Targets，默认显示第一个。通过在该空白的标签页上右击，选中 Add Files 可以把要用到的源程序添加到该工程中。对于本例，由于所有的源文件都还没有建立，所以首先需要新建源文件。

(2) 打开 CodeWarrior IDE 开发环境，依次单击 File→New→File 命令，新建文件命名为“sorts”。选择 ADS 安装目录中的 example 文件夹，将 sorts 文件夹下的 sorts.c 中的内容复制到新建文件“sorts”中，另存为 sorts.c 至 my_first 中；同理，在 my_first 中新建 sorts.mcp 并保存。当然也可以直接将这两个文件复制到文件夹 my_first 中，如图 4.5 所示。这样做的目的是让大家熟悉这个流程。

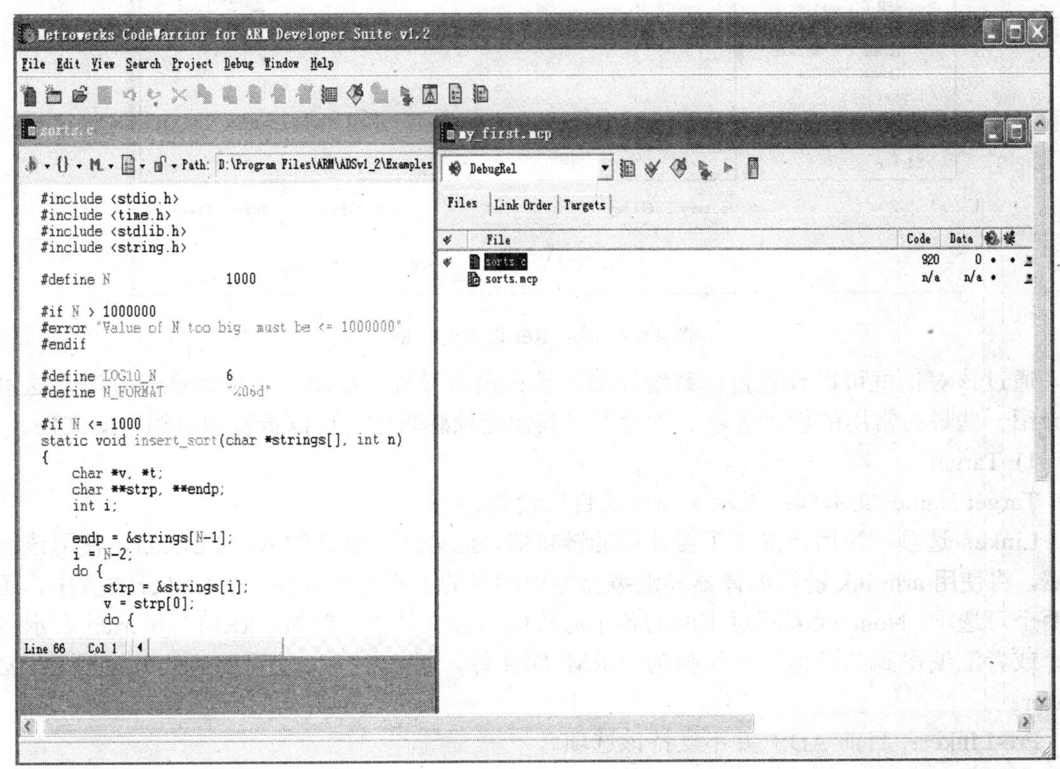

图 4.5　将 sorts.c 和 sorts.mcp 复制到文件夹 my_first 中

这是一个关于分类的例子，和之前的插入分类、希尔排序、快速分类形成对比。创建这个例子可以使用 CodeWarrior 工程文件提供的 sorts.mcp，也可以使用下列命令行语句来创建：

```
armcc -c -g -O1 sorts.c
armlink sorts.o -o sorts.axf
```

它提供了一个可以被下载到 ARM 调试器中的 ELF 可执行文件(sorts.axf)。

2. 编译和链接工程

在进行编译和链接之前，首先需要对生成的目标进行配置，在 CodeWarrior 下点 Edit 菜单，选择“DebugRel Settings…”(注意：这个选项会因为用户选择的不同目标而有所不同)，出现如图 4.6 所示的设置窗口。

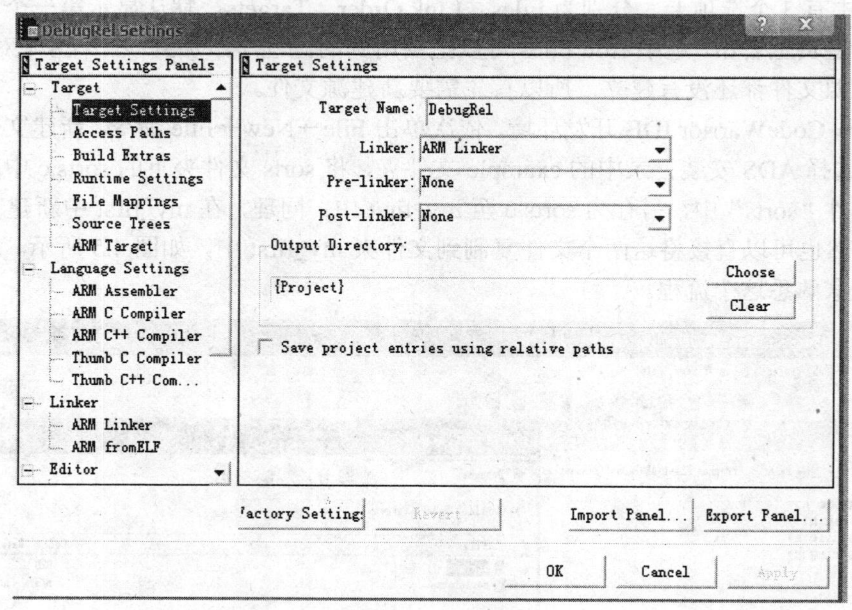

图 4.6　DebugRel 设置对话框

通过该对话框可以设置目标系统环境、编程语言设置、编辑、链接调试设置等，这里只介绍一些最为常用的设置选项，读者若对其他选项感兴趣，可以查看相应的帮助文件。

1) Target

Target Name 文本框：显示了当前的目标设置。

Linker 选项：为用户提供了要使用的链接器，此处选择默认的 ARM Linker，使用该链接器，将使用 armlink 链接编译器和汇编器生成相应的工程目标文件。在 Linker 设置中，还有两个可选项：None 代表不对生成的各个源代码目标文件进行链接；ARM Librarian 表示将编译或者汇编得到的目标文件转换为 ARM 库文件。对于本例，使用默认的链接器 ARM Linker。

Pre-Linker：目前 ADS 并不支持该选项。

Post-Linker：选择在链接完成后，还要对输出文件进行的操作。因为在本例中，希望生成一个可以烧写到 Flash 中去的二进制代码，所以在此选择 ARM fromELF，表示在链接生成映像文件后，再调用 fromELF 命令将含有调试信息的 ELF 格式的映像文件转换为其他格式的文件。

Target Setting 选项卡的设置情况如图 4.7 所示。

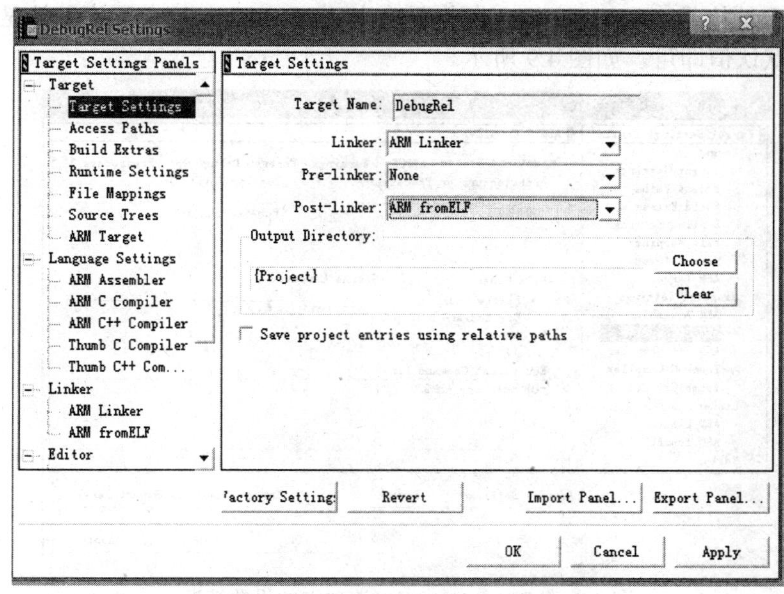

图 4.7　Target Setting 选项卡的设置情况

2) Language Settings

如果在本例中包含汇编代码，那么就要用到汇编器。点击选择 ARM Assembler，在右侧出现相应的设置选项，在 ADS 集成开发环境中用的汇编器是 armasm，默认的 ARM 体系结构是 ARM7TDMI，如果你的开发板为 ARM9 系列，那么在此要改为 ARM920T，字节顺序默认是小端模式，其他设置采用默认值即可，如图 4.8 所示。

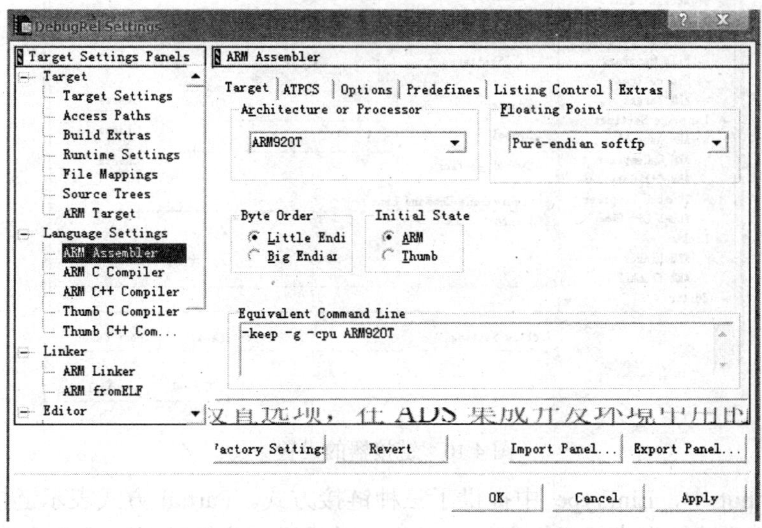

图 4.8　ARM Assembler 选项卡的设置情况

本例中包含了 C 语言代码，因此还需要设置 ARM C Compiler 选项。点击选择 ARM C Compiler，在右侧出现相应的设置选项，在 ADS 集成开发环境中用的汇编器是 armcc，默认的 ARM 体系结构是 ARM7TDMI，在此要改为 ARM920T，字节顺序默认是小端模式，其他设置采用默认值即可，如图 4.9 所示。

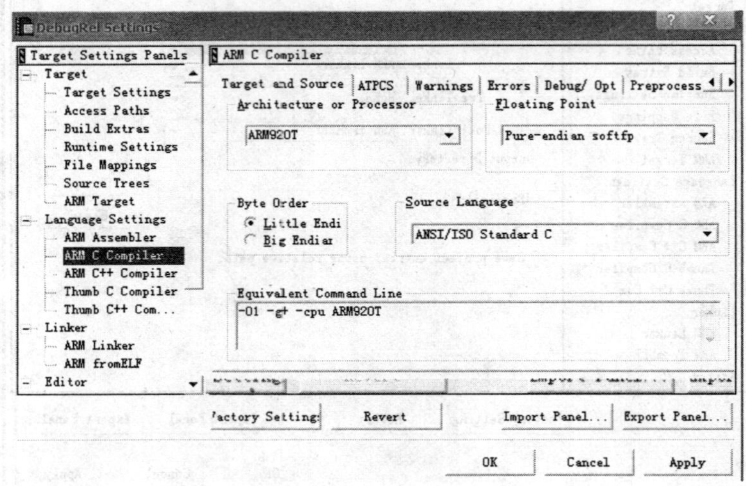

图 4.9　ARM C Compiler 选项卡的设置情况

3) Linker

点击选择 ARM Linker，在右侧出现相应的设置选项，如图 4.10 所示。我们在此详细介绍这些设置框，因为这些选项对最终生成的文件有着直接的影响。

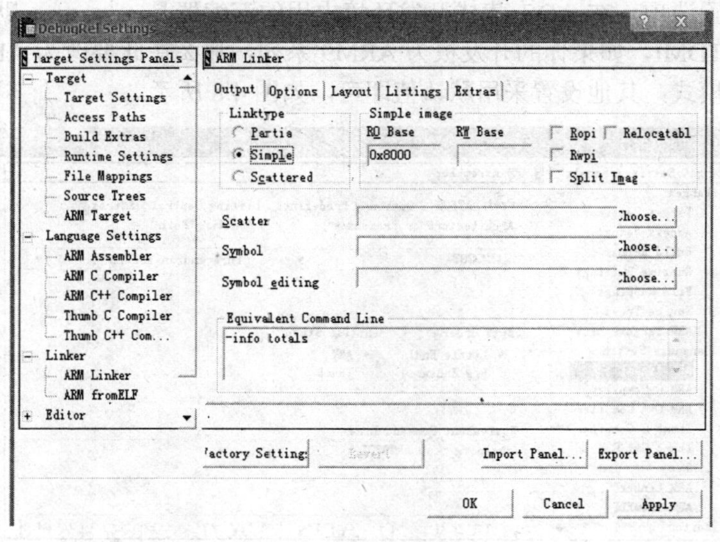

图 4.10　链接器的设置

在标签 Output 中，Linktype 中提供了三种链接方式。Partial 方式表示链接器只进行部分链接，经过部分链接生成的目标文件可以作为以后进一步链接时的输入文件。Simple 方式是默认的链接方式，也是使用最为频繁的链接方式，它链接生成简单的 ELF 格式的目标文件，使用的是链接器中指定的地址映像方式。Scattered 方式使得链接器要根据 scatter 格式文件指定的地址映像，生成复杂的 ELF 格式的映像文件，这个选项一般很少用到。

在本例中，选择使用 Simple 方式，这里有一些设置：

RO Base：这个文本框设置包含 RO 段的加载域和运行域为同一个地址，默认值是 0x8000。这里用户要根据自己的硬件实际 SDRAM 地址空间来修改这个地址，以保证这里填写的地址是程序运行时 SDRAM 地址空间所能到达的范围。

RW Base：这个文本框设置了包含 RW 和 ZI 输出段的运行域地址。如果选中 Split 选项，链接器生成的映像文件将包含两个加载域和两个运行域，此时在 RW Base 中所输入的地址为包含 RW 和 ZI 输出段的域设置了加载域和运行域地址。

Ropi：选中这个设置将告诉链接器使包含 RO 输出段的运行域位置无关。使用这个选项，链接器将保证下面的操作：检查各段时间的重寻址是否有效；确保任何由 armlink 自身生成的代码是只读位置无关的。

Rwpi：选中该选项将会告诉链接器使包含 RW 和 ZI 输出段的运行域位置无关。如果这个选项没有被选中，域就标识为绝对。每一个可写的输入段必须是和读写位置无关的。如果这个选项被选中，链接器将进行下面的操作：

① 检查可读/写属性的运行域的输入段是否设置了位置无关属性；

② 检查各段之间的重地址是否有效；

③ 该选项要求 RW Base 有值，如果没有给其指定数值的话，默认为 0。

Split Image：选择这个选项把包含 RO 和 RW 的输出段的加载域分成两个加载域，一个是包含 RO 输出段的域，一个是包含 RW 输出段的域。这个选项要求 RW Base 有值，如果没有给 RW Base 指定数值，则默认是 0。

Relocatable：选择这个选项保留了映像文件的重寻址偏移量。这些偏移量为程序加载器提供了有用信息。

Options 选项卡用于指明存储器的替换方法、调试信息的设置和映像文件的初始入口地址等信息，如图 4.11 所示。

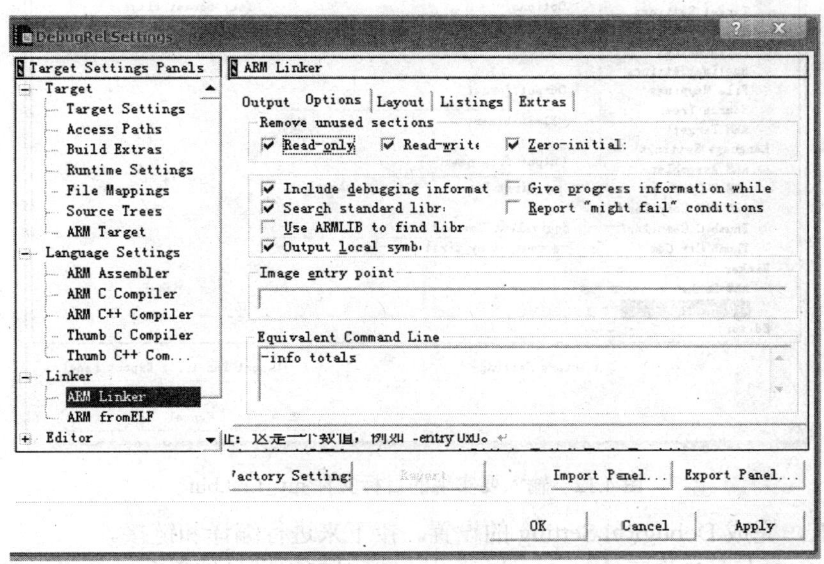

图 4.11　Options 选项卡的设置

在 Options 选项中，需要读者引起注意的是 Image entry point 文本框。它指定映像文件的初始入口点地址值。当映像文件被加载程序加载时，加载程序会跳转到该地址处执行。如果需要，用户可以在这个文本框中输入下面格式的入口点：

入口点地址：这是一个数值，例如-entry 0x0。

这里可以按如下格式设置入口点：-entry 立即数/标号/偏移量+段号。例如：-entry 0x0/int_handler/offset+object(section)等。

符号：该选项指定映像文件的入口点为该符号所代表的地址处，比如：-entry int_handler，如果该符号有多处定义存在，则 armlink 将产生出错信息。

在 Linker 下还有一个 ARM fromELF。

fromELF 是一个实用工具，它实现将链接器、编译器和汇编器的输出代码进行格式转换的功能。例如，将 ELF 格式的可执行映像文件转换成可以烧写到 ROM 的二进制格式文件；对输出文件进行反汇编，从而提取出有关目标文件的大小、符号和字符串表以及重寻址等信息。只有在 Target 设置中选择了 Post-linker，才可以使用该选项。

在 Output format 下拉框中，为用户提供了多种可以转换的目标格式，本例选择 Plainbinary，这是一个二进制格式的可执行文件，可以被烧写到目标板的 Flash 中。

在 Output file name 文本域输入期望生成的输出文件存放的路径，或通过点击 Choose...按钮从文件对话框中选择输出文件。如果在这个文本域不输入路径名，则生成的二进制文件存放在工程所在的目录下。进行好这些相关的设置后，以后再对工程进行 make 的时候，CodeWarrior IDE 就会在链接完成后调用 fromELF 来处理生成的映像文件。

对于本例的工程而言，到此就完成了 make 之前的设置工作了。在 Output file name 里我们输入要实现的目标文件，这里为 my_first.bin，如图 4.12 所示。

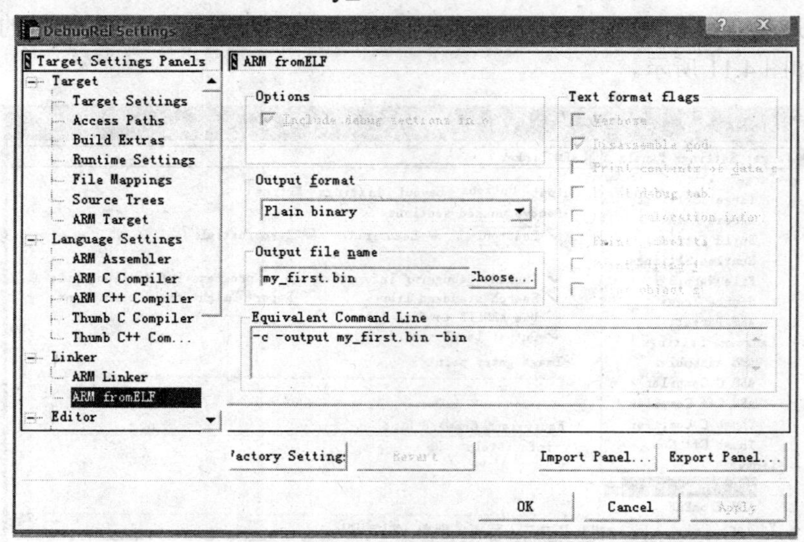

图 4.12　输入要实现的目标文件 my_first.bin

单击 OK，完成 DebugRel Setting 的设置。接下来进行编译和链接。

选择图 4.13 中主工作区的 make 按钮，就可以对工程进行编译和链接了。整个编译、链接过程如图 4.13 所示。

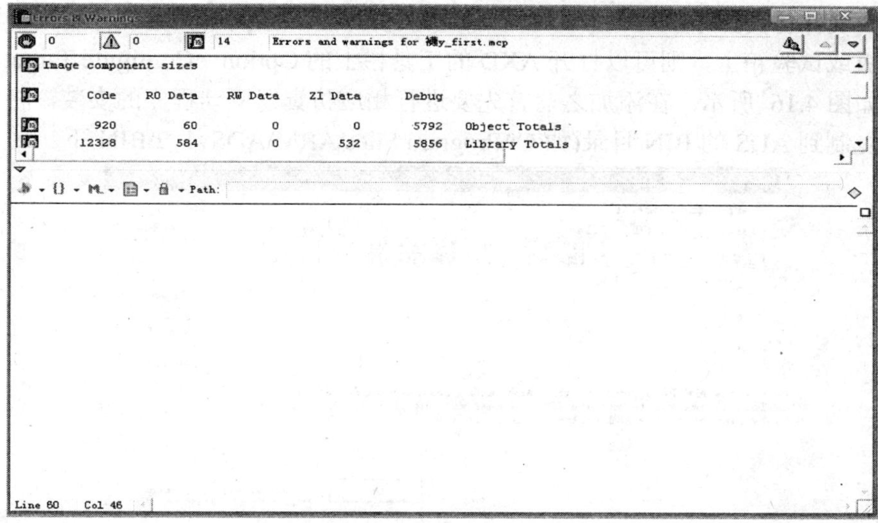

图 4.13　编译和链接过程

最后在“D:\work\myfirst\my_first_Data\DebugRel”目录下生成 myfirst.bin。同时还生成 my_first.axf 文件，它是用于调试的，二进制文件可以烧写到开发板或者实验箱的 FLASH 中运行，如图 4.14 所示。

图 4.14　在“D:\work\myfirst\my_first_Data\DebugRel”目录下生成 myfirst.bin

4.4.3　AXD 调试软件的使用方法

AXD(ARM eXtended Debugger)是 ADS 软件中独立于 CodeWarrior IDE 的图形软件，打开 AXD 软件，默认打开的目标是 ARMulator。ARMulator 是最常用的一种调试工具，本节主要结合 ARMulator 介绍在 AXD 中进行代码调试的方法和过程，使读者对 AXD 的调试有初步的了解。要使用 AXD 必须首先生成包含调试信息的程序，在上一节中，已经生成的 my_first.axf 就是含有调试信息的 ELF 格式的可执行映像文件。

在没有添加其他仿真驱动程序前的 Target 项，如图 4.15 所示，其中只有两项，分别为

ADP(JTAG 硬件仿真)和 ARMUL(ARMulator 软件仿真)。如果使用其他硬件仿真器连接到相应的目标板或试验箱上，则可以打开 AXD 的工具栏上的 Option→Configure Target…命令进行添加，如图 4.16 所示。在添加之前首先要进行相应仿真器驱动程序的安装，将仿真器的驱动文件复制到 ADS 的 BIN 目录(如 C:\Program Files\ARM\ADSv1_2\BIN)下。

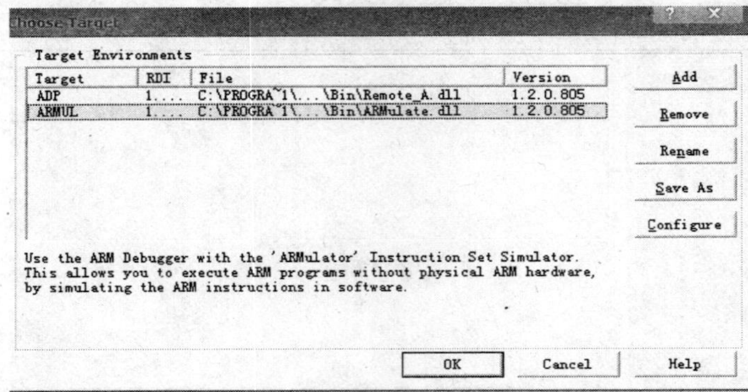

图 4.15　没有添加其他仿真驱动程序前的 Target 项设置

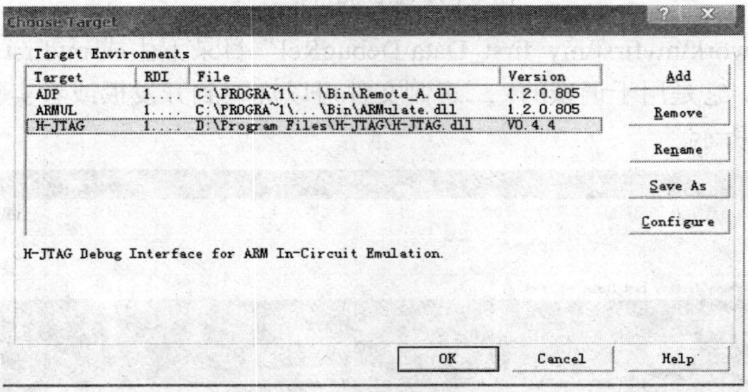

图 4.16　添加 H-JTAG 仿真驱动程序

打开运行 ADS1.2 软件的调试软件 AXD Debugger，AXD Debugger 主界面如图 4.17 所示。

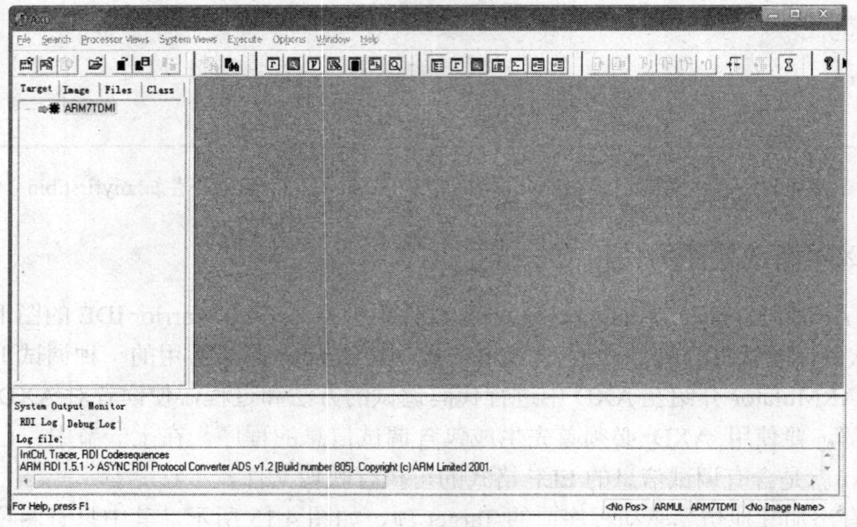

图 4.17　AXD Debugger 主界面

1) 设置 AXD Debugger

点击菜单 Options->Configure Target…命令，出现如图 4.18 所示的窗口。

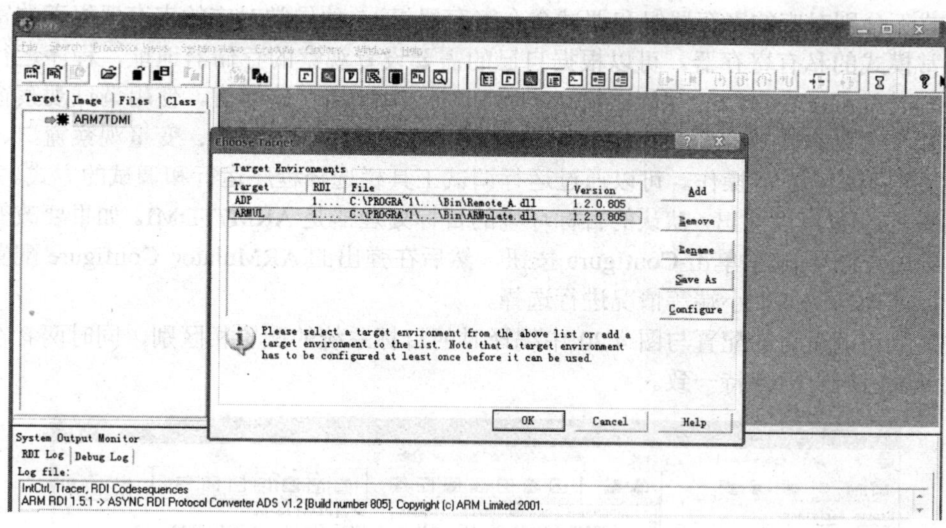

图 4.18　AXD Debugger 设置界面

此时选择 ARMUL，点击 OK 按钮，设置完成。

2) 在 AXD 中打开调试文件

在菜单 File 中选择“Load image…”选项，打开 Load Image 对话框，找到要装载的.axf 映像文件，点击“打开”按钮，就把映像文件装载到目标内存中了。

在所打开的映像文件中会有一个蓝色的箭头指示当前执行的位置。对于本例，打开映像文件 my_first.axf 后，如图 4.19 所示。

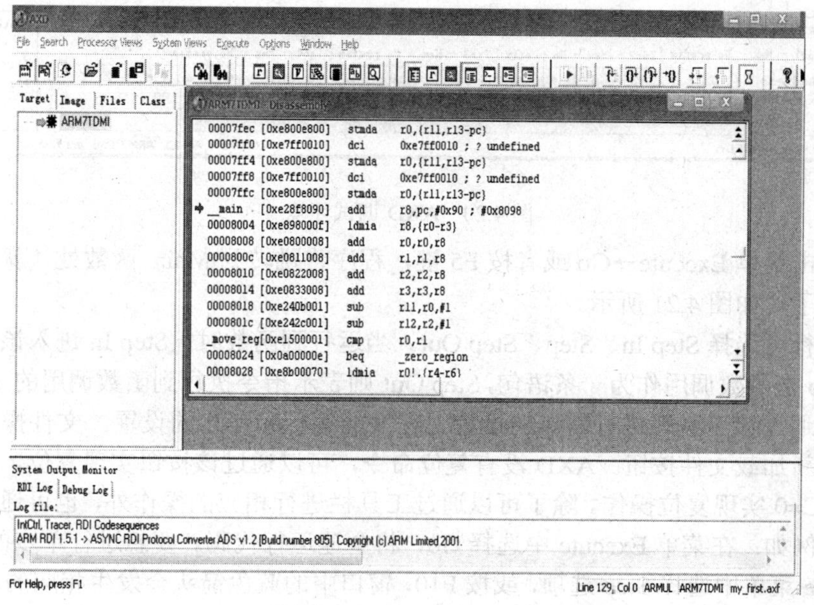

图 4.19　在 AXD 下打开映像文件

打开 my_first.axf 后出现如图 4.20 所示的调试环境。可以通过寄存器窗口查看寄存器的值。通常情况下可查看的寄存器包括：当前工作寄存器组、用户/系统模式寄存器组、5 种异常模式下分别对应的寄存器组和调试命令寄存器组。5 种异常对应的寄存器组下的寄存器是该异常模式的私有寄存器。可以根据自己的需要设置观察的存储器地址，程序运行到相应的地方时就可以在下面的存储器窗口查看到对应地址的存储器值。使用调试观察窗口工具栏，除了可以查看寄存器和存储器外，还可以通过程序观察窗口、变量观察窗口、反汇编窗口进行变量查看等操作。可以通过运行调试工具栏选择程序运行和调试的方式。

从图 4.19 也可以看出，默认的目标环境的目标处理器是 ARM7TDMI。如果要改变目标环境，则可在图 4.18 中单击 Configure 按钮，然后在弹出的 ARMulator Configure 配置窗口中对目标处理器调试大小端等情况进行选择。

注意：将调试时的配置与图 4.20 中编译时的目标系统的配置相区别，同时两者在进行同一次开发时配置要保持一致。

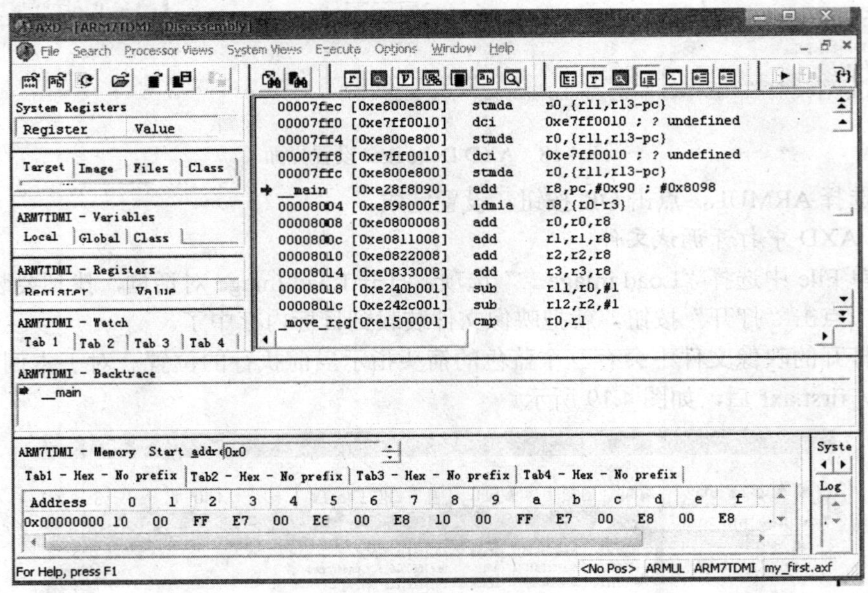

图 4.20　AXD 调试环境

此时点击菜单 Execute→Go 或者按 F5 键，程序将跳转到 Main 函数处，就可以进行单步运行调试了，如图 4.21 所示。

单步运行可选择 Step In、Step、Step Out。当运行到函数时，Step In 进入该函数继续单步运行，Step 把函数调用作为一条语句，Step Out 则表示指令执行到函数调用的下一条语句。另外，还可通过该工具栏进行断点的设置、程序的运行和停止的设置。文件操作工具栏中主要说明重新加载文件按钮。AXD 没有复位命令，可以通过该按钮实现复位，当然也可以通过设置 PC=0 实现复位操作。除了可以通过工具栏进行相应的操作外，也可通过菜单选项进行操作。例如：在菜单 Execute 中选择 Go，将全速运行代码。要想进行单步的代码调试，可在 Execute 菜单中选择 Step 选项，或按 F10，窗口中的蓝色箭头会发生相应的移动。有时，用户可能希望在程序执行到某处时查看一些所关心的变量值，此时可以通过断点设置达到

此要求。将光标移动到要进行断点设置的代码处，在 Execute 菜单中选择 Toggle Breakpoint 或使用 F9 键，就会在光标所在位置出现一个实心圆点，表明该处为断点。还可以在 AXD 中查看寄存器值、变量值、某个内存单元的数值等。

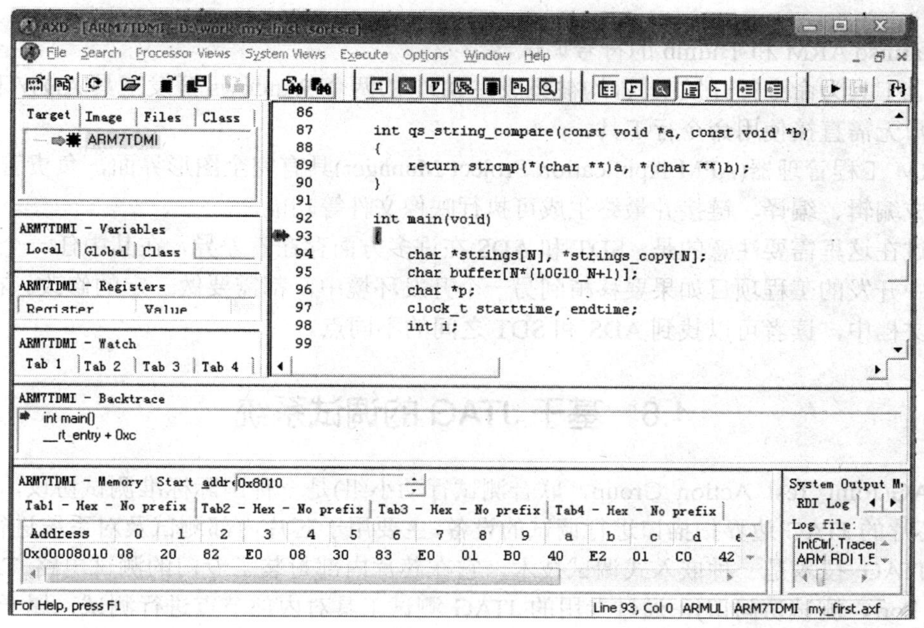

图 4.21　单步运行调试界面

限于篇幅，此处就不再多做介绍了。如果读者有兴趣可以参阅 ADS 的在线文档。以笔者的经验，在一些一般性的开发中，只需要对以上提及的选项进行设置，而那些未提及的选项通常采用默认设置。如果进行较为复杂、包含多个文件的嵌入式工程开发，则还要对这些选项进行设置。

4.5 SDT 开发平台

SDT(Software Development Kit)是一款实用的 ARM 嵌入式开发工具，即 ARM SDT，它是 ARM 公司(www.arm.com)为方便用户在 ARM 芯片上进行应用软件开发而推出的一整套集成开发工具。ARM SDT 经过 ARM 公司逐年的维护和更新，目前的最新版本是 2.5.2，但从版本 2.5.1 开始，ARM 公司宣布推出一套新的集成开发工具 ARM ADS 1.0，取 ARM SDT 而代之，今后将不会再看到 ARM SDT 的新版本。基于此，在这里不做详细的介绍，只做简单的说明。

ARM SDT(以下关于 ARM SDT 的描述均是以版本 2.5.0 为对象)可在 Windows95、98、NT 以及 Solaris 2.5/2.6、HP-UX 10 上运行，支持最高到 ARM9(含 ARM9)的所有 ARM 处理器芯片的开发，包括 StrongARM。

ARM SDT 包括一套完整的应用软件开发工具：

➢ armcc ARM 的 C 编译器，具有优化功能，兼容于 ANSI C。

➢ tcc Thumb 的 C 编译器，同样具有优化功能，兼容于 ANSI C。

➢ armasm，支持 ARM 和 Thumb 的汇编器。

➢ armlink ARM 连接器，连接一个和多个目标文件，最终生成 ELF 格式的可执行映像文件。

➢ armsd ARM 和 Thumb 的符号调试器。

以上工具为命令行开发工具，均被集成在 SDT 的两个 Windows 开发工具 ADW 和 APM 中，用户无需直接使用命令行工具。

ARM 工程管理器(APM Application Project Manager)具有完全图形界面，负责管理源文件，完成编辑、编译、链接并最终生成可执行映像文件等功能。

不过在这里需要注意的是，SDT 和 ADS 在许多方面存在着差异，在其中任一个集成开发环境中开发的工程项目如果要移植到另一个开发环境中，都需要做一定的修改。在 ADS 的帮助文档中，读者可以找到 ADS 和 SDT 之间的不同点。

4.6 基于 JTAG 的调试系统

JTAG(Joint Test Action Group，联合测试行动小组)是一种国际标准测试协议，是通过 ARM 芯片的 JTAG 边界扫描口进行调试的设备，主要用于芯片内部测试及对系统进行仿真、调试。JTAG 技术是一种嵌入式调试技术，它在芯片内部封装了专门的测试电路 TAP(Test Access Port，测试访问口)，通过专用的 JTAG 测试工具对内部节点进行测试，属于完全非插入式(即不使用片上资源)调试，且无需目标存储器，不占用目标系统的任何端口，而这些是驻留监控软件所必需的。另外，由于 JTAG 调试额定目标程序是在目标板上执行，仿真更接近于目标硬件，因此许多接口问题(如高频操作限制、AC 和 DC 参数不匹配、电线长度的限制等)被最小化了。

4.6.1 JTAG 调试接口简介

通过 JTAG 接口，可对芯片内部的所有部件进行访问，因而是开发调试嵌入式系统的一种简洁高效的手段。目前 JTAG 接口的连接有两种标准，即 14 针接口和 20 针接口，其定义接口如图 4.22 和 4.23 所示。

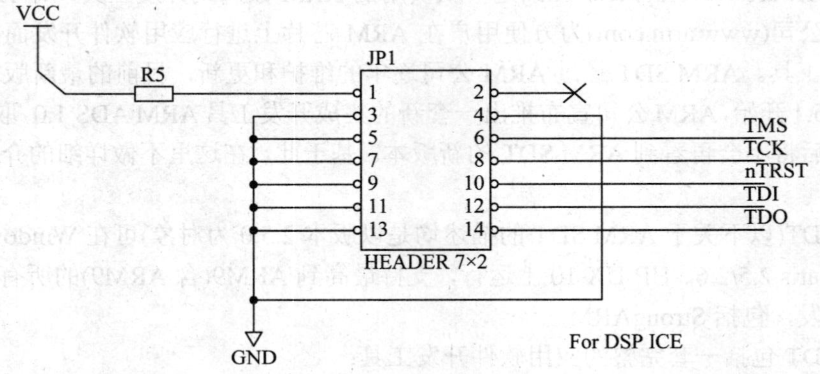

图 4.22　JTAG14 针接口

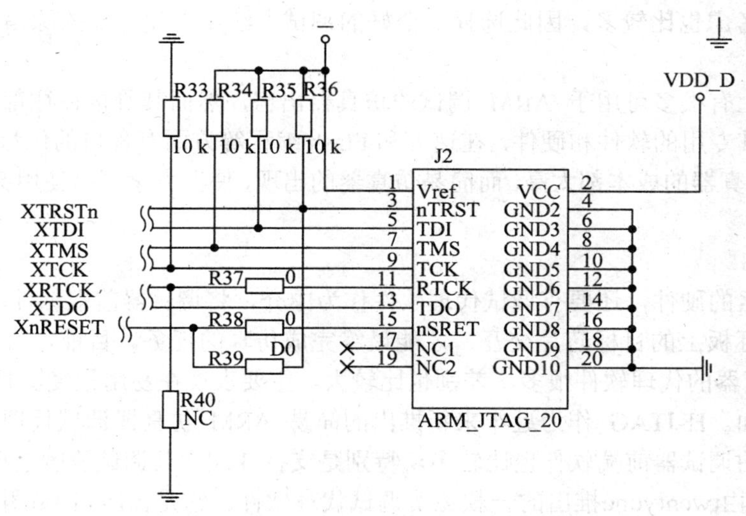

图 4.23　JTAG20 针接口

4.6.2　JTAG 调试系统的特点及结构

目前大多数比较复杂的器件都支持 JTAG 协议，如 ARM、DSP、FPGA 器件等。标准的 JTAG 接口是 4 线：TMS、TCK、TDI、TDO，分别为测试模式选择、测试时钟、测试数据输入和测试数据输出。JTAG 测试允许多个器件通过 JTAG 接口串联在一起，形成一个 JTAG 链。通过 JTAG 方式可以完成以下功能：

➢ 读出/写入 CPU 的寄存器，访问控制 ARM 处理器内核。

➢ 读出/写入内存，访问系统中的存储器和系统端口。

➢ 访问 ASIC 系统和 I/O 系统。

➢ 控制程序的运行、停止、单步执行，实时执行程序和设置程序断点。

➢ 复位目标系统，下载代码到目标 ARM。

➢ 实时地设置基于指令零地址值、数据值的断点。

➢ JTAG 接口还常用于实现 ISP(In-System Programmable，在系统编程)功能，如对 Flash 器件进行编程等。

基于 JTAG 的调试系统具有以下的特点：

➢ 可以重复利用 JTAG 硬件测试接口。

➢ 可以提供 JTAG 接口访问系统状态和内核状态。

➢ 在进行调试时不需要在目标系统上运行程序，这样对于一个“裸”目标系统也可以进行调试。

➢ 除了可以在 RAM 中设置断点外，还可以在 ROM 中设置断点。

➢ 可以通过在目标处理器中添加一些硬件来扩展调试功能。

4.6.3　常用 JTAG 调试工具

当前 ARM 的学习与开发非常流行，由于 ARM 的软件开发相对以前单片机而言更加复杂，硬件上的考虑也比较多，因此选择一个好的调试方法可以使开发的除错过程变得更加直接和简单。

现在市面上有很多可用于 ARM 调试的仿真器出售，然而其价格往往都比较贵。这些仿真器一般有其专用的软件和硬件，在速度和 Flash 编程等方面有各自的优势。然而对初学者而言，这些仿真器的成本都太高。而简易仿真器的出现，使得大家可以使用甚至自制 ARM 仿真器硬件。

1) H-JTAG

有了调试器的硬件，还要有调试代理软件作为中介，将调试器前端软件(比如 AXD)的调试信息与目标板上的目标芯片交互，才能最终完成仿真的任务。目前，可以免费使用的简易 ARM 仿真器的代理软件很多，差别也比较大，主要表现在易用程度、目标器件支持、调试速度等方面。H-JTAG 作为近年来新推出的简易 ARM 仿真器调试代理，其支持器件比较多，支持的调试器前端软件也比较多，特别是支持 keil，其调试速度也很有优势。

H-JTAG是由twentyone推出的一款免费调试代理软件。它是由H-JTAG团队开发的一款自主原创的ARM仿真套件，H-JTAG开发套件主要包括：调试软件、烧写软件以及高速仿真器。

H-JTAG 目前的版本为 0.4.4(更新的版本请到 H-JTAG 网站下载试用)，它支持下列特性：

- 支持各种 ARM 处理器：ARM7，ARM9，XSCALE，CORTEX-M3。
- 无缝连接各种主流 IDE：ADS，SDT，IAR，KEIL，RVDS。
- 支持各种 Windows 平台：Windows NT/2000/XP/Vista。
- 支持并口，提供低成本、可靠稳定的解决方案。
- 支持高速 H-JTAG USB 仿真器，提供高效可靠的解决方案。

2) J-Link

Segger 公司的 J-Link ARM 由于其优越的性能、经济的价格已被越来越多 ARM 开发者所喜爱。为了充分降低 ARM 开发者的使用门槛，Segger 公司特意推出中文版的 J-Link ARM，如图 4.24 所示。与 J-Link OEM 版不同(OEM 版只能用在 IAR 软件环境，不支持与 RDI 的绑定)，J-Link ARM 不仅更可靠，而且可以得到风标公司和 Segger 公司的技术支持，并且支持多种软件包的绑定。

图 4.24　J-Link 调试器

J-Link 的主要功能特点如下：

- USB 2.0 接口。
- 支持任何 ARM7/ARM9 核 Cortex M3 supported，包括 Thumb 模式。
- 下载速度达到 600 kb/s。
- DCC 速度达到 800 kb/s。
- 可与 IAR Workbench 无缝集成。
- 通过 USB 供电，无需外接电源。
- JTAG 最大时钟达到 12 MHz。

➢ 自动内核识别。
➢ 自动速度识别。
➢ 支持自适应时钟。
➢ 所有 JTAG 信号都能被监控，目标板电压能被侦测。
➢ 支持 JTAG 链上多个设备的调试。
➢ 完全即插即用。
➢ 20Pin 标准 JTAG 连接器。
➢ 宽目标板电压范围：1.2～5.0 V。
➢ 多核调试。

3) Multi-ICE

Multi-ICE 是 ARM 公司自己开发的 JTAG 调试器，如图 4.25 所示。它支持 ARM7、ARM9、ARM9E、ARM10 和 Intel Xscale 等处理器，可以进行多个 ARM 处理器的联合调试，具有强大的功能，其主要特性体现在以下几个方面：

图 4.25　USB Multi-ICE 调试器

➢ 支持所有内建 Embedded-ICE 逻辑单元的 ARM 处理器。
➢ 支持多个核心系统。
➢ 连接简单，使用开发板电源，安全可靠。
➢ 除了 JTAG 接口外，不占用实验板上的其他任何硬件资源。
➢ 支持即时硬件中断。
➢ JTAG 速度可配置，可以满足不同速率下的仿真调试。
➢ 支持 RDI1.50 或 RDI1.51。
➢ 提供丰富的使用说明。
➢ 支持多种平台，如 ATMEL、SamSung、Intel 等。
➢ 支持操作系统 Windows 98/NT/ME/2000/XP。

Multi-ICE 的 JTAG 操作逻辑采用了 FPGA 来实现，因此并口的通信量很小，提高了系统的整体性能。Multi-ICE 可以与 ARM 公司的 MultiTrace 实时调试工具相结合，实现在维持后台任务的条件下进行前台任务的调试。

4.7　仿真器调试系统

本节将主要介绍如何使用仿真器调试系统。调试前应首先检测系统硬件，确认没有问题后，就可以将系统接上仿真器，准备调试硬件了。在这里我们使用 AXD 自带的 ARMUL(ARMUlator，软件仿真)，讲述在 AXD 平台上调试 ARM 处理器的方法。

4.7.1 初始化存储器

通常 ARM 处理器都集成有 SDRAM 控制器，而 SDRAM 有耗电低、容量大、价格便宜的优点，所以系统大多数采用 SDRAM 作为系统的 RAM。SDRAM 在初始上电时并不能直接访问，必须配置 SDRAM 的刷新计数值、刷新时间、刷新使能等，才可以访问。初始化 SDRAM 也是存储空间映射(包括映射 Flash)的过程，因此正式调试前的这项工作称为初始化存储器。

初始化存储器就是设置 ARM 处理器的某些寄存器，这可以通过两种方法来完成：第一种，如果 ARM 处理器内部有 SRSM，则可以建立一个简单的工程，该工程涉及存储器映射的寄存器初始化；第二种，利用 AXD 的命令行配置寄存器，具体步骤如下：

首先在 C:\下建立文本文件 memory_map.txt，在该文件中设置寄存器的值，其格式为

```
Setmem ADDRESS,DATA,SIZE
```

其中，ADDRESS 是寄存器的地址，DATA 是该寄存器要设置的值，SIZE 是数据的宽度，一般该值默认为 32，可以设置多个寄存器。

然后打开 AXD Debugger 的命令行窗口，执行下面的命令，配置对应的控制寄存器。

```
>obey C:\memory_map.txt
```

执行完毕之后，memory_map.txt 中的寄存器就配置完毕，存储器就映射到预定的地址空间了。

配置好这些寄存器后，就可以通过查看内存空间来检查各个存储器是否正常工作了。选择菜单“Processor Views→Memory”选项，出现存储器窗口，在存储器起始地址栏输入需要查看的内存映射起始地址，数据区应该显示内存中的内容；双击其中的任一数据，输入新的值，如输入 0x80，然后回车，若对应的存储单元能正确显示刚才输入的数据，则表明存储器已能正常工作。连续的 4 个字节输入 0x80，然后再输入 0x8f，检测 32 位数据是否正确传输，若其中的某一位或几位数据出现错误，则需要检查对应的数据线或者地址线的连接。

当内存(如 SDRAM)能被正确访问后，用户就可以编译自己编写的各种应用程序并下载到目标机的 SDRAM 中运行了。

4.7.2 在线仿真

在前文中，我们已经简略地介绍了如何建立自己的工程并编译连接成映像文件，在线仿真就是在硬件平台上仿真含有调试信息的可执行的 ELF 格式映像文件。

装载映像文件和程序执行在 4.4.3 节已经相继介绍过了，若有疑问可以参阅 4.4.3 节的相关内容。这里我们主要介绍 AXD 在线仿真的另外几个重要的功能和过程。

1. 查看寄存器和内存空间

ARM 处理器通常有两种寄存器，一种是 ARM 内核的通用寄存器，在菜单 Processor Views 中选择“Regusiter”，就会弹出寄存器窗口，可以查看和修改 7 种模式下寄存器的数

值；另外一种是该寄存器独有的寄存器，这些寄存器都映射到某个地址空间，它们和普通的内存空间一样访问。从 Processor Views 菜单中选择“Memory”选项，弹出 Memory 窗口，在窗口中的 Memory Start address 栏中输入要查看的内存空间的地址，就可以看到一段连续的内存数据。在数据窗口中单击右键，在 Size 中可以选择数据的显示方式，如 8、16、32 位，如图 4.26 所示。或者可以在 Format 中选择 ASCII、HEX、DEC、BIN 等格式，如图 4.27 所示。

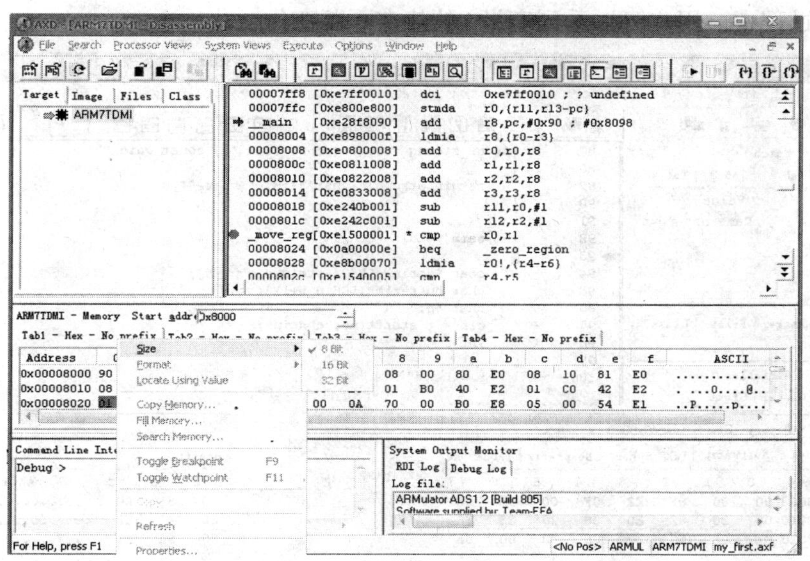

图 4.26　在数据窗口中选择数据的显示方式

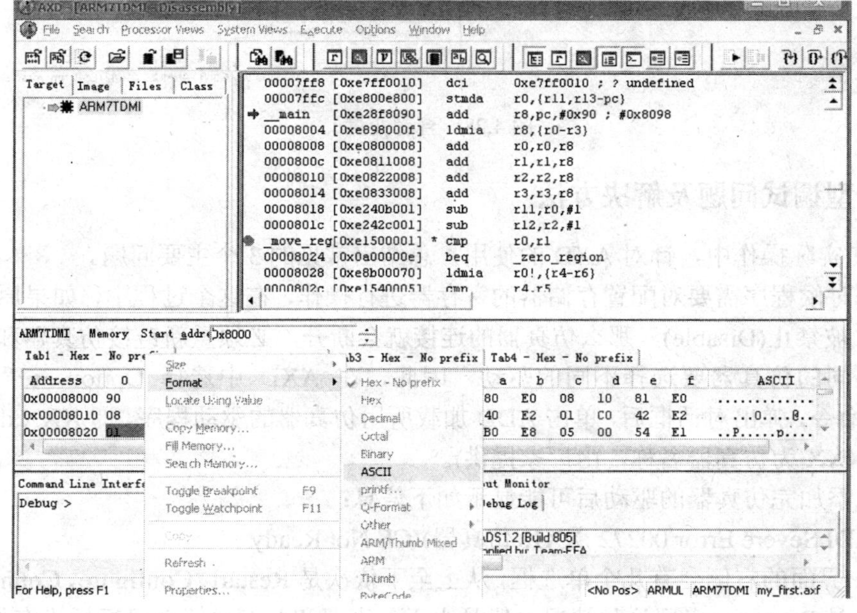

图 4.27　在数据窗口中选择 ASCII、HEX、DEC、BIN 等格式

2. 查看变量

C 程序中有许多变量，在程序运行中可以查看这些变量的数值。在菜单 System Views 中选择“Variable”，弹出变量窗口，该窗口中分别有局部和全局变量标签页。如果想查看部分变量，则可以在 Processor Views 菜单中选择“Watch”，会出现如图 4-28 所示的 Watch 窗口。用鼠标选中要查看的变量，这里以变量 i 为例，单击鼠标右键，选中“Add to watch”，这样该变量就添加到 Watch 窗口的 Tab1 中了，在图 4.28 的左上角可以清楚地看见变量 i。在程序运行过程中，用户可以看到变量 i 的值在不断变化。

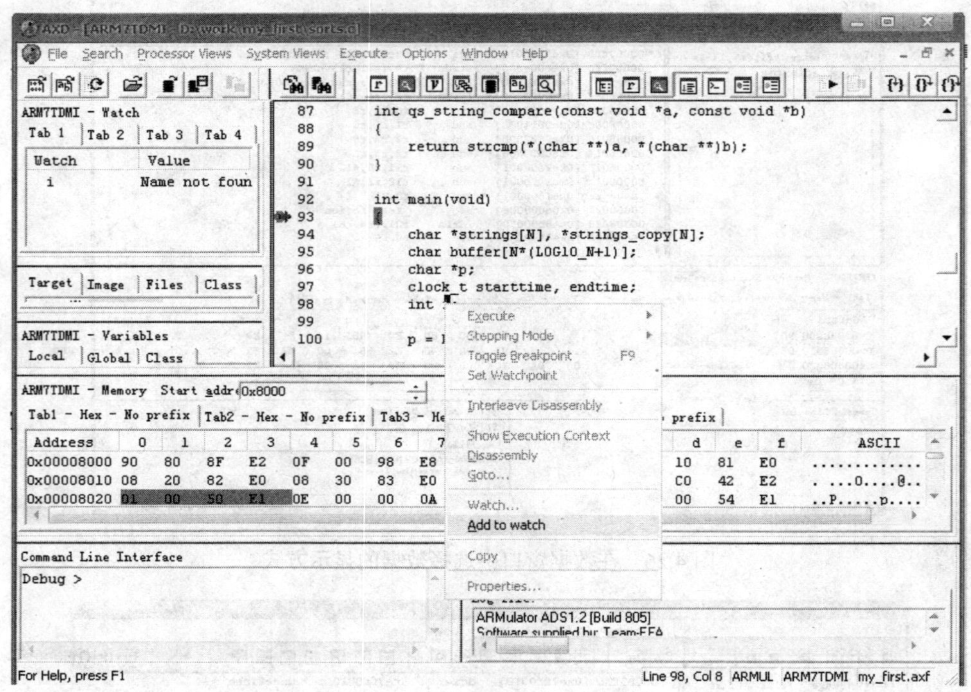

图 4.28　查看变量 i

4.7.3　典型调试问题及解决方法

笔者在实际操作中，针对 AXD 的使用，总结出常见的 3 个主要问题。

(1) 有时候程序需要对配置存储器的寄存器进行操作，在这个过程中，如果原先装载程序的 RAM 被禁止(Disable)，那么仿真器的连接就会断开，必须重新链接仿真器和目标板。

(2) 不同的仿真器要选择不同的驱动，因此，在 AXD 中选择 Options→“Configure Target...”命令，弹出对话框后，单击 ADD 加载所用仿真器的驱动程序，即 XXX.dll 文件(一般情况下 XXX 为仿真器名称，由厂家提供)。

(3) 在添加完仿真器的驱动后可能显示如下信息：

RDI Severe Error 00272 :XXX(仿真器)ICE Not Ready

在同一界面的右侧会有几个单选框，从上至下依次是 Restart、Configure、Connect mode、Quit，默认是 Restart。出现这种情况一般是由于仿真器和开发机或者目标板没有相连。

4.8 本章小结

本章主要分为两个部分。第一部分主要介绍了 ARM、Thumb 指令集、伪指令的基础知识及 ARM 汇编程序的结构和设计方法。主要内容总结如下：

(1) ARM 微处理器具有两套指令集，分别为 32 位的 ARM 指令集和 16 位的 Thumb 指令集。ARM 指令集效率比较高，但是代码密度相对较低；Thumb 指令集具有更好的代码密度，同时保持了 ARM 大多数性能上的优势。ARM 程序和 Thumb 程序可以方便快捷地相互调用，相互之间的状态切换需要的系统开销几乎为零。

(2) ARM 微处理器的指令集是加载/存储型的，ARM 的指令集可以分为跳转指令、数据处理指令、程序状态寄存器处理指令、加载/存储指令、协处理器指令和异常产生指令六大类。

(3) 伪指令不是在处理器运行期间由机器执行，而是在源程序的汇编期间由汇编程序处理好。ARM 的伪指令包括符号定义、数据定义、报告、汇编控制、杂项等 5 个类别。

(4) ARM 的汇编语言程序以段为单位组织代码，段可以分为代码段和数据段。ARM 汇编程序至少包括一个代码段，可以包含多个代码段和数据段，这多个段在变异的过程中将生成一个可执行的映像文件。

第二部分则是侧重于系统的仿真和调试。在这部分中，我们详细介绍了目前比较流行的一些 ARM 处理器的开发工具和开发环境的特点及调试方法。在详细阐述了 ARM 开发时生成目标代码的各个步骤和机器相关开发工具的使用方法的基础上，重点介绍了 ADS 集成开发环境及其仿真环境的调试方法，并介绍了一些笔者的经验。

本章的重点内容包括：

➢ ADS 开发平台的详细介绍。

➢ CodeWarrior 软件的使用方法。

➢ ARM 整个代码生成流程：汇编/编译、链接和后处理。

➢ 集成开发环境 ADS 的工程监理方法和代码生成配制方法。

➢ AXD 调试软件的使用方法。

➢ JTAG 调试系统的接口、结构和特点。

➢ 从实际工程应用的角度介绍了 ADS 的开发环境，使读者能够按照介绍完成简单工程从编程到下载、调试的全过程，即完成一个简单工程的开发。

➢ 对芯片调试系统和上层 IDE 开发环境之间的连接装置/仿真器的特点和所实现的功能进行了详细介绍。

思考与练习

1. ARM 和 Thumb 指令集包含哪几大类？各类实现的主要功能是什么？
2. ARM 汇编程序的基本结构是什么？其基本语句的格式是什么？
3. 怎样实现 C 语言与汇编的混合编程？
4. 如何使用 AXD 调试工程？
5. 基于 JTAG 的调试系统的特点有哪些？

第 5 章　中断在嵌入式系统中的应用

5.1 中断概述

CPU 对外围设备进行控制时，如果周期性地查询硬件的工作状态，那么 CPU 的利用率将会很低。因为绝大多数外围设备并不是一直处于工作状态，它们在大部分的时间内都是处于空闲状态，所以如果这个时候还要占用 CPU 资源，则是对资源的一种极大的浪费。尤其对于一个嵌入式操作系统，需要具有高实时性的指标。因此，就需要引入一种新的机制——中断来解决这个问题。

5.1.1 中断原理

所谓中断，是指处理事情的一个“过程”，这一过程一般是由计算机内部或外部某种紧急事件引起并向主机发出请求处理的信号，主机在允许的情况下响应请求，暂停正在执行的程序，保存好“断点”处的现场，转去执行中断处理程序，处理完中断服务程序后自动返回到原断点处，继续执行原程序，这一处理过程称为“中断”。比如当定时器计数归零时、有键盘信号输入时、有异步事件发生时等，CPU 都需要暂停当前的工作，转去执行相应的事件处理子程序，待执行完毕后再回到断点处，继续执行原来的程序，这就形成了一次中断过程。

凡是能引起中断的外部设备或内部原因，都称为中断源。通常中断源包括：输入/输出设备、实时控制过程中的各种参数、故障源以及软件中断等。

由于中断请求是随机发生的，因此 CPU 在响应中断时需要从多个外设中识别出提出中断请求的设备。只有正确识别了中断源，CPU 才能找到相应的中断服务程序入口地址，转入中断服务程序并为之服务。识别中断源有两种方法：查询法和矢量法。

1. 查询法

查询法是一种软件程序查询的方式，它需要必要的硬件支持。基本流程是：当 CPU 收到中断请求信号时，通过执行一段查询指令对外设进行逐个询问，直至找到发出中断请求的设备。查询法流程如图 5.1 所示。

查询法的优点是硬件简单，程序层次分明，查询的顺序就决定了设备的优先级，而且只要改变程序中的查询顺序即可改变中断源的优先级，而不必改变硬件连接。其缺点是由于要对外设进行逐个询问因此造成运行速度慢，实时性差，CPU 的使用效率低。

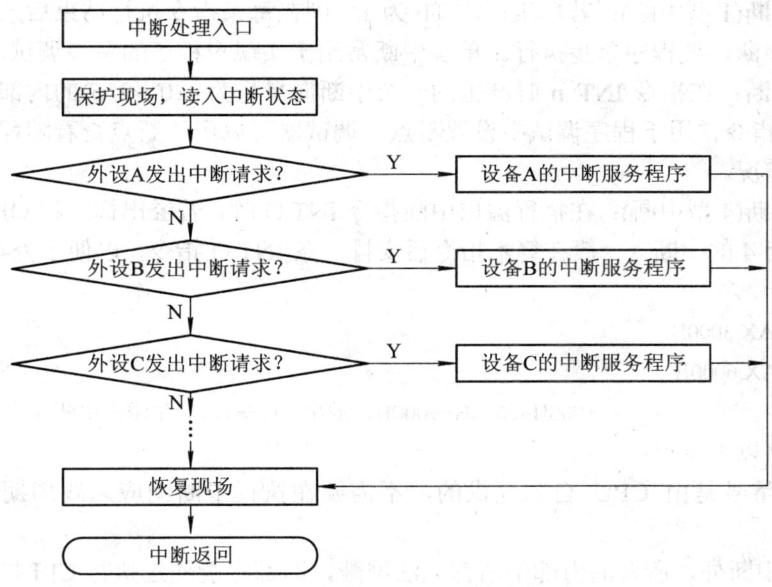

图 5.1　查询法流程图

2. 矢量法

矢量法是一种硬件查询方法。当 CPU 响应某个外设的中断请求时，它会要求外设提供中断类型号，CPU 根据该中断类型号自动指向相应的中断服务程序的入口地址，转入中断服务程序进行处理。矢量法主要通过硬件实现，其优点在于识别中断源时不需占用 CPU 的额外时间，在中断响应周期即可完成。

5.1.2　中断的分类

Intel 80x86 可以处理 256 种类型的中断源，按照中断源与 CPU 的相对位置关系可以将中断分为内部中断和外部中断。

1. 内部中断

内部中断也称软中断，是由于微处理器内部执行程序时检测到异常或执行软中断指令时所引起的程序中断，与外部中断电路无关。内部中断可以分为除法错中断、单步中断、指令中断和溢出中断四类。

(1) 除法错中断(0 型中断)：在执行除法指令时，若除数为 0 或商超过了寄存器所能表达的范围，将产生一个向量为 0 的内部中断。

如：

```
MOV    BL, 0
DIV    BL                ; BL=0，产生除法错中断
```

又如：

```
MOV    AX, 200H
MOV    BL, 1
DIV    BL                ; 商为 200H，不能用 AL 表示，产生除法错中断
```

(2) 单步中断(1 型中断)：若单步标志 TF 为 1，则在每条指令执行结束后产生一个向量号为 1 的内部中断，使程序单步执行。单步中断常用于实现对程序的单步调试。

(3) 指令中断：在指令 INT n 时产生的一个中断向量号为 n(0～255)的内部中断。其中向量号为 3 的指令常用于程序调试中设置断点，调试器可以用该断点查看随程序执行而动态变化的事件情况。

(4) 溢出中断(4 型中断)：在执行溢出中断指令 INT O 时，若溢出标志位 OF 为 1，则产生一个向量号为 4 的中断。一般在算术指令后安排一条 INT O 指令，以便于处理溢出错误。

如：

```
MOV   AX,3000H
ADD   AX,6000H
INT O                ；3000H+6000H=9000H，溢出，OF=1，产生溢出中断
```

内部中断有以下特点：

➢ 中断向量号是由 CPU 自动提供的，不需要在执行中断响应总线周期时去读取向量号。

➢ 除单步中断外，所有的内部中断都无法屏蔽，即都不能通过执行 CLI 指令使内部中断允许标志位 IF 清零来屏蔽对它们的响应。

➢ 除单步中断外，任何内部中断的优先权都比外部中断高。

2. 外部中断

外部中断也称硬件中断，是由微处理器外部设备引起的中断。外部中断是外设随机产生的，它发生中断的时间通常是不确定的，可能在程序执行的任何位置发生，因此外部中断是真正意义上的中断。而内部中断是由程序执行引起的异常指令产生的，它产生中断的时间是可以预知的，而且可以根据需要在程序中进行设定，所以内部中断又称为异常中断。外部中断可以分为非屏蔽中断和可屏蔽中断两种。

(1) 非屏蔽中断：外部设备的中断请求信号通过 NMI 管脚引入 CPU。它不受中断允许标志位 IF 的影响，即使在关中断(IF=0)的情况下，CPU 也能在当前指令执行完毕后就立即响应 NMI 管脚上的中断请求。

非屏蔽中断主要用于处理系统的意外或故障，如电源掉电前的数据保护、存储器读写错误或受到严重干扰时的处理。在多数嵌入式系统中，都将 NMI 中断输入引脚设置为无效状态，因此这类中断不会在嵌入式系统中发生。

(2) 可屏蔽中断：外部设备发出的中断请求信号先暂存在中断源接口电路的中断请求触发器中，然后通过 INTR 管脚引入 CPU。中断允许标志位 IF 的状态决定了 CPU 是否响应中断。当 IF=0 时，中断请求将被屏蔽；只有在 IF=1 时，CPU 才能响应中断源的请求，在执行完当前指令后就予以响应。

外部中断主要用于微处理器和外设之间交换数据。

内部中断和外部中断的区别包括：

➢ 中断引发的方式不同。内部中断是由于 CPU 执行 INT n 指令时引起的中断；外部中断是由 CPU 以外的硬件设备发出的中断请求而引发的中断，且中断的发生具有随机性。

➢ CPU 响应的条件不同。对于外部可屏蔽中断，只有在 CPU 开中断时才能响应，且

硬中断有响应周期而软中断没有。

➢ CPU 获得中断类型码的方式不同。响应内部中断时，中断类型码是固定的或由 INT n 指令本身提供的；对于外部中断，中断类型码是由中断控制器提供的。

➢ 中断处理程序的结束方式不同。

5.1.3　中断优先级及其判别

外部设备发出的中断请求信号都是通过 INTR 引脚引入微处理器的，而 CPU 只有一个 INTR 引脚，一次只能处理一个中断请求。当系统中有多个中断源同时提出中断请求时，CPU 必须确定首先为哪一个中断提供服务，因此需要考虑设置中断优先级的问题。中断优先级是指中断源被响应和处理的优先等级，设置优先级的目的是为了在有多个中断源同时发出中断请求时，CPU 能够按照中断请求优先级顺序进行响应并处理，即首先响应优先级别最高的中断源的请求，处理完毕后，再响应优先级别较低的中断源。设置中断优先权的另一个作用是支持中断嵌套，即当 CPU 正在处理当前中断时，能响应更高级别的中断请求，而屏蔽掉同级或较低级别的中断请求。在后面的章节中将对中断嵌套作详细介绍。

确定中断源的优先级可采用两种方法：一种是用软件查询的方法来确定中断优先权；另一种是用硬件优先权排队电路来确定。

(1) 软件查询方法与中断源识别中的查询法相同，实际上，在识别中断源时就已经纳入了中断优先权的判别。先被查询的中断源具有较高的优先权，因为当 CPU 查到该外设有中断请求时，就立即转入中断服务程序为之服务，而不会再继续向下查找。

采用软件查询方法的优点是实现电路比较简单；软件查询的顺序就是中断优先权的顺序，不需要专门的优先权排队电路；需要修改中断优先权顺序时可以通过直接修改软件查询的顺序来实现，而不必对硬件进行修改。其缺点是速度慢，从逐位检测查询到转入相应的中断服务程序所耗费的时间较长，实时性差，特别是当中断源较多时尤为突出。

(2) 硬件优先权排队电路又称为菊花链式优先权排队电路。它是利用外设连接在排队电路的物理位置来决定其中断优先权的，排在最前面的优先权最高，排在最后面的优先权最低。在菊花链中断机制一节将对其做详细的介绍。

5.1.4　中断处理过程

当微处理器需要与外设进行数据传送时，有多种传送方式。在查询传送方式下，两者需要交互时，微处理器首先查询外设的工作状态。只有当外设处于就绪状态时才能进行数据传输，因此微处理器浪费了大量时间在状态查询循环中，降低了系统的工作效率。而采用中断传送方式时，微处理器可正常执行主程序，当外设需要与处理器进行信息交互时，通过硬件信号的形式，向微处理器引脚发送有效的请求信号进行中断请求。微处理器会在每条指令的最后一个时钟周期去采样中断请求输入引脚的状态。一个完整的中断过程包括中断请求、中断响应、中断服务和中断返回四个基本过程。

(1) 中断请求：外设需要中断时向 CPU 发送中断请求信号，但处理器不是对每一个中断请求都予以响应，中断请求信号只有在满足一定条件时，微处理器才进入中断响应总线周期。需要满足的条件包括以下几点：

➢ 中断源发出的中断请求信号能一直保持，直至 CPU 响应这个中断后，才能将中断请求清除。

➢ 每一个外设的接口电路中都有中断屏蔽触发器，只有当此触发器为“1”时，外设的中断请求才能被送至 CPU。

➢ CPU 内部有一个中断允许触发器，只有当其为“1”时，CPU 才能响应中断；若其为“0”，即使 INTR 线上有中断请求，CPU 也不会响应。

(2) 中断响应：在满足以上的中断条件后，CPU 就会响应中断。具体操作包括：

➢ 关中断：CPU 在响应中断后，会发出中断响应信号，并自动关闭中断，以禁止响应其他可屏蔽中断的请求。

➢ 断点保护：断点是指中断前 CPU 状态寄存器的当前内容及发生程序转移前下一条指令的存储地址。CPU 响应中断后，将自动保护断点，把断点处的指令指针值(IP)和段基址(CS)压入堆栈中，以保证中断处理完毕后能返回到原来的断点处。

➢ 保护现场：为了使主程序的执行不受中断处理程序的影响，故要把断点处有关寄存器的内容和标志位的状态全部压入堆栈保护起来，这样，当中断处理完成后返回主程序时，CPU 能够恢复中断前主程序的状态，保证主程序的正确执行。若允许中断嵌套，保护现场后要将中断打开，以响应更高优先级的中断请求。

(3) 中断服务：响应中断后，系统通过中断控制器提供的中断向量形成中断入口地址，使 CPU 能够正确进入中断服务程序进行中断处理。为了尽量减少占用微处理器的时间，中断服务程序应该短小简洁。在中断服务程序执行完毕后还需要执行以下两个操作：

➢ 恢复现场：把所保存的各个寄存器的内容和标志位的状态从堆栈中弹出，送回 CPU 中原来的位置。在恢复现场前要关中断，以防止现场被破坏。

➢ 开中断：恢复现场后要将中断打开，否则微处理器在中断返回后无法再次响应可屏蔽中断。

(4) 中断返回：执行中断返回指令 IRET，将堆栈内保存的断点地址弹出，程序返回原来的断点处，继续执行原来的主程序。流程图如图 5.2 所示。

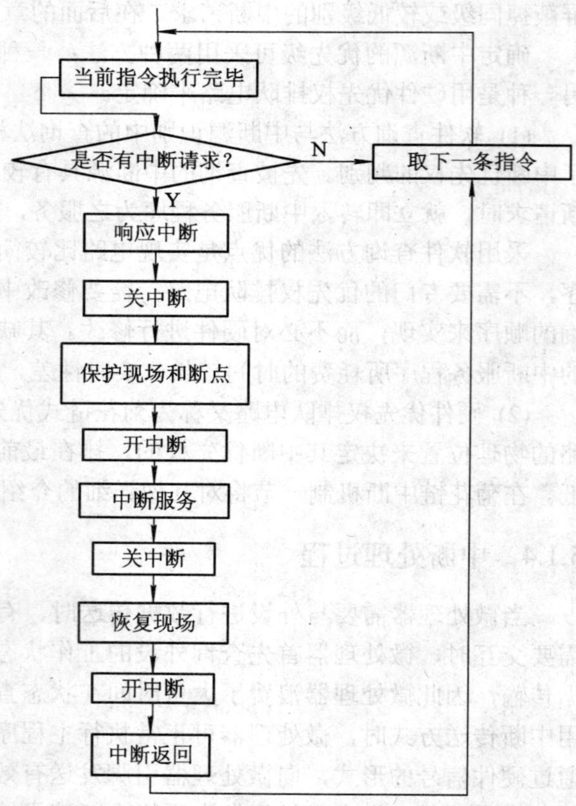

图 5.2　中断处理过程流程图

中断处理过程的程序代码实现如下：

```
PUSH AX                    ；保护现场
…
PUSH SP
```

```
…
STI          ；开中断
…            ；中断服务
CLI          ；关中断
POP SP       ；恢复现场
…
POP AX
STI          ；开中断
IRET         ；中断返回
```

5.2　Windows CE 下的中断处理分析

以上介绍了中断的一些基本概念，下面本书将就 Windows CE 下的中断处理进行详细的分析。

5.2.1　Windows CE 中断的相关概念

首先介绍一些 Windows CE 常用到的概念。

1. IRQ(Interrupt ReQuest) 物理中断请求

IRQ 指外部设备通过 CPU 的中断引脚向 CPU 发送中断信号。例如，在 X86 架构的 CPU 中，使用两片 8259A 中断控制器级联进行中断处理，可以同时处理 15 个 IRQ；而在 ARM 架构的 CPU 中，使用 IRQ(标准中断)和 FIQ(快中断)两个中断向量；各个半导体厂家也加入了自己的中断控制器，使其支持诸如串口及时钟等硬件中断。

2. SYSINTR 逻辑中断

当中断发生时，OAL 须把物理中断信号映射成 OEM 定义的逻辑中断号，然后供系统和驱动程序调用。逻辑中断是对硬件物理中断很好的抽象。举个例子来说，不同开发板上的键盘中断产生的 IRQ 可以不同，但是当键盘产生中断时，这些 IRQ 被统一换成了 SYSINTER_KEYBOARD，然后进行统一处理。

3. ISR(Interrupt Service Routine) 中断服务例程

ISR 是运行在内核中的一段代码，通常由 OEM 实现。ISR 负责把 IRQ 转化成逻辑中断并返回内核，内核负责处理寄存器的保存与恢复。

4. IST(Interrupt Service Thread) 中断服务线程

IST 是运行在设备驱动上的一段程序，负责中断的逻辑处理。通常利用中断产生的一个事件是通过 IST 来实现的。

IRQ、SYSINTR、ISR、IST 之间的关系如图 5.3 所示。IRQ 通过 ISR 被映射为逻辑中断，然后操作系统根据逻辑中断号激活所关联的事件内核对象，这将使得等待在该事件内核对象上的 IST 开始执行中断处理。通过这些步骤，把一次物理中断的产生映射给 IST 执行，从而实现中断处理任务。

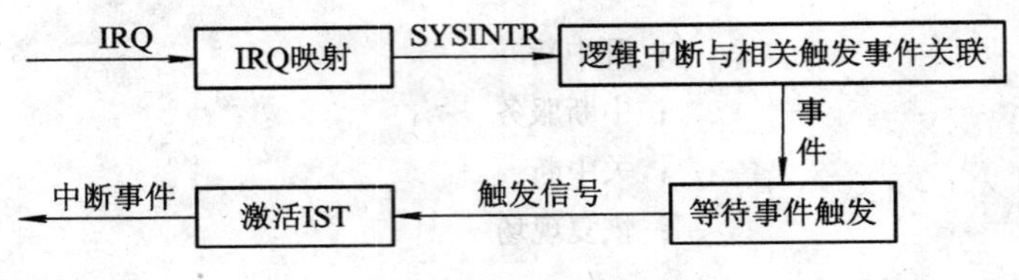

图 5.3 Windows CE 的中断处理流程

5.2.2 Windows CE 中断处理过程分析

实时应用程序通过中断及时地响应外部事件的请求。使用中断要求操作系统协调好各个中断之间的响应关系。Windows CE 把中断处理分成两个步骤(ISR 和 IST)来协调其平衡性。

每个中断请求(IRQ)都要同 ISR 联系在一起，ISR 可能对应多个 IRQ。当中断可用并且发生时，内核的那个中断注册 ISR 一旦完成，ISR 将返回逻辑中断号。内核检查返回的逻辑中断号并且设置关联事件。当内核设置好关联事件后，IST 就开始启动了。

所有的中断都是异常处理的主要目标。当一个中断发生时，微处理器将控制内核中的一个异常操作，然后调用 ISR 注册到当前的中断。ISR 将负责把当前的物理中断转化成一个逻辑中断，同时给内核返回一个逻辑中断号。内核将设置一个事件与该逻辑中断相关联，这就是触发 ISR 的准备工作。IST 中的相关代码负责具体事件功能的实现。IST 运行在设备管理器的一个线程中，这是一个典型的高优先级应用线程的执行情况。

通常在系统启动时，用异常管理器注册 ISR。在启动时，内核调用 OAL 中的 OEMInit()函数。接下来 OEMInit 调用 HookInterrupt()函数告诉异常管理器哪一个 ISR 符合物理中断处理流程。OAL 中还有一些子函数在中断处理中也经常被用到，如 OEMInterruptEnable()、OEMInterruptDisable()、OEMInterruptDone()等函数。为一个特定的中断注册或撤销一个驱动的细节是由中断管理器完成的，它还保持着与 ISR、IST 和 OAL 里子函数间的沟通。总之，一个完整的中断处理大致要有以下 8 个步骤：

(1) 如果内核捕获异常代码并接收一个硬件中断，那么内核接着就会识别一个异常，并操作相应的硬件中断；否则，跳到第 2 步执行。

(2) 中断管理器通知 ISR 禁用当前指定的中断，直到这个中断处理完成后，再启用这个中断。不过，在此过程中其他中断仍然可用。

(3) 异常管理器调用 ISR 来决定如何处理这个中断。通常情况下，不同的 CPU 构架处理中断的细节是不同的。

(4) 内核接收 ISR 的返回值后，就会知道该中断在做什么。表 5.1 列出了内核接收到 ISR 的返回值并做出可能响应的情况。

表 5.1 ISR 的返回值及内核做出可能响应的情况

返 回 值	描 述
SYSINTR_NOP	内核不做出任何响应
SYSINT_RESCHED	操作系统定时器超时，内核重新调度 IST
SYSINTR_XXX 逻辑中断号	内核触发中断源 ISR 后，IST 将被唤醒工作，接着 IST 创建一个事件等待中断信号

(5) 当 IST 被唤醒后，它做中断处理要做的所有工作，如将数据移动到一个缓冲区里或用一种可行的方法来解释此数据。

(6) 必要时，IST 调用各种 I/O 函数访问硬件来完成对它的相关操作。

(7) 当 IST 完成中断处理工作时，它将调用 InterruptDone()函数来通知内核。

(8) 内核调用 OAL 中的函数 OEMInterruptDone()来宣告所有中断处理工作已经完成。OAL 通知硬件重新打开该中断。

内核模式与内置设备驱动的中断处理在不同的硬件平台下的内部结构如图 5.4 所示。

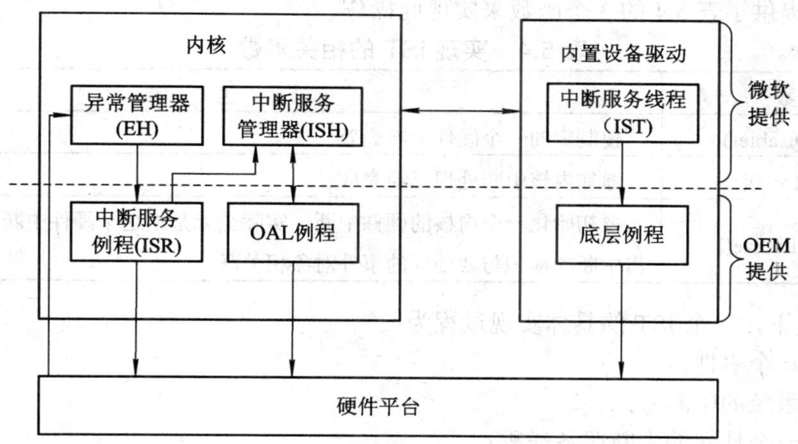

图 5.4　Windows CE 中断处理内部结构图

Windows CE 提供了有关事件的处理函数，如表 5.2 所示。

表 5.2　事件处理相关函数

函　数	描　述
CeSetPowerOnEvent()	当系统唤醒时，可以在设备驱动的电源回调函数中设置任意事件
CreateEvent()	创建一个事件对象，有名称或无名称均可
PulseEvent()	提供一种单操作，这种操作发送一个特殊事件通知，在释放了适当的等待线程之后会自动回复为非通知状态
ResetEvent()	把指定的事件对象设置为非通知状态
SetEvent()	把指定的事件对象设置为通知状态
SetInterruptEvent()	让一个设备驱动产生一个人为(伪)的中断事件
WaitForSingleObject()	当指定的对象变成通知状态或指定时间超时时，该函数就会返回。内核提供处理中断事件的特殊方法。IST 不能在一个中断事件中使用 WaitForMultipleObject()

硬件中断与软件 ISR 建立关联是在 OAL 中实现的，Windows CE 在此关联中提供了两个非常有用的函数，分别用于建立或断开硬件中断与 ISR 之间的对应关系，这两个函数见表 5.3。

表 5.3 ISR 与 IRQ 对应关系的处理函数

函数	描述
HookInterrupt()	建立 ISR 与 IRQ 之间的映射关系
UnhookInterrupt()	断开 ISR 与 IRQ 之间的映射关系

中断处理想要实现的操作最终是在 IST 中表现出来的，IST 这个阶段的处理对于整个中断处理来说就是一个知识窗口，让中断用户看到中断触发的真实效果。关于 IST 的处理，Windows CE 提供了表 5.4 的 3 个函数来实现此操作。

表 5.4 实现 IST 的相关函数

函数	描述
InterruptDisable()	使制定的一个硬件中断失效
InterruptDone()	通知内核中断处理已经完成
InterruptInitialize()	要初始化一个内核的硬件中断，实际上就是把这个硬件中断映射成的逻辑中断的标识与要处理的事件对象相关联

通常情况下，一个 IST 的具体实现过程为：

(1) 创建一个事件；

(2) 得到系统的中断号；

(3) 创建一个挂起的中断服务线程；

(4) 设置中断服务线程的优先级别；

(5) 调用函数 InterruptInitialize 通知系统注册中断；

(6) 回复终端服务线程，IST 开始服务。

下面是一个典型的 IST 代码的例子，该实例是关于如何处理 PS2 键盘的，相应代码如下：

```
BOOL
Ps2Keybd::
IsrThreadProc(void)
{
    DWORD dwSysIntr_Keybd = SYSINTR_UNDEFINED;
    DWORD dwTransferred = 0;
    HKEY hk;
    DWORD dwStatus, dwSize, dwValue, dwType;
    int iPriority = 145;
    // look for our priority in the registry，在注册表中查找优先级
    dwStatus = RegOpenKeyEx(HKEY_LOCAL_MACHINE, _T("HARDWARE\\ DEVICEMAP\\
KEYBD"), 0, 0, &hk);
    if(dwStatus == ERROR_SUCCESS) {
// See if we need to enable our interrupt to wake the system from suspend.
//查看是否需要使能键盘中断来从挂起中唤醒系统
```

```
                dwSize = sizeof(dwValue);
                dwStatus = RegQueryValueEx(hk, _T("EnableWake"), NULL, &dwType, (LPBYTE)
&dwValue, &dwSize);
                if(dwStatus == ERROR_SUCCESS && dwType == REG_DWORD) {
                if (dwValue != 0) {
                m_pp2p->SetWake(TRUE);
                    }
                }
    // get interrupt thread priority，获得中断线程的优先级
                dwSize = sizeof(dwValue);
                dwStatus = RegQueryValueEx(hk, _T("Priority256"), NULL, &dwType, (LPBYTE)
&dwValue, &dwSize);
                if(dwStatus == ERROR_SUCCESS && dwType == REG_DWORD) {
                    iPriority = (int) dwValue;
                }
                // read our sysintr，读取系统中断号
                dwSize = sizeof(dwValue);
                dwStatus = RegQueryValueEx(hk, _T("SysIntr"), NULL, &dwType, (LPBYTE)
&dwValue, &dwSize);
                if(dwStatus == ERROR_SUCCESS) {
                 if(dwType == REG_DWORD) {
                     dwSysIntr_Keybd = dwValue;
                 } else {
                 dwStatus = ERROR_INVALID_PARAMETER;
                 }
                }
                RegCloseKey(hk);
            }
            if(dwStatus != ERROR_SUCCESS) {
   goto leave;
            }
   // set the thread priority，设置线程优先级
   CeSetThreadPriority(GetCurrentThread(), iPriority);
   m_hevInterrupt = CreateEvent(NULL, FALSE, FALSE, NULL);
   if (m_hevInterrupt == NULL)
   {
       goto leave;
   }
```

```
    if ( !InterruptInitialize(dwSysIntr_Keybd, m_hevInterrupt, NULL, 0) )
    {
        goto leave;
    }
    if (m_pp2p->WillWake()) {
        // Ask the OAL to enable our interrupt to wake the system from suspend.
        //请求 OAL 使能中断来从挂起中唤醒系统
        DEBUGMSG(ZONE_INIT, (TEXT("Keyboard: Enabling wake from suspend\r\n")));
        BOOL fErr = KernelIoControl(IOCTL_HAL_ENABLE_WAKE, &dwSysIntr_Keybd,
        sizeof(dwSysIntr_Keybd), NULL, 0, &dwTransferred);
        DEBUGCHK(fErr); // KernelIoControl should always succeed.
        }
        m_pp2p ->KeybdInterruptEnable();
        extern UINT v_uiPddId;
            extern PFN_KEYBD_EVENT v_pfnKeybdEvent;
            KEYBD_IST keybdIst;
            keybdIst.hevInterrupt = m_hevInterrupt;
            keybdIst.dwSysIntr_Keybd = dwSysIntr_Keybd;
            keybdIst.uiPddId = v_uiPddId;
            keybdIst.pfnGetKeybdEvent = KeybdPdd_GetEventEx2;
            keybdIst.pfnKeybdEvent = v_pfnKeybdEvent;
                KeybdIstLoop(&keybdIst);
        leave:
        return 0;
    }
```

5.3 本章小结

中断是微机系统中非常重要的一种技术。当 ARM 系统运行时，外部异常情况可能会随时发生，为了保证在 ARM 处理器发生异常时不至于处于未知状态，同时为了解决高速的处理器和低速的外设交互的需要，都要求系统采用中断方式协调工作。本章内容正是基于这一出发点介绍中断技术。本章先介绍了中断的基本原理、分类、优先级和处理过程。接下来我们从 Windows CE 操作系统的角度分析了中断的处理过程。

通过本章内容的学习，读者应该掌握：

(1) 中断的过程：在 CPU 正常执行程序的过程中，当遇到内部/外部的紧急事件需要处理时，应暂时中断当前程序的执行，而转去为事件服务，待服务完毕后，再返回到断点处继续执行原来的程序。

(2) 在 Windows CE 中，中断被区分为物理中断和系统中断。物理中断(IRQ)是设备能够通过它发送信号给 CPU 的硬件连线；系统中断(SYSINTR)是由 OAL 定义的与 IRQ 的映射。

Windows CE 操作系统不能直接处理物理中断，只能处理系统中断。

(3) 在 Windows CE 系统中，一个完整的中断处理过程包含 8 个步骤。

思考与练习

1. 什么是中断？简述中断的原理。
2. 中断可以分为哪几类？
3. 中断优先级的规则如何设定？
4. 结合本章实例，设计一个简单的嵌入式中断应用程序。

第 6 章 Windows CE 嵌入式操作系统

6.1 操作系统概述

操作系统(OS，Operation System)是计算机系统中重要的环节，无论在桌面计算机系统、网络环境还是在嵌入式系统中，操作系统都充当着重要的角色。本节将介绍操作系统的发展和特点，以及嵌入式操作系统的功能和特点。

6.1.1 操作系统的发展

操作系统是一组程序的集合，它控制和管理计算机的硬件和软件资源，合理地调度各类作业，以方便用户的使用。像其他软件一样，操作系统有着自己的发展历史和特点。

操作系统的形成到现在已经有 50 多年的历史，它的发展和计算机硬件的发展密切相关。在 20 世纪 50 年代中期出现了第一个简单的批处理操作系统，到 20 世纪 60 年代中期产生了多道程序批处理系统，不久又出现了基于多道程序的分时系统。20 世纪 70 年代出现了微机和局域网，同时也产生了微机操作系统和网络操作系统，之后又出现了分布式操作系统。随着嵌入式技术的发展，出现了越来越多的具有精简内核的嵌入式操作系统。

6.1.2 操作系统的分类和结构

操作系统经过不断的发展和更新，大致可以分为如下三种。

1. 单节点系统

目前一般的操作系统都属于单节点系统，也就是说系统是由一套计算机形成的。例如在大型计算机中有“批处理系统”、“多道程序系统”和“分时系统”，在个人计算机系统中有多处理器计算机系统。

2. 多节点系统

与单节点系统不同，多节点可以将许多计算机集合在一起而提高系统的计算能力，或是共享系统中的资源。多节点系统主要指分布式系统。分布式系统可以分为“客户/服务器系统”、“对等系统”以及“集群式系统”。

3. 特殊目的系统

特殊目的系统专门负责处理特定的工作，如实时系统有时间的限制，掌上型系统体积小却功能强大等。特殊目的系统主要包括：实时系统、掌上型系统、嵌入型系统。

6.1.3　嵌入式操作系统

由于运行环境的限制，嵌入式系统中的操作系统一般与其他的操作系统不太相同，我们通常把它看成是精简的操作系统，即能够最大限度节省资源的操作系统。

从应用的范围来说，嵌入式操作系统可以划分为通用型和专用型，比较通用的嵌入式操作系统有 Windows Embedded CE、Embedded Linux、VxWorks 等；而专用的嵌入式操作系统主要包括用于智能型掌上计算机设备的 Palm OS，以及用于移动电话的 Symbian、Windows Mobile、Android 系统等。

嵌入式操作系统是对传统操作系统的继承和发展，具有操作系统的功能，包括指令执行、任务调度、存储器管理、设备管理和中断管理等。但是，由于嵌入式系统中的硬件资源有限，以及程序运行的限制，使得嵌入式操作系统不能像传统的操作系统一样具有很强的功能性。

一般来说，嵌入式操作系统有如下的特点：

(1) 安全性限制。传统的操作系统有很多不可避免的问题，如死机、蓝屏等现象。在嵌入式领域中，这种情况是不允许发生的，因为设备比较小，功能比较单一，如果出现诸如死机、蓝屏的情况，将会产生致命性的后果。因此，在设计嵌入式操作系统时，应避免这种情况的发生。Windows Embedded CE 采用的驱动模式是应用程序加载模式，很大程度上提高了安全性，同时还具有一定的检错机制。

(2) 资源限制。在嵌入式系统中，资源有限是一个现实的问题。嵌入式处理器的处理水平都在几百兆左右，而加载的内存一般也只有 256 MB 或者更小。对于存储单元来说，都采用了非易失性 Flash 芯片，存储空间相对比较小，因此内核的大小也受到了很大的限制。Windows Embedded CE 的内核一般可以达到 32 MB，在诸多嵌入式操作系统中是比较大的。

(3) 可移植性。在嵌入式系统中，硬件平台种类繁多，不像在普通 PC 中一样，只有 AMD 和 Intel 两种处理器平台，因此嵌入式操作系统对应的移植性能要求很高，这就导致了在嵌入式系统开发中把 HAL(硬件抽象层)、BSP(板级支持包)和内核分开进行开发，缩短了开发周期。

6.1.4　嵌入式实时操作系统

实时操作系统(RTOS)的结构单元如表 6.1 所示

表 6.1　实时操作系统的结构单元

功　能	活　动
基本 OS 功能	进程管理，资源管理，存储器管理，设备管理，IO 设备子系统、网络设备和子系统管理
RTOS 主要功能	实时任务调度，中断延迟控制和定时器与系统时钟的使用
时间管理	时间分配和回收以有效地满足时间约束
可预测性	可预测的系统时间行为，可预测的任务同步
优先级管理	优先级分配和优先级集成
IPC 同步	通过 IPC 实现进程同步
时间分片	时间分片的进程执行
硬实时可操作性和软实时可操作性	硬实时指的是每一个任务调度都有严格的时间限制；软实时指的是仅仅为任务操作定义了优先级和任务操作顺序

在嵌入式操作系统中，根据实时性可以分为实时操作系统和一般嵌入式操作系统。在各类嵌入式操作系统中，VxWorks 被认为是实时性最好的操作系统，它一般用于军工产品。从 2000 年发布的 Windows Embedded CE 3.0 开始，Windows Embedded CE 就是一个实时操作系统。随着新版本的不断推出，Windows Embedded CE 的实时性也不断提高。毋庸置疑，Windows Embedded CE 6.0 也是一个实时操作系统。

6.1.5 典型的嵌入式操作系统

从 20 世纪 80 年代起，国际上就有一些 IT 组织、公司开始进行商用嵌入式操作系统和专用操作系统的研发。发展到今天，世界上已经有大量成熟的嵌入式操作系统。具有代表性的产品主要有 VxWorks、QNX、Palm OS、Windows CE 等，占据了机顶盒、PDA 等绝大部分市场。

1. Linux

随着 Linux 在服务器领域和桌面系统获得的成功，Linux 也以其开源性、稳定性和免费的特点在嵌入式系统中获得了越来越广泛的应用。为了加速 Linux 操作系统在产业界的应用，许多国际知名的大公司联合成立了开放源码开发实验室 OSDL(Open Source Development Lab)来专门支持相关的项目。这主要包括了来自 PC 业界的硬件、软件提供商，还有来自通信产业的电信设备制作商。

随着 Linux 的迅速发展，嵌入式 Linux 现在已经有很多版本，其中主要包括 RT-Linux 和 μClinux 两种。

RT-Linux 系统的关键技术是通过软件来模拟硬件的中断控制器。当 Linux 系统要封锁 CPU 的中断时，RT-Linux 系统中的实时子系统会截取到这个请求，将它记录下来，但实际上并不真正地封锁硬件中断，这样就避免了由于封锁中断所造成的系统在一段时间没有响应的情况，从而提高了系统的实时性。当有硬件中断到来时，RT-Linux 系统截取该中断，并判断是否有实时子系统的中断例程来处理，还是传递给普通的 Linux 内核进行处理。另外，普通 Linux 系统的最小定时精度由系统中的实时时钟频率决定，一般 Linux 系统将该时钟设置为每秒 100 个时钟中断，所以 Linux 系统中的定时精度一般为 10 ms，即时钟周期为 10 ms。而 RT-Linux 系统通过将系统的实时时钟设置为单次除法状态，可以提供十几个 μs 级的调度粒度。RT-Linux 系统对于那些在重负荷下工作的专有系统来说是个不错的选择，但它仅仅提供对于 CPU 资源的调度，并且实时系统和普通 Linux 系统的关系并不是十分密切，这样的话，开发人员就不能充分利用 Linux 系统中已经实现的功能，如协议栈等。所以，RT-Linux 系统适合于工业控制等实时任务功能简单，并且硬实时要求的环境中，但如果要应用于多媒体处理任务环境中还需要做大量的工作。

另一种常用的嵌入式 Linux 是 μCLinux，它是针对没有 MMU 的处理器而设计的，它不是使用处理器的虚拟内存管理技术，对内存的访问是直接的，所以程序中访问的地址都是实际的物理地址。它专为嵌入式系统做了许多小型化的工作。

2. VxWorks

VxWorks 操作系统是美国 Wind River 公司于 1983 年设计开发的一种实时操作系统。VxWorks 拥有良好的持续发展能力、高性能的内核以及友好的用户开发环境，在实时操作系统领域占据一席之地。它以良好的可靠性和卓越的实时性被广泛地应用在通信、军事、航空、航天等高精尖技术及实时性要求高的领域中，如卫星通信、军事演习、导弹制导、飞机导航等。在美国的 F-16 战斗机、FA-18 战斗机、B-2 隐形轰炸机和爱国者导弹上，甚至连 1997 年 4 月在火星表面登陆的火星探测仪上也使用了 VxWorks。它是目前嵌入式系统领域中使用最广泛、市场占有率最高的系统。它支持多种处理器，如 ARM、x86、i960、SunSparc、MotorolaMC6800、MIPS RX000、PowerPC、StrongARM 等。大多数的 VxWorks API 是专有的。

多家著名公司(如 CISCO、Systems、3Com、HP、Lucent 等)都是 VxWorks 的主要商业客户，由此可见 VxWorks 的使用范围之广和影响之大。在交互式应用程序领域，UNIX 和 Windows 无疑是两种非常成功的操作系统，但是，它们并不适合实时应用。一般的实时操作系统比较专业化，缺乏良好的应用开发界面，尤其是图形用户界面。综合这两类操作系统的优点并且发挥自己的最大优势的实时操作系统就是 VxWorks。

Wind River 公司的理念不是要创建一个能完成一切的操作系统，而是利用这两种操作系统的优点，使宿主机方面的操作和应用变得更方便，使 VxWorks 的实时和嵌入式性能变得更好。

另外，VxWorks 允许按照不同的应用需求进行定制。在开发过程中，可以利用一些特性加快开发进度，在开发结束后，可以将这些特性删除，以得到紧凑、高效的操作系统。

VxWorks 的特点如下：

(1) 高性能实时微内核。VxWorks 的微内核 Wind 是一个具有较高性能且标准的嵌入式实时操作系统内核。它支持抢占式、基于优先级的任务调度，支持任务间的同步和通信，还支持中断处理、看门狗定时器和内存管理。其任务切换时间短、中断延时小、网络流量大等特点使 VxWorks 的性能得到很大的提高。与其他嵌入式操作系统相比，VxWorks 系统具有很大优势。

(2) 与 POSIX 兼容。POSIX(Portable Operating System Interface)是工作在 ISO/IEEE 标准下的一系列有关操作系统的软件标准。制定这个标准的目的是为了在源代码层次上支持应用程序的可移植性。这个标准产生了一系列适用于应用系统服务的标准集合 1003.1b。VxWorks 与 UNIX 有很深的渊源，它的很多代码实际上是从 BSD 演变过来的，可以说 VxWorks 是 UNIX 的一个变种，甚至可以说它是“类 UNIX”的操作系统。VxWorks 与 POSIX 标准完全兼容，凡是在 POSIX 基础上做出了扩充或改进的，就向用户分别提供两套函数，使用户在其他符合 POSIX 标准的系统上运行的软件移植到 VxWorks 上，基本上只需重新编译即可运行。

(3) 具有自由配置能力。VxWorks 提供良好的可配置能力，可配置的组件超过 80 个。用户可以根据系统的功能需求通过交叉开发环境方便地进行配置。

(4) 友好的开发调试环境。VxWorks 提供的开发调试环境便于进行操作和配置，开发系统 Tornado 更是得到广大嵌入式系统开发人员的支持。

3. μC/OS 和 μC/OS-Ⅱ

μC/OS-Ⅱ(MicroController Operating System)是由美国人 Jean J.Labrose 开发的实时操作系统内核。这个内核的产生与 Linux 有点相似，由于从事相关嵌入式产品开发及 Labrose 兴趣使然，他花了一年时间开发了这个最初名为 μC/OS 的实时操作系统，并且将介绍文章在 1992 年的《Embedded System Programming》杂志上发表，源代码也公布在该杂志上。该杂志的热销以及源代码的公开推动了 μC/OS-Ⅱ本身的发展。μC/OS-Ⅱ目前已经被移植到 Intel、ARM、Motorola 等公司的 81 种不同的处理器上。

μC/OS-Ⅱ其实只是一个实时操作系统的内核，全部核心代码只有 8.3 KB。它只包含了进度调度、时钟管理、内存管理和进程间的通信与同步等基本功能，而没有包括 I/O 管理、文件系统、网络等额外模块。

作为一个实时操作系统，μC/OS-Ⅱ的进程调度是抢占式、多任务系统设计的，即它总是执行处于就绪序列中优先级最高的任务。μC/OS-Ⅱ将进程的状态分为 5 个：就绪、运行、等待、休眠和 ISR。每个进程由 OSTaskCreatee()或 OSTaskExit()创建好后，进入就绪状态。当多个状态处于就绪状态时，由 OSStart()函数选择优先级最高的进程来运行。这样，这个进程就处于运行状态。μC/OS-Ⅱ最多可运行 64 个进程，并且规定所有进程的优先级必须不同。进程的优先级同时也唯一地标识了该进程。即使两个任务的重要性是相同的，它们也必须有优先级上的差异。

4. Windows CE

Microsoft 公司的 Windows CE 是为各种嵌入式系统和产品设计的一种压缩的、高效的、可升级的操作系统。其多线性、多任务、全优先的操作系统环境是专门针对资源有限的应用而设计的。这种模块化设计使嵌入式系统开发者和应用开发者能够定做各种产品，例如家用电器、专门的工业控制器和嵌入式通信设备。Windows CE 支持各种硬件外围设备及网络系统，包括键盘、鼠标、触摸板、串行端口、以太网连接器、调制解调器、通用串行总线(USB)设备、音频设备、并行端口、打印设备及存储设备等。

Microsoft 提供了完整的基于 Windows CE 的产品系列，范围从用来开发基于 Windows CE 的应用程序和设备驱动程序的工具，到用来创建操作系统各种自定义版本的工具。此外，Microsoft 还与几家第三方供应商合作，创建由 Windows CE 驱动的设备。这些设备(手提 PC、PDA 和 AutoPC)可与台式计算机、网络等相互通信。

5. Palm OS

3Com 公司的 Palm OS 在掌上电脑和 PDA 市场上占有很大的市场份额。它有开放的操作系统应用程序接口，开发商可以根据需要自行开发所需要的应用程序。目前共有 3500 多个应用程序可以运行在 Palm Pilot 上。其中大部分应用程序为其他厂商和个人所开发，使 Palm Pilot 的功能不断增多。这些软件包括各种游戏、电子宠物、地理信息系统等。

6. Symbian

Symbian 是一个实时性、多任务的纯 32 位操作系统，具有功耗低、内存占用少等特点，非常适合手机等移动设备使用。经过不断完善，Symbian 可以支持 GPRS、蓝牙、SyncML 以及 3G 技术。最重要的是它是一个标准化的开放式平台，任何人都可以为支持 Symbian 的设备开发软件。与微软产品不同的是，Symbian 将移动设备的通用技术，也就是操作系统的内核，与图形用户界面技术分开，从而更好地适应不同方式输入的平台，也可以使厂商为自己的产品制作更加友好的操作界面，符合个性化的潮流，这也是用户能见到不同样子的 Symbian 系统的主要原因。现在为这个平台开发的 Java 程序已经开始在互联网上盛行。用户可以通过安装这些软件，扩展手机功能。

7. Android

Android 一词的本义指“机器人”，Android 是 Google 于 2007 年 11 月 5 日宣布的基于 Linux 平台的开源手机操作系统的名称。该平台由操作系统、中间件、用户界面和应用软件组成，Android 号称是首个为移动终端打造的真正开放和完整的移动软件。2008 年 9 月 22 日，美国运营商 T-Mobile USA 在纽约正式发布第一款 Google 手机——T-Mobile G1。该款手机为台湾宏达电代工制造，是世界上第一部使用 Android 操作系统的手机，它支持 WCDMA/HSPA 网络，理论下载速率可达 7.2 Mb/s 并支持 WiFi。

Android 系统是基于 Linux 核心的软体平台和作业系统，其架构早期由 Google 规划，之后再由各大手机制造商组成的开放手机联盟(Open Handset Alliance)开发(最知名的如我国台湾地区的 HTC)。这个目前正热门的手机系统跟以往各大手机厂闭门自修所开发出的 Linux 系统(如 Motorola 的 E 系列)最大的不同在于它开放源代码，让一般人也可以轻易地利用 SDK (Software Development Kit)开发各式各样的软件，另外还结合了 Google 所提供的各项服务功能，使得 Android 手机操作系统在短短的两年内迅速窜红，成为当前智能手机市场的主流操作系统。

从目前市场占有率来看，国内在嵌入式领域主要使用的操作系统有 Windows CE、VxWorks、Linux 及 Palm OS。由于本书主要介绍 Windows CE，因此，下面列出了 Windows CE 和其他嵌入式操作系统的一些主要区别，如表 6.2 所示。

表 6.2 Windows CE 和其他嵌入式操作系统的主要区别

	Windows CE	其他 OS
多媒体支持	友好的用户界面；配备 Windows Media Player 9，支持 mp3、wav、avi、wmv…IE 6 & Pocket IE	对音视频支持有限 没有商业的网站浏览器
编程接口	Win32 API MFC, ATL, STL… COM, ActiveX .NET Compact Framework EVB, EVC，VS2005…	不同的编程接口 常用的 C/C++ & j2me
镜像大小	对于一些特殊的应用镜像可能过大	VxWorks 最小：8 K μC/OS-Ⅱ最小：2 K
实时性	硬实时系统	VxWorks 支持硬实时

6.2 Windows CE 嵌入式操作系统概述

在嵌入式操作系统中，Windows CE 是一个应用性很广、普及性很强的操作系统。自 Windows CE 诞生到如今的 Windows CE 6.0，无论是在技术上还是在性能上，微软的嵌入式操作系统开发人员下足了功夫，本节将针对 Windows CE 操作系统的基本特点及体系结构做概括介绍。

6.2.1　Windows CE 的特点

Windows CE 是软件巨人微软公司在嵌入式操作系统市场上的一个重要产品，它的第一版于 1996 年发布，但是，最初它并不是很成功，直到 Windows CE 3.0，它才真正被人们接受，并逐步取得了成功。2002 年微软发布了 Windows CE 4.1 版，这是一个非常成功的版本。迄今为止，Windows CE 的版本先后经过了 Windows CE 3.0/4.1/4.2/5.0/6.0。

Windows CE 是一个 32 位、多线程、多任务的操作系统，这是它的主要特色。与桌面 Windows 相比，Windows CE 有自己的特点。以 Windows CE 6.0 为例，二者的不同可以参考表 6.3。

表 6.3　Windows CE 6.0 和桌面 Windows 的主要区别

	Windows CE 6.0	桌面 Windows
硬件平台	可以运行在多种平台上：ARM/Xscale，MIPS，PowerPC，SH，x86	只能运行在 x86 体系平台上
镜像大小	最小 200 KB 网络部分大约 800 KB GWES, Shell and Apps 大约 4 MB Internet Explorer 大约 3 MB 组件化，可裁剪，可定制	Windows 3.x：2～5 MB Windows 98：400 MB Windows XP：1.5 GB 发展趋势是越来越大，不能定制
实时性	支持实时性 256 级中断嵌套 每个线程都有独立的时钟嘀嗒(clock tick) 处理优先级反转	不具有实时性
电源管理	电池供电/AC 供电 各设备的电源使用状况 关闭不必要的设备	电源管理实现差
编程接口	只支持 Unicode Win32 API, VS2005 等 有限的硬件资源	ASCII/Unicode 丰富的 API 强有力的硬件平台
微内核	内核模式的应用程序调用内核系统库，用户模式的应用程序调用用户系统库，驱动程序既可以加载到内核层，也可以加载到用户层	NT 系列力求微内核 9x series、2000 series 不是微内核
共享源代码	Windows CE 公开 100% 的源代码，用户可以对它进行修改	商业软件，源代码是微软的一级机密

Windows CE 的体系结构采用独立于通常的程序设计语言并且和 Windows 兼容的 API 的方式，这样就可以保障 Windows CE 的组件化和 ROM 化。Windows CE 是模块型的操作系统，这就意味着可选择、组合和配置 Windows CE 的模块和组件来创建用户的操作系统。

与 Windows 95/NT/2000 的 API 相比，Windows CE 中的 API 是一个缩减的 Win32 API，

是桌面 Windows 系统 API 的一个子集，这使得许多基于微软桌面 Windows 开发的应用程序可以经少许改动就用于 Windows CE 中。但是在某些情况下，由于 Windows CE 的应用程序接口(API)与标准的 Windows API 之间存在差异，原来在桌面 Windows 中包含的 API 函数在 Windows CE 中是不支持的，因此开发者需要自己利用其他办法去实现这些功能。此外，Windows CE 支持的内存容量和显示屏的面积也很有限，这使得开发人员不得不考虑与硬件相关的因素。

Windows CE 是从整体上为有限资源的平台设计的多线程、完整优先权、多任务的操作系统。它的模块化设计允许它对于从掌上电脑到专用的工业控制器的各种设备进行定制。操作系统的最小基本内核可以小到 200 K 的 ROM。

在 Windows CE 产品的开发中，有两个重要的方面，一个是操作系统的内核定制，一个是 Windows CE 的应用程序开发。微软在这两个方面都提供了非常友好的开发工具，这就是内核定制工具 Platform Builder。以 Windows CE 6.0 为例，微软将 Platform Builder for Windows CE 6.0 的集成开发环境整合到 Visual Studio 2005 中，一方面可以利用它剪裁和定制出一个符合用户需要的 Windows CE 6.0 的操作系统，另一方面它提供了所有进行设计、创建、编译、测试和调试的工具。它运行于桌面 Windows 下，开发人员可以通过交互式的环境来设计、定制内核，选择系统特性，然后进行编译和调试，开发人员还可以利用 PB 来进行驱动程序开发和应用程序开发等。此外，利用 Visual Studio 2005 中的 Visual C++和 Visual C#开发工具，可以对嵌入式系统进行应用程序设计。

6.2.2 Windows CE 的应用

Windows CE 在嵌入式领域的应用相当广泛，大概可以分为如下的几个方面。

1. PDA 领域

当初微软提出了 Windows CE 第一版就是要与 Palm OS 去争夺 PDA 市场，于是在 Windows CE 的基础上推出了 Pocket PC 系列。如今随着 Pocket PC 版本的不断延伸，同时集成了很多接口，使得 Windows CE 的市场份额逐年加大。

2. 移动通信领域

另外一个 Windows Embedded CE 的延伸产品命名为 Windows Mobile，这是针对移动通信终端推出的版本。随着智能型手机的不断发展，很多厂商已经开始使用 Windows Mobile 系列操作系统，它的易操作性和大众性是一个很强的优势。

3. 工业控制领域

在工业控制领域，越来越多的智能型检测设备、终端设备以及汽车工业控制等都需要嵌入式操作系统的应用，像触摸屏、CAN 总线以及完善的外部接口支持等，这也使得 Windows CE 在工业控制领域拥有很大的市场份额。

6.2.3 Windows CE 的体系结构和功能

Windows CE 操作系统的设计借鉴了 Windows 2000/XP 操作系统的设计，从体系结构上，它既有分层结构的特点，又具有微内核结构的特点。下面分别讨论 Windows CE 的分层模型和体系结构组件模型。

操作系统分层模型的主要特点是将操作系统的功能模块按功能的调用次序分成若干层，各层之间只能单向依赖或者单向调用，这样使得功能模块之间的调用关系更加清晰。

Windows CE 操作系统的分层模型如图 6.1 所示。

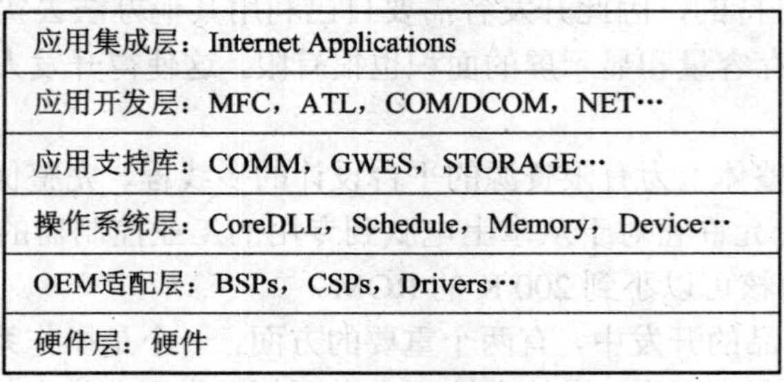

图 6.1　Windows CE 分层模型

具体讲，操作系统的功能在中间两层，即在操作系统层和应用支持库实现。应用支持库的上部和操作系统层的上部以及下部，都具有接口性质，它们构成了 Windows Embedded CE 的应用界面和系统界面。在 OAL(OEM 适配层)层中实现的是系统界面，同时它也集中了所有的硬件特性，使系统便于迁移。最底层是具体的硬件，最顶层是应用集成层。

从各层提供者的角度来讲，硬件层和 OEM 适配层由硬件厂商提供；操作系统层、应用支持库、应用开发层由微软提供；应用集成层由软件开发商提供。

Windows CE 操作系统的组件模型如图 6.2 所示，图中的三条黑线将系统分为硬件层、OEM 层、操作系统层和应用层。

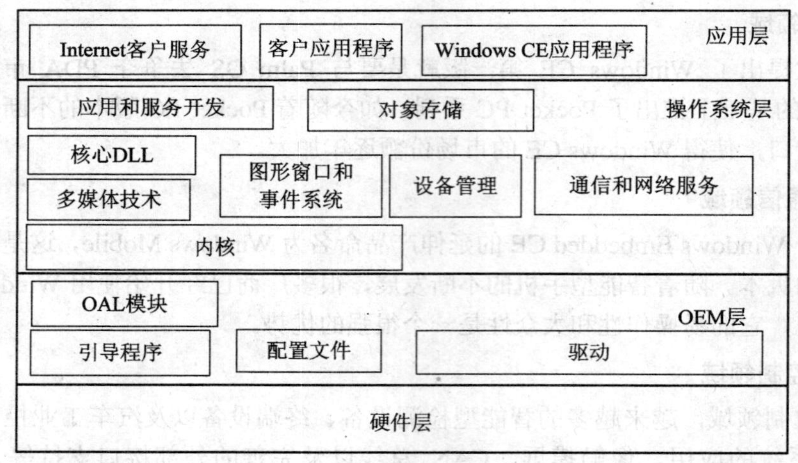

图 6.2　Windows CE 体系结构图

组件模型分为 4 层，最底层是硬件层，指 CPU、板卡等硬件设备组成的硬件系统；最顶层是应用层，包括 Internet 浏览器等；中间两层是操作系统和 OEM 层，这两层构成了实际的操作系统，下面分别讨论。

1. OEM 层

OEM 层包含以下模块：

(1) OAL 模块。这个模块主要包括和硬件相关的功能，例如处理器的专用支持代码、总线控制器的驱动等。

(2) 引导程序。引导程序是嵌入式系统中将操作系统核心调入内存的引导程序。

(3) 配置文件。根据不同硬件系统的特点，进行相关文件的配置。

(4) 驱动。驱动程序是嵌入式操作系统中至关重要的部分，它使操作系统能驱动不同的硬件，从而实现了操作系统与具体硬件的分离。

而在实际的系统中，OEM 层实际上包括 CSP、BSP 和驱动程序。

2. 操作系统层

操作系统层包含以下模块：

(1) CoreDLL。CoreDLL 是 Windows CE 操作系统最为重要的组成部分之一。它处在操作系统和应用层之间，隔离了操作系统与应用层。在系统中，CoreDLL 层主要担任对外部调用的系统功能进行代理的任务，它实现了系统 API 管理和按名调用。

(2) 核心。Windows CE 操作系统的核心在系统运行时体现为 NK.exe，一个占用空间很小的核心文件。核心主要完成操作系统的主要功能，如处理器调度、内存管理、异常处理、系统内的通信机制，以及为其他部分提供的核心调用例程。

(3) 设备管理模块。设备管理模块是 Windows CE 操作系统对设备进行管理的核心模块。

(4) 图形窗口和事件系统模块。Windows CE 将桌面操作系统的 Win32 API 的用户界面(USER32)和图形设备接口(GDI32)合并成了一个模块，即图形窗口和事件系统模块，又称为 GWE 子系统。

(5) 通信和网络服务模块。该模块的主要功能是完成 Windows CE 操作系统与外界网络的通信功能，并为操作系统上层提供网络服务。

(6) 对象存储模块。对象存储是指 Windows CE 的存储内存空间，它包括三种类型的数据：Windows CE 文件系统(数据文件和程序)、系统注册表和 Windows CE 数据库。

(7) 应用和服务开发模块。该模块包括一般所说的 Win 32 系统服务模块，相当的一部分内容被包含在了 NK.exe 中，在应用和服务开发时，系统利用这一模块完成开发者的系统调用。

6.3 Windows CE 的管理

Windows CE 的设计目标是：模块化及可延展性、实时性能好，通信能力强大并支持多种 CPU。从系统内核来看，它的管理功能很强大。本节将从进程、线程以及内存管理、文件管理、电源管理等方面来叙述 Windows CE 的工作原理。

6.3.1 进程、线程

一个进程是一个正运行的应用程序的实例。它由两个部分组成：一部分是操作系统用来管理这个进程的内核对象；另一部分是这个进程拥有的地址空间，这个地址空间包含应用程序的代码段、静态数据段、堆栈、非 XIP(Execute In Place)DLL。从执行角度来看，一个进程由一个或多个线程组成。一个线程是一个执行单元，它控制 CPU 执行进程中某一段代码段。一个线程可以访问这个进程中所有的地址空间和资源。一个进程至少包括一个线程来执行代码，这个线程又叫做主线程。

在 Windows Embedded CE 6.0 中，如果想创建进程，可以使用下面这个 API 函数：

```
BOOL CreateProcess(
LPCTSTR   lpApplicationName                        //应用程序的名称
LPCTSTR lpCommandLine,                             //用于传递启动参数
LPSECURITY_ATTRIBUTES   lpProcessAttributes,
LPSECURITY_ATTRIBUTES   lpThreadAttributes,,
BOOL bInheritHandles,
DWORD dwCreationFlags,                             //进程的状态标志
LPVOID lpEnvironment,
LPCTSTR lpCurrentDirectory,
LPSTARTUPINFO lpStasrtupInfo,
LPPROCESS_INFORMATION lpProcessInformation         //传递一个变量地址
);
```

因为 Windows CE 不支持安全性、当前目录、继承性，所以这个函数的很多参数都必须设为 0 或 FALSE。具体第 3、4、7、8、9 个参数设为 0，第 5 个参数设为 FALSE。第 1 参数为应用程序名称，这个参数不能为 NULL。如果只传递应用程序名称而没有指定路径，那么系统将先搜索\Windows 目录，接着搜索 OEM 指定的搜索路径。第 2 参数用于传递启动参数，必须为 Unicode 码。第 6 参数为创建标志，可以为 0(创建一个常规进程)、CREATEE_SUSPENDED(启动后挂起)、DEBUG_PROCESS(用于创建这个进程的父进程调试用)、DEBUG_ONLY_THIS_PROCESS(不调试子进程)、CREATEE_NEW_CONSOLE(控制台进程)。第 10 参数传递给它一个 PROCESS_INFORMATION 结构变量的地址。返回进程和主线程的句柄和 ID。

终止一个进程最好是由 Win Main 函数返回。在主线程中调用 Exit Thread 函数也可以。在当前进程终止另一个进程使用 Terminate Process 函数。Windows CE 下的 Terminate Process 函数要比其他 Windows 下的 Terminate Process 函数功能强大。Windows CE 下的 Terminate Process 函数在使进程退出时，会通知每个加载的 DLL 并做出进程退出时该做的所有处理工作。

同进程相比，线程是真正的执行单元。线程除了能够访问进程的资源外，每个线程还拥有自己的栈。栈的大小是可以调整的，最小为 1 KB 或 4 KB(也就是一个内存页，内存页的大小取决于 CPU)，一般默认为 64 KB，但栈顶端永远保留 2 KB 以防止溢出。

线程有五种状态，分别为运行、挂起、睡眠、阻塞、终止。当所有线程全部处于阻塞状态时，内核处于空闲模式(Idle mode)，这时对 CPU 的电力供应将减小。

创建一个线程的 API 声明如下：

```
HANDLE CreateThread(
LPSECURITY_ATTRIBUTES lpThreadAttributes   //线程属性，此处为 NULL
```

```
    DWORD dwStackSize,                          //设置线程堆栈的大小
    LPTHREAD_START_ROUTINE lpStartAddress       //线程函数名称
    LPVOID lpParameter,                         //传入线程函数的参数
    DWORD dwCreationFlags,                      //creation flags
    LPDWORD lpThreadId                          //返回线程 ID 号
);
```

Windows CE 不支持安全性，所以参数 1 必须设置为 0。如果参数 5 为 STACK_SIZE_PARAM_IS_A_RESERVATION，那么参数 2 可以指定栈的大小，内核将按照参数 2 的数值来为此线程拥有的栈保留地址空间。如果参数 5 不为 STACK_SIZE_PARAM_IS_A_RESERVATION，那么参数 2 必须设置为 0。参数 3 为执行路径的首地址，也即函数的地址。参数 4 用来向线程中传递一个参数。参数 5 除了上面的说明外，还可以为 0、CREATE_SUSPENDED。CREATE_SUSPENDED 表示这个线程在创建后一直处于挂起状态，直到用 ResumeThread 函数来恢复。最后一个参数保存函数返回的创建的线程 ID。

退出一个线程同退出一个进程有类似的方法。最好是由函数返回，在线程中调用 ExitThead 函数也可以。在当前线程中终止另一个线程使用 TerminateThread 函数。此函数在使一个线程退出时，会通知这个线程加载的所有 DLL，这样 DLL 就可以做结束工作了。

Windows CE 不像其他 Windows 操作系统那样将进程分为不同的优先级类，Windows CE 只将线程分为 256 个优先级。0 优先级最高，255 最低，0～248 优先级属于实时性优先级。0～247 优先级一般分配给实时性应用程序、驱动程序、系统程序。249～255 优先级中，251 优先级是正常优先级(THREAD_PRIORITY_NORMAL)，255 优先级为空闲优先级(THREAD_PRIORITY_IDLE)。249 优先级是高优先级(THREAD_PRIORITY_HIGHEST)。249～255 优先级一般分配给普通应用程序线程使用。

Windows Embedded CE 操作系统具有实时性，所以调度系统必须保证高优先级线程先运行，低优先级线程在高优先级线程终止后或者阻塞时才能得到 CPU 时间片。而且一旦发生中断，内核会暂停低优先级线程的运行，让高优先级线程继续运行，直到终止或者阻塞。具有相同优先级的线程平均占用 CPU 时间片，当一个线程使用完了 CPU 时间片或在时间片内阻塞、睡眠，那么其他相同优先级的线程会占用时间片。这里提到的 CPU 时间片是指内核限制线程占有 CPU 的时间，默认为 100 ms。OEM 可以更改这个值，甚至设置为 0。

挂起一个线程使用 SuspendThread 函数。参数只有线程的句柄。要说明的是，如果要挂起的线程正调用一个内核功能，这时执行此函数可能会失败。需要多次调用此函数直到函数返回值不为 0xFFFFFFFF，说明挂起成功。恢复线程使用 ResumeThread 函数，参数也是线程的句柄。

6.3.2　内存管理

Windows CE 被设计成一个 ROM+RAM 的文件系统。在 Windows CE 下，RAM 被分为对象存储和程序内存两块。对象存储如同一个永久的虚拟 RAM 盘，当系统挂起或软件重置的时候，对象存储可以保护存储到 RAM 中的数据，采用这样的设计完全是嵌入式系统设计

的要求，因为用户有可能更换电池，此时需要保护 RAM 中的数据。程序内存是由全部的 RAM 除去对象存储剩下的部分，它像 PC 中的 RAM 一样，用于为运行应用程序保存堆和栈。对象存储和程序内存之间的边界是可以移动的，用户可以通过在系统控制面板中的内存管理模块进行调整。在 CE 设备低内存的情况下，系统会提示用户将对象存储 RAM 用作程序 RAM 以满足应用程序的需求。

Windows CE 只能管理 512 MB 的物理内存和 4 GB 大小的虚拟地址空间。不同的 CPU 内存管理方法也不同。对于 MIPS 和 SHX 系列 CPU 来说，物理地址映射是由 CPU 完成的，Windows CE 内核可以直接访问 512 MB 的物理内存。对于 x86 系列和 ARM 系列的 CPU 来说，在内核启动过程中它会将现有物理内存地址全部映射到 0x80000000 以上的虚拟地址空间中供内核以后使用。OEM 可以通过 OEMAddressTable 来详细定义虚拟地址和物理地址的映射关系。OEMAddressTable 本身并不是一个文件，它只是存在于其他文件中描述虚拟地址和实际物理地址的映射关系的数据。比如文件 OEM 层 oemaddrtab_cfg.inc 中包含如下一行代码：

```
dd      80000000h,      0,      04000000h
```

它表示将整个物理地址(0x0400 0000＝64MB)共 64 MB 映射到虚拟地址 0x8000 0000 到 0x8400 0000 中。整个 4GB 虚拟地址空间主要划分为两部分，0x8000 0000 以上为内核使用部分，0x8000 0000 以下为应用程序使用部分，详见表 6.4 和 6.5。

表 6.4　内核存储器空间描述

地址范围	大小	描　述	说　明
0x80000000~0x9FFFFFFF	512 MB	静态映射(Cached)	通过 CPU Cached 访问的物理内存
0xA0000000~0xBFFFFFFF	512 MB	非静态映射(Uncached)	跳过 CPU Cached 直接访问物理内存
0xC0000000~0xC7FFFFFF	128 MB	内核 XIP DLL	用于所有加载在内核中就可以本地执行的 DLL，包括内核服务器和驱动程序等
0xC8000000~0xCFFFFFFF	128 MB	对象存储	用于存储文件系统、CEDB 数据库和注册表
0xD0000000~0xDFFFFFFF	256 MB	内核虚拟内存	内核虚拟内存，由所有的内核服务和加载在内核的驱动程序共享
0xE0000000~0xEFFFFFFF	256 MB	CPU 相关的内核虚拟内存	内核虚拟内存(除非 CPU 不允许，如 SHx)
0xF0000000~0xFFFFFFFF	256 MB	特定 CPU 的虚拟内存	系统调用捕获区域，内核数据页

表 6.5　用户存储器空间描述

地址范围	大小	描　述	说　明
0x00000000～0x00010000	64 KB	CPU 相关的用户内核数据	用户内核数据对于用户总是只读的，而对于内核有可能是可读和可写的
0x00010000～0x3FFFFFFF	1 GB	进程用户可分配的虚拟内存区域	可执行代码和数据，用户虚拟内存(堆)从 EXE 之上开始并向上分配
0x40000000～0x5FFFFFFF	512 MB	用户模式的 DLL 代码和数据	DLL 由地址 0x40000000 开始向上加载，代码和数据是相互交叉的，由多个进程加载的一个 DLL 在所有进程中都被加载到同一个地址位置，对于每一个进程，数据页有唯一的物理页
0x60000000～0x6FFFFFFF	256 MB	RAM 后备的映射文件	RAM 后备的映射文件被映射到固定的位置。通过调用函数 CreaeFileMapping 并为 hFile 参数传递 INVALID_HANDLE_VALUE 值来创建或获得
0x70000000～0x7FEFFFFF	255 MB	共享的系统堆	内核与进程间的共享堆。内核和内核服务可以在此分配并进行读/写操作；而用户进程只能进行读操作。这使一个进程不必进内核调用就可以从内核服务获得数据
0x7FF00000～0x7FFFFFFF	1 MB	未映射的保留区域	内核空间与用户之间的缓冲区

6.3.3　设备管理器与文件系统

Windows CE 文件系统是一种灵活的模块化设计，它允许自定义文件系统、筛选器和多种不同类型的块设备。文件系统和所有与文件相关的 API 都是通过 FileSys.exe 进程来管理的。这个模块实现了对象存储和存储管理器，并将所有文件系统统一到一个根“\”下面的单个系统中。在 Windows CE 中，所有文件和文件系统都存在于从“\”作为根开始的单个命名空间中。所有文件均以在层次结构树中从根开始的唯一路径进行标识。这类似于桌面计算机版本的 Windows，只是没有驱动器号。在 Windows CE 中，驱动器作为文件夹装入根下面。因此，添加到系统中的新存储卡将装入树的根中，其路径类似于“\Storage Card”。

FileSys.exe 由下列几个组件组成：

- ROM 文件系统。
- 存储管理器。
- 对象存储。

下面讨论系统如何加载以上所有各项。操作系统启动时，NK.exe 将直接从 ROM 文件系统加载 FileSys.exe，然后，FileSys.exe 对注册表进行初始化，FileSys.exe 将读取注册表项，以便启动各种应用程序。首先列在注册表中的一个应用程序通常是 Device.exe，即设备管理器。设备管理器从 HKEY_LOCAL_MACHINE \Drivers\RootKey 项加载驱动程序。正常情况下，任何内置的磁盘设备(如硬盘)列在该项下面，所以将加载块驱动程序。块驱动程序通常在一个特定的设备类标识符中：

BLOCK_DRIVER_GUID{A4E7EDDA-E575-4252-9D6B-4195D48BB865}

设备管理器是 Windows CE 设备管理的核心机构，它主要负责跟踪、维护系统的设备信息并对设备资源进行调配。在%WINCEROOT%\PRIVATE\WINCEOS\COREOS\DEVICE\LIB 里可以看到 Windows CE 设备管理器的代码，设备管理器在 Windows CE 中主要表现为 Device.exe 的文件，Device.exe 在系统启动的时候通过注册表里面的 HKEY_LOCAL_MACHINE\Init\"Launch20"="Device.exe" 加载(Windows CE 启动时分别执行[HKEY_LOCAL_MACHINE\init]键下所有子键列出的程序)，设备管理器是用户级别的程序，在基于 Windows CE 的平台上不停地运行着。设备管理器虽然不是内核的一部分，但是它是与内核、注册表和流接口驱动程序有相互影响的单独部分，设备管理器通知内核设备接口来支持文件操作(例如，Create File)，以便访问公开流接口的设备。设备管理器向设备驱动程序发送电源通知回调并提供电源管理服务。设备管理器完成以下任务：

(1) 在系统启动时或收到用户添加外围设备的信息时初始化驱动程序的加载。

(2) 向内核注册特定的文件名，该文件名把应用程序使用的流 I/O 函数映射到流接口驱动程序的函数中实现。

(3) 通过从外围设备获得即插即用标示符，或激活一个检查子程序来发现可以处理该设备的驱动程序，为外围设备找到合适的驱动程序。

(4) 通过读写注册值来加载跟踪驱动程序。

(5) 当不再需要设备时，负责卸载驱动程序。

Windows CE 在系统启动时初始化流驱动程序的加载。加载流驱动程序有三种方法。

第一种加载类型是在系统启动的时候进行的。当 Windows CE 的平台启动的时候，启动设备管理器，设备管理器从注册表的 HKEY_LOCAL_MACHINE\Drivers\ RootKey 下面加载入口点，通常 RootKey 的值都被设置为 Drivers\BuiltIn。然后设备管理器通过\RootKey 提供的入口点开始读取 HKEY_LOCAL_MACHINE\Drivers\BuiltIn 键的内容，并加载已列出的流接口驱动程序。

第二种加载的类型是在设备管理程序自动检测外围设备与基于 Windows CE 平台的连接时进行的。PC 卡是自动检测设备最常见的类型，因为在用户插入 PC 卡时 PC 卡插槽控制程序通知 Windows CE，在用户把 PC 卡插入插槽时，设备管理程序调用插槽驱动程序(这是一个内部设备管理程序)寻找即插即用标示符。然后，设备管理程序检查 HKEY_LOCAL_MACHINE\Drivers\PCMCIA 键以得到和即插即用标示符所匹配的子键。如果有一个子键存在，该子键将加载键值列表中的这个驱动程序。如果没有匹配的子键，设备管理器调用 HKEY_LOCAL_MACHINE\ Drivers\PCMCIA\Detect 键中列表的所有侦测函数。如果有一个函数返回一个值，那么设备管理程序加载并初始化那个流接口驱动程序。

第三种加载类型是当设备管理器不能够自动检测或加载某一种驱动程序的时候进行。这种情况大多数出现在串行设备上，因为 Windows CE 不能自动检测到串行设备。这个时候可以使用系统提供的 ActivateDeviceEx 函数来加载驱动程序。

6.3.4　用户界面与图形系统

Windows CE 整合了 Microsoft Win32 API、用户接口及 GDI(Graphics Device Interface)的函数库，构建了 GWES(Graphics、Windowing 和 Events Subsystem)模块(GWES.exe)。GWES 是介于用户及操作系统间的一组接口，它支持了所有用户控制应用程序的 Windows CE 用户接口，包括窗口、对话框、控件、选单以及资源。GWES 也提供了用户关于位图、carets、光标、文字及图标的相关信息，即使是缺乏图形用户接口的那些 Windows CE 平台使用 GWES 基本的窗口与信息功能及电源管理函数。

Windows CE GWES 系统中的 USER 部分包含 3 大模块：

- 用户输入系统。
- 事件管理器。
- 窗口管理器。

用户输入系统分为消息队列和窗口管理器两部分，消息队列 Magque 是任何需要消息传递的地方所必需的部分，用户输入的信息需要在窗口系统中得以显示。Wmbase 组件的作用是建立窗口，为窗口提供窗口处理函数 WndProc，并且给它发送消息。窗口管理器 Winmgr 负责把绘图操作的结果显示在屏幕上。

需要指出的是图形设备接口 GDI，它包含一个设备描述表，表述了图形的输出模板，通过将使用的绘图工具对象选入设备描述表来完成绘图工具的选择。设备描述表是所有绘图工具的集合。GDI 最重要的特点是它不直接接触像素，所有的信息都将送至设备驱动程序，并由设备驱动程序最终完成像素点的输出。

在 Windows CE 操作系统中，位图的操作和字体选择也是有自身特点的，可以使用函数 CreateeDIBSection、CreateeBitmap 或 CreateeCOMpatibleBitmap 来建立位图，从而得到相对应的位图句柄。前两个函数是分配在系统内存中的，而 CreateeCOMpatibleBitmap 是根据设备驱动程序和硬设备的不同由设备驱动程序分配的，同时设备驱动程序可以分配影像内存。Windows CE 拥有完整的 True Type 字体处理体系，显示一个字型需要花费很长的时间，当调用某种商标字体中的一个字母时，系统需要从这种字体的字体文件中取出它的字型，缩放到实际的大小，最后将其显示出来。为了减少这个过程所花费的时间，系统采用了“字型高速缓冲存储器”。当要建立一个特殊尺寸的字型时，系统需要权衡处理速度与占用高速缓存之间大小的矛盾以决定给这个操作分配多少高速缓存以及分配的时机。

最后需要说明一下显示驱动接口(DDI)，它是 Windows NT/2000/XP DDI 的子集，Windows CE 使用最基本的 DDI 图形处理函数和驱动程序函数。

6.3.5　注册表

在 Windows CE 中，注册表扮演着非常重要的角色，它是一个系统数据库，存储着应用程序、驱动程序和操作系统的配置信息，通常还存储着操作系统调用程序的信息。

与桌面 Windows 一样，Windows CE 也使用注册表(Registry)来保存应用程序、驱动程序和用户的设定以及其他一些配置信息。Windows CE 注册表也采用树形结构来管理配置信息。Windows CE 注册表的结构和功能与桌面 Windows 几乎一样，注册表是一个包括主关键字子树的集合，它和文件目录树一样具有层次结构。每个子树又由更低层的子树、键及键值组成。由于 Windows CE 注册表的结构和功能与桌面 Windows 几乎一样，因此此处不作详细介绍。

Windows CE 注册表包括 4 个根键：HKEY_LOCAL_MACHINE、HKEY_CURRENT_USER、HKEY_CLASSES_ROOT、HKEY_USERS。系统提供了丰富的对注册表访问的函数，用户可以方便地增加、删除或修改注册表的内容。在表 6.6 中，可以看到 Windows CE 注册表中的 4 个根键以及它们存储的内容。

表 6.6 Windows CE 根键内容

根 键 名	键 值 内 容
HKEY_LOCAL_MACHINE	硬件和驱动配置数据
HKEY_CURRENT_USER	用户配置数据
HKEY_CLASSES_ROOT	OLE 和文件类型匹配配置数据
HKEY_USERS	适用于所有用户的数据

Windows CE 的注册表类型分为基于 RAM 的注册表和基于 HIVE 结构的注册表。

1. 基于 RAM 的注册表

基于 RAM 的注册表，也叫基于对象存储(Object Storage)的注册表，用于将注册表数据全部保存在 RAM 中。

从 Windows CE 1.0 开始到 Windows CE 6.0 之前，都采用此技术来保存注册表。每个新创建的内核都默认采用此技术来保存注册表。系统如果断电，关闭时提供低电源给 RAM，重新启动设备后，系统将从内核中重新读取注册表数据到 RAM，当然以前保存的用户数据已经丢失。

所以基于 RAM 对象存储的注册表适合频繁热启动而不冷启动的设备，一般用于较少断电的系统或不需要冷启动的系统。

2. 基于 HIVE 结构的注册表

基于 HIVE 结构的注册表是在 Windows CE 中才实现的一个新特性，用于将注册表数据全部或部分保存到永久存储器上。

(1) 它是从 Windows CE 开始采用的新技术，适合经常冷启动而不热启动的设备。

(2) 支持多用户信息分别保存。当一个用户登录时，加载这个用户的注册表数据，注销时卸载这个用户的注册表数据。

(3) HIVE 注册表是指一组键，包括子键、键值、数据，是保存或者加载注册表数据的单位。HIVE 注册表分为系统 HIVE(System Hive)、用户 HIVE(User Hive)和引导 HIVE(Boot Hive)。

Windows CE 采用新的注册表保存技术——基于 HIVE 的注册表。在这之前基于 Windows CE 的设备，大多数采用给 RAM 供电的方式来保存注册表数据，有了基于 HIVE 的技术，启动时系统会自动加载数据，免去了热启动的麻烦，而且当内核更新升级时，不用担心保存在永久存储器上的系统 HIVE 文件影响新内核，系统会自动判断并删除过时的系统 HIVE 文件。只有拥有了这样的技术，基于 Windows CE 的产品才算是一个真正的电脑。

6.3.6　电源管理

电源管理是管理嵌入式操作系统必要的组件之一。在 Windows CE 下，电源管理模块提供了如下的功能：

➢ 提供了设备可以自己管理电源供应的框架。

➢ 提供了一种机制，将设备的电源管理和系统电源状态分割开。

➢ 提供了一个模块，可以从全局的角度查看系统环境、电源状态和设备供电状态。用户可以从整个系统的角度出发，修改电源管理模块，实施适合自己应用特点的电源管理策略。

➢ 电源管理模块是以动态链接库的形式存在于系统中的，称为 Pm.dll，它和 Device.exe 直接相连。

图 6.3 展示了电源管理架构的基本情况。

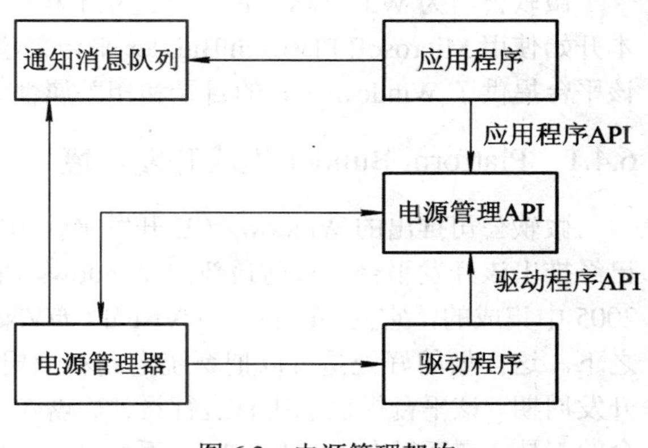

图 6.3　电源管理架构

使用电源管理器，设备接收作为 I/O 控制代码(IOCTL)形式的电源状态变化的通知。由于 IOCTL 在线程的上下文执行，因此在如何实现电源状态变化方面需要更多的灵活性，同时使用 IOCTL 管理电源使设备的电源状态与操作系统的电源状态区分开来，这样，当操作系统正在运行时，一些设备可以关闭自己的电源，而当绝大多数操作系统挂起时，另外一些设备则可以保持原有状态。

电源管理器作为设备、应用程序和操作系统电源状态之间的一个中介，它在这三者之间遵循下列通信原则：

➢ 操作系统电源状态对所有设备施加最大电量消耗的限制。

➢ 为了获得最小的性能等级，应用程序对特定的设备施加最小电量消耗的限制。

➢ 只要设备在它们的最大与最小限制之间保持电源等级，电源管理器允许设备智能地管理自己的电源。

➢ 如果最小的电量消耗限制设置的比最大值还高，那么当应用程序需要访问这个设备时，设备的电源将保持最大电量值。

➢ 设备可以实现一个或多个设备电源状态，设备电源状态被限制为一个有限数。

➢ 如果操作系统切换到挂起状态，那么应用程序将被施加一个最小的电量限制。

系统电源状态对所有设备描述一个最大的设备电源状态，系统电源状态是由 OEM 定义的，并在注册表中被描述，也可能通过编码使电源管理器支持它们。OEM 可以定义任意数量的系统电源状态。

在电源管理器框架内，OEM 定义操作系统电源状态以建立最大设备电源状态，设备调用 DevicePowerNotify 函数来调整它们自己的电源等级，而应用程序调用 SetPowerRequirement 函数来验证需要设备运行在一个可接受的电源等级上。

电源管理器期望所有被管理的设备都支持一个或多个设备电源状态，设备必须向电源管理器报告它们的电源消耗特征，设备电源状态通常需要在性能与电量消耗之间进行折中。电源状态包括系统电源状态和设备电源状态，系统电源状态是由 OEM 在 OAL 中定义的，而设备电源状态是由驱动程序开发者在驱动程序中定义的。设备管理器在 OEM 定义的系统电源状态的范围内管理设备电源状态，系统电源状态对设备电源状态施加了一个上界。

设备的电源状态是被预先静态定义的，电源管理器将设备状态传递给一个设备驱动，而驱动程序负责将这个状态映射为设备的电源能力，然后对物理设备完成可用的状态转换。

6.4 Windows CE 操作系统设计

微软公司为 Windows CE 系统建立了相应的开发环境(IDE)，从较早的 Windows CE 版本开始使用 Microsoft Platform Builder 平台来建立操作系统内核以及内核调试等环境。同时，该平台提供了 Windows CE 的目录和相关属性设置。

6.4.1 Platform Builder 集成开发环境

微软公司推出的 Windows CE 开发平台(IDE)被称为 Platform Builder，从较早的版本就已经推出该开发平台，目前最新的 Windows Embedded CE 6.0 是在 Microsoft Visual Studio 2005 中集成的，它同 Visual C++/Visual C#/Visual J#等开发环境一样被统一集成到一个平台之下。这样做的好处是可以把系统定制和上层应用程序开发放到一个平台下进行，缩短了开发周期。该平台提供了所有进行设计、创建、编译、测试和调试 Windows CE 操作系统平台的工具。它运行在桌面 Windows 系统下，开发人员可以通过此工具进行设计和定制内核、选择操作系统所需属性以及进行调试和编译。同时开发人员可以通过此工具进行 Windows CE 平台下的驱动程序开发。

下面列出了 Platform Builder 提供的工具集：

➢ 可以使用模板来创建一个新的平台。

➢ 使用模板来创建一个新的板级支持包。

➢ 在目录列表中列出了系统特性，这些特性可以从系统中添加和删除，并且属性和属性之间建立了完整的关联性。

➢ 通过输出模板，将一个系统的功能输出到配置文件，以便其他用户使用。

➢ 提供基本的默认配置，为用户自主创建特殊配置的操作系统带来了方便。

➢ 配置了一系列的远程调试工具，方便了调试工作。其中，内核调试器能调试被定制的操作系统，并且能给用户提供性能上的测试参数。应用程序调试器能在目标机或者模拟器的操作系统中测试应用程序。

➢ 配置了 SDK 导出系统，为应用程序开发提供了方便。

➢ 提供了 Windows CE Test Kit，用来测试驱动程序。

具体来说，Platform Builder 提供的主要开发特性如下：

(1) 平台开发向导(Platform Wizard)、BSP(板卡支持包)和开发向导(BSP Wizard)。开发向导用来引导开发人员去创建一个简单的系统平台或 BSP。

(2) 基础配置。它为各种流行的设备提供向导，开发人员可以根据自身需要选择一种特定的配置选取相关组件，轻松修改配置方案，从而缩短了开发流程。

(3) 特性目录(Catalog)。操作系统的可选特性均在特性目录中列出，开发人员可以从特性目录中选取自身所需要的特性配置。

(4) 自动依赖性检测。特性之间的依赖关系是系统自动维护的，开发人员在选择一个特性时，系统会自动将这一特性相依赖的属性加上。反之，如果删除一个特性，系统也会将与该特性相关的特性删除掉。

(5) 系统为驱动程序开发提供了基本的测试工具集 Windows CE Test kit(测试工具包)。

(6) 内核调试器可以对自定义的操作系统镜像进行调试，并且向用户提供有关镜像性能的信息。

(7) 导出向导(Export Wizard)可以向其他 Platform Builder 用户导出自定义的目录特性。

(8) 导出 SDK 向导。该向导可以根据定制好的内核镜像环境提供软件开发包，为进一步开发应用程序提供相关支持。

(9) 远程工具可以执行基于 Windows CE 的与目标设备有关的各种调试任务和信息收集任务，其中包括远程堆查看程序(Remote Heap Walker)、远程内核跟踪程序(Remote Kernel Tracker)、远程性能监视程序(Remote Performance Monitor)、远程进程浏览程序(Remote Process Viewer)、远程注册表编辑程序(Remote Registry Editor)、远程消息监视程序(Remote Spy)、远程系统信息(Remote System Information)、远程屏幕截图程序(Remote Zoom-in)等。

(10) 模拟器(Emulator)。通过硬件仿真加速和简化了系统的开发，使用户可以在开发工作站上对平台和应用程序进行测试。需要特别指出的是，在 Platform Builder 6.0 版本中提供了 ARM 系列平台的模拟器，缩短了开发周期。

图 6.4 展示了 Microsoft Visual Studio 2005 环境下的 Platform Builder 界面。

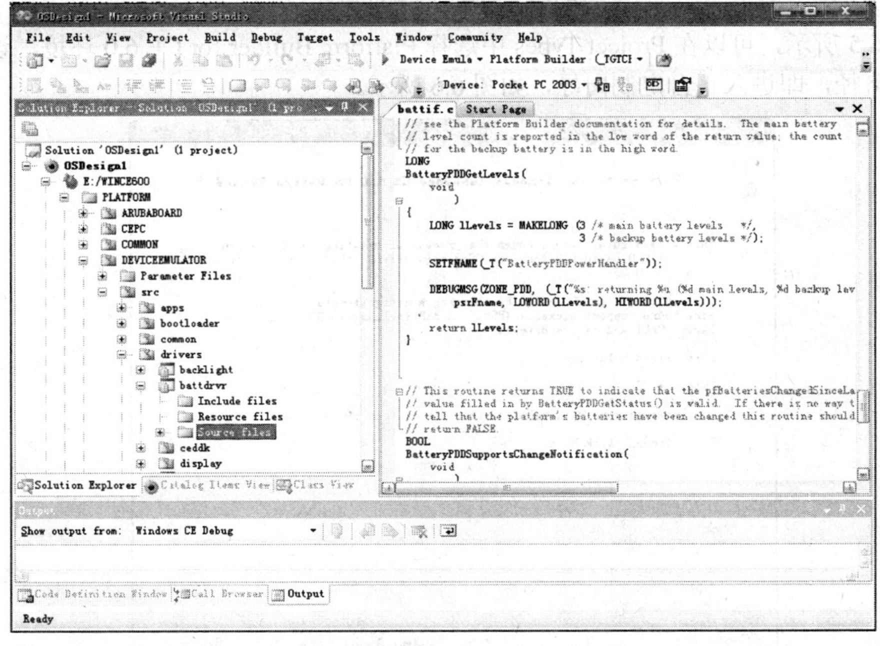

图 6.4　Platform Builder For CE 6.0

Platform Builder 集成开发环境为开发人员提供了各种配套工具和开发向导，精简和缩短了开发流程，使得开发人员可以随时跟踪和评估开发成果。

6.4.2　定制 Windows CE

内核定制是 Windows Embedded CE 系列操作系统开发的首要环节，在 Microsoft Visual Studio 2005 环境下，只要安装了 Platform Builder 系列模块，就可以在开发向导的指引之下完成内核定制。本节将列出一个实例来演示定制过程，使用的平台是 Windows CE 6.0。

首先在 Microsoft Visual Studio 2005 下选择 Create→New Project 命令，创建一个新的项目，见图 6.5。

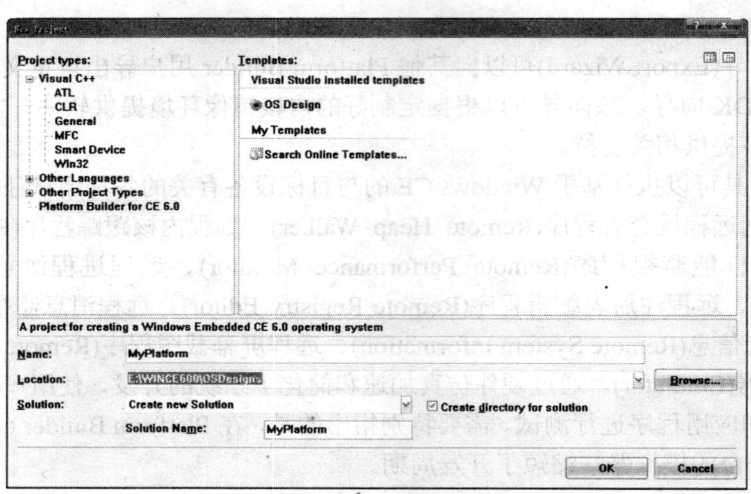

图 6.5　创建一个新的项目

如图 6.5 所示，可以在 Project Types 中选择 Platform Builder for CE 6.0 环境，设置工程名称以及路径，即进入平台定制向导，如图 6.6 所示。

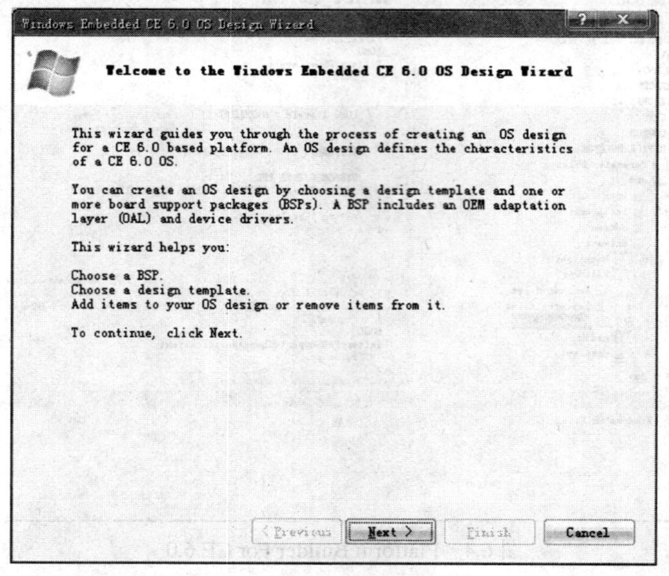

图 6.6　进入平台定制向导

在这个向导中提示了所有的功能：① 选择 BSP。② 选择设计模板。③ 向所需操作系统平台中添加和删除特性。单击 Next，打开如图 6.7 所示的界面。

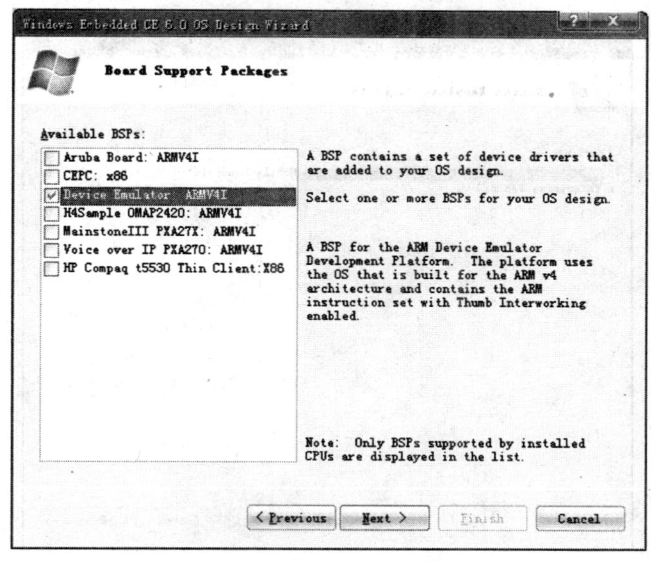

图 6.7　选择 BSP

这个界面用来选择 BSP，这里我们选择了基于 ARM v4i 平台的模拟器环境，当然这里还有一些基于嵌入式处理器的环境可供选择。同时开发人员可以安装 OEM 的 BSP，在选择 BSP 时，会自动增加用户添加的平台环境。接下来点击 Next，打如图 6.8 所示的界面。

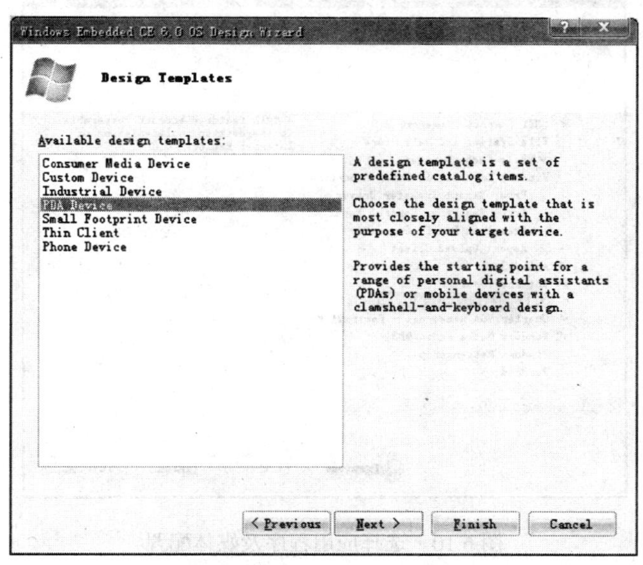

图 6.8　选择现有配置模板

此步骤用来选择设计模板，意味着开发人员可以通过开发模板提供的模型来确定选择与自身开发环境相似的平台。在这里提供了几组常用的开发模板：消费媒体设备、工业设备、PDA 设备、瘦客户端、电话设备、小型内核设备。同时开发人员也可以通过自定义来一步一步定制操作系统内核。此处选择了 PDA 设备模板，直接点击 Next，如图 6.9 所示。

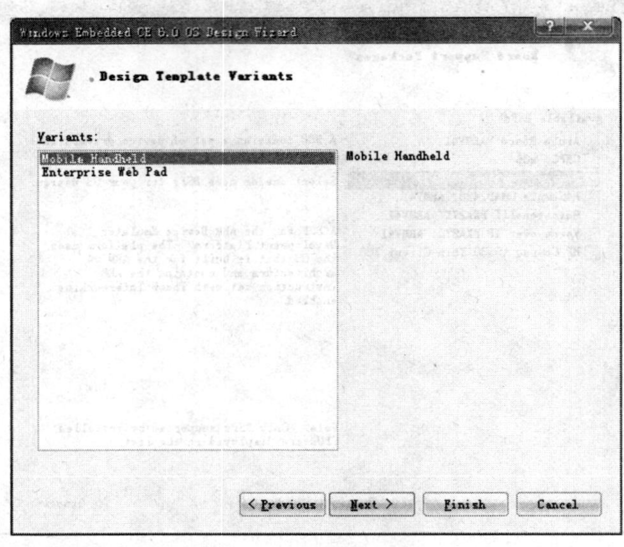

图 6.9　附加属性选择

此步骤用来选择 PDA 设备的附加属性，在这里选择 Mobile Handheld 这组最常用的设备特性，直接点击 Next，如图 6.10 所示。

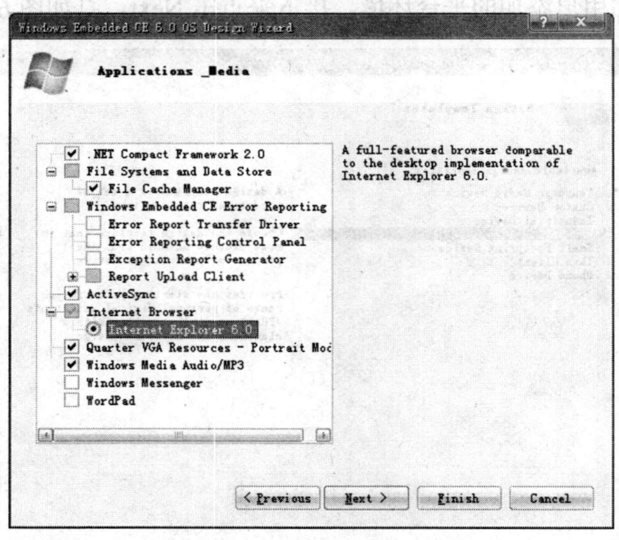

图 6.10　选择应用程序及媒体配置

此步骤用来选择应用程序和媒体设备，基于 PDA 最常用的软件和功能，选择了如图 6.10 所列出的属性，其中 ActiveSync 是微软公司提供的同步连接方案。点击 Next，如图 6.11 所示。

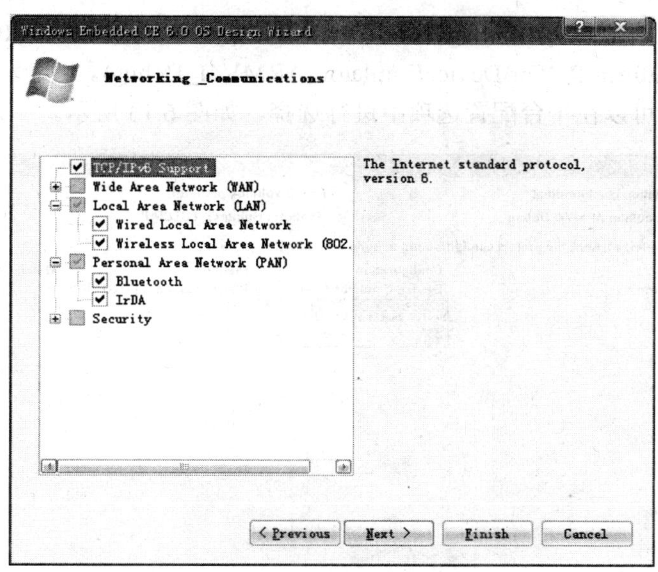

图 6.11　选择网络与通信配置

此步骤是关于通信网络组件的选择。考虑到 PDA 应用的场合，选择本地局域网以及无线协议是必须的，因此做出了图 6.11 所示的选择。选择完毕后，直接点击 Next，如图 6.12 所示。

这样一个基于 PDA 设备的平台就定制结束，直接点击 Finish 就完成了组件选择工作。

接下来的工作是对平台进行编译和设置，通过编译可以产生两种版本：一种用于发布给用户的版本，叫做 Release 版本，生成的文件位于：%_WINCEROOT%\OSDesigns\MyPlatform\ MyPlatform\RelDir\DeviceEmulator_ARMV4I_Release\。

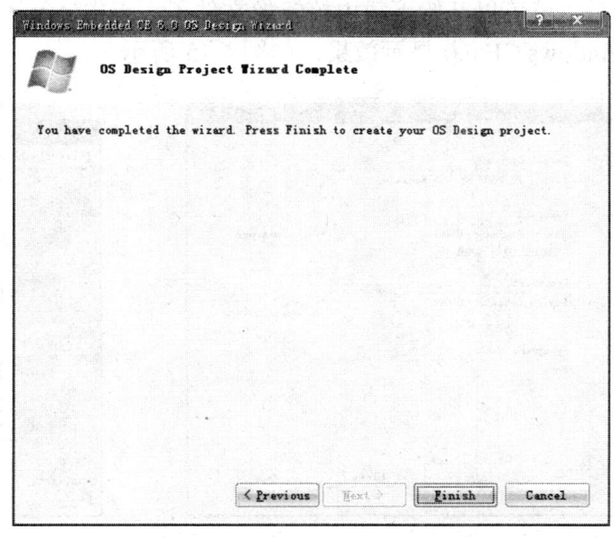

图 6.12　完成 Windows CE 6.0 的定制

另外一种用于调试，叫做 Debug 版本，生成的文件位于：%_WINCEROOT%\OSDesigns\MyPlatform\ MyPlatform\RelDir\DeviceEmulator_ARMV4I_Debug\。

选择生成版本可以在平台配置选项中进行选择，如图 6.13 所示。

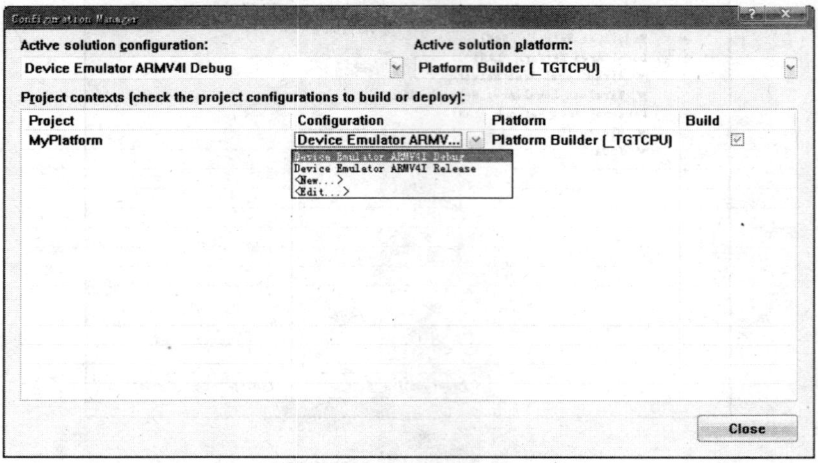

图 6.13　平台配置选项

经过版本选择后，就可以通过 Build 选项进行平台编译了。经过大约 20 分钟的编译过程，Windows CE 6.0 内核编译结束，确认没有错误以后，可以通过建立模拟器通道，选择 Target→Connectivity Options 命令，出现如图 6.14 所示的对话框。

在该配置中可以选择下载方式以及传输方式。由于采用模拟器作为演示工具，因此选择了 Device Emulator(DMA)方式，同时可以配置显示属性，在这里使用了默认的 240×320×16 显示效果，并设置显存为 128 MB。

经过连接设置以后，就可以开始下载内核镜像文件了。点击 Attach Device 选项，就可以看到模拟器中的 Windows CE 6.0 显示效果，如图 6.15 所示。

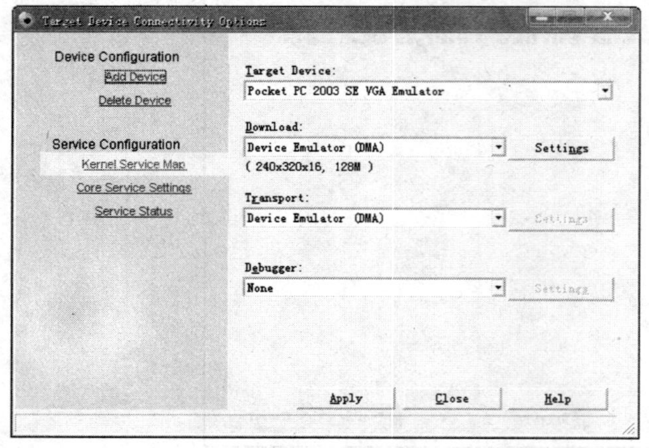

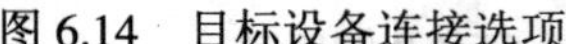
图 6.14　目标设备连接选项

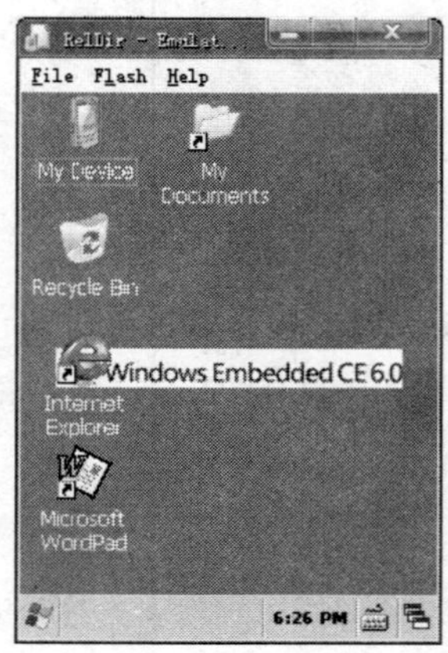

图 6.15　模拟器效果图

6.4.3 Windows CE 目录结构

在 Windows CE 6.0 开发环境下，有其专用的目录结构，存放在 WINCE600 文件夹下，在这里将统一标记为%_WINCEROOT%，表 6.7 简单呈现了其目录结构。

表 6.7 Windows CE 6.0 目录

文件夹	说　明
PLATFORM	保存硬件相关的 BSP 文件
PUBLIC	包含与硬件平台无关的纯软件组件
SDK	包含产生 WINCE 平台所需的工具和二进制文件
OTHERS	保存各种运行库、例程序和组件文件
PRIVATE	包含 Windows CE 6.0 操作系统的开放源代码
OSDesigns	放置用户定制的操作系统平台
CRC	放置 Windows CE 6.0 安装时用的校验文件 crc.ini

1. PLATFORM 文件夹

PLATFORM 文件夹里包含系统所有已经安装的 BSP 文件夹，PLATFORM 文件夹中除 COMMON 文件夹之外都是板卡支持包，对应于一个响应平台。常用的平台主要有：ARUBABOARD、CEPC、DEVICEEMULATOR、H4SAMPLE、MAINSTONEIII、T5530、VOIP_PXA270。这些都是针对相应的处理器平台的，当然开发人员也可以添加自己的 BSP 组，需要将 BSP 文件夹放置于 PLATFORM 文件夹中。

2. PUBLIC 文件夹

PUBLIC 文件夹包含一组 Windows CE 模块和组件文件夹、一个设计模板配置文件夹、一个 PB 工具文件夹和一个操作系统测试文件夹。

在 Windows CE 模块和组件文件夹中包括如下的文件：

➢ COMMON：包括所有操作系统平台共同的核心组件，诸如文件系统、GWE、通信和调试模块。

➢ DATASYNC：设备端的通信组件。

➢ DCOM：分布式 COM 组件模块。

➢ DIRECTX：Windows Embedded CE 的 Direct X 支持组件。

➢ GDIEX：图形设备接口支持组件。

➢ IE：Microsoft Internet Explorer 组件。

➢ NETCF：.NET Compact Framework 模块。

➢ RDP：用于 Windows 终端远程协议模块。

➢ SCRIPT：JavaScript 和 VBScript 脚本引擎。

➢ SERVERS：Web 服务器支持。

➢ SHELL：Windows CE 界面样式。

➢ SHELLSDK：Windows CE 界面软件开发模块。

➢ SPEECH：语音输入和识别模块。

➢ SQLCE：SQL Server for CE 模块。

➢ VIEWERS：文件查看器和组件。

➢ VOIP：可视电话模块和组件。

➢ WCEAPPSFE：支持亚洲国家字符集的应用程序组件。

➢ WCESHELLFE：支持亚洲国家字符集的与界面相关的应用程序组件。

在这些文件夹下都设有 CESYSGEN、OAK 和 SDK 文件夹，这些文件夹下的文件定义了如何使用本模块以及如何包含到操作系统内核中，还包括了支持这些组件和模块的源文件和库文件，以及利用本模块开发软件的工具。

在设计模板配置文件夹中，Platform Builder 提供了一个设计模板配置文件——CEBase，它由很多 bat 文件组成，这些批处理文件通过设置环境变量控制平台包含哪些组件，每一个批处理文件控制一个相对应的模板，当我们选择了一个模板平台时，Platform Builder 会根据批处理文件中的环境变量来提取响应的组件。

而在 Platform Builder 工具文件夹中，指的主要是 PBTOOLS 文件夹，这个文件夹下包括一个 SDK 的例子，演示了如何使用平台管理器应用程序编程接口来扩展远程工具中的 Windows CE 性能监视器。

操作系统测试文件夹主要指的是 OSTEST 文件夹，它是 Windows CE 6.0 Test kit 的设备端组件。

3. OSDesigns 文件夹

OSDesigns 文件夹主要放置开发人员建立的操作系统定制工程文件。当创建一个新的平台时，将在这个文件夹下创立以工程名命名的文件夹，所有编译和生成的文件将全部位于这个文件夹下。在此文件夹下主要包括表 6.8 所示的两个文件夹。

表 6.8　OSDesigns 文件夹下的目录

文件夹	说　明
RelDir	此文件夹在创建一个新的平台时建立，根据平台的配置，选用相应的 BSP，同时创建两个文件夹，这和开发人员选择的生成版本有关。一个是 Release 文件夹，一个是 Debug 文件夹，里面放置了编译生成的文件，其中包括镜像文件
WINCE600	此文件夹在创建一个新的平台时创建，同时具有两个文件夹，一个为 Release，一个为 Debug。在编译操作系统之前，只有特定于定制平台设计的几个配置文件和用于编译的批处理文件。在编译过程中，特定于定制平台的文件除一些硬连接的文件之外都会复制到 WINCE600 相应的文件夹下

4. SDK 文件夹

SDK 文件夹包含 Platform Builder 用到的一些工具， 但不包含创建镜像用到的工具。SDK 文件夹包含如下的工具：

➢ 处理器编译器：用于所支持平台的交叉编译器和汇编器，如 ARM 平台编译器和 x86 平台编译器。

➢ 开发工具：错误查找工具 errlook.exe、GUID 生成工具、链接工具 link.exe 和编译连接工具 nmake.exe。

其他工具：Zoomin 和 Windiff 等。

5. OTHERS 文件夹

OTHERS 文件夹包括 Windows CE 运行时所需要的库和头文件、.NET Compact Framework 组件及 MFC 示例程序。

6. PRIVATE 文件夹

PRIVATE 文件夹是 Window CE 6.0 操作系统源代码的存放位置，目前微软完全开放了源代码，其中包括内核、GWES 组件和文件系统等源代码。

6.4.4　Windows CE 的构建系统

内核是 Windows CE 定制的最终结果，所有的系统性能都将通过内核体现。Platform Builder 环境有其独特的构建系统，下面将介绍内核形成的主要过程。

对于开发人员来说，首先从目录特性组中选择了开发平台相对应的属性，这样在执行编译命令时将实现如下的几个过程：

(1) Sysgen 阶段。这个阶段的主要任务是链接相应的静态库到模块，同时过滤系统头文件，产生只包含为声明平台导出的函数的头文件，为系统模块产生输入库，并且构建板级支持包(BSP)。

(2) Feature Build 阶段。该阶段的主要任务是将所有用户属性，包括 PB 工程文件(.php)、dirs 文件、源文件、makefiles 文件进行编译和创建。

(3) Release Copy 阶段。拷贝所有用户生成的 OS 镜像所需文件到 Release 目录下，在 Sysgen 阶段产生的模块和文件首先被拷贝，接着是 Feature Build 阶段生成的模块和文件。

(4) Make Image 阶段。该阶段的主要任务是将 Release 目录中的文件整合到二进制镜像文件 NK.bin 中，对应于 Make Image 命令。

图 6.16 所示为 Build 过程。

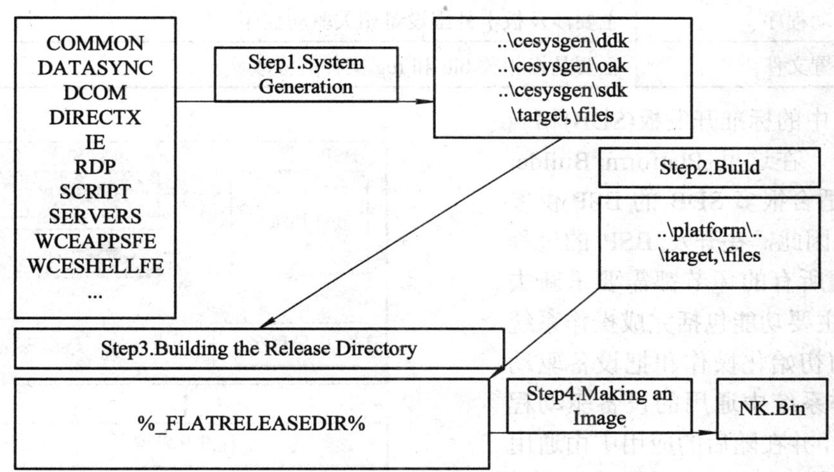

图 6.16　内核映像的创建过程

6.5　Windows CE BSP 开发

BSP(Board Support Package)是 Windows CE 系统开发中重要的环节，它是硬件系统和软件系统连接的桥梁，因此有必要对此部分的开发过程介绍一下。

6.5.1　BSP 概述

BSP 是板级硬件特定代码的通用名称，也称为板级支持包，是介于硬件和操作系统之间的一层，应该说是属于操作系统的一部分，主要目的是为了支持操作系统，使之能够更好地运行于硬件平台之上。BSP 是相对于操作系统而言的，不同的操作系统对应于不同定义形式的 BSP，例如 VxWorks 的 BSP 和 Linux 的 BSP 相对于某一 CPU 来说尽管实现的功能一样，可是写法和接口定义是完全不同的，所以写 BSP 一定要按照该系统 BSP 的定义形式来写(BSP 的编程过程大多数是在某一个成型的 BSP 模板上进行修改)，这样才能与上层 OS 保持正确的接口，良好地支持上层 OS。

在 Windows CE 操作系统中，BSP 包括如下的部分：

➢ 特定引导程序(The Boot Loader)。

➢ OEM 适配层(OAL)。

➢ 板级特定设备驱动程序(Board-specific Device Drivers)。

开发 BSP 时，一般包括开发 Boot Loader 引导程序、OAL 开发、创建设备驱动程序和修改镜像配置等文件几个方面。表 6.9 列出了这几个部分的功能，其相关性如图 6.17 所示。

表 6.9　开发 BSP 的过程

名　称	说　明
开发 Boot Loader 引导程序	主要用于操作系统内核镜像下载
OAL 开发	用来连接内核镜像，支持硬件初始化和管理
创建设备驱动程序	主要涉及板卡外围设备相关驱动程序
修改镜像配置文件	主要是指相关 bib 和 reg 文件的修改

图 6.17 中的标准开发板(SDB)相当于硬件平台。在这里 Platform Builder 6.0 提供了适合很多 SDB 的 BSP 供参考和使用，因此，在开发 BSP 的过程中，并不是所有的环节都需要重新去做。BSP 的主要功能包括完成操作系统启动以前的初始化操作和把设备驱动程序与操作系统中通用的设备驱动程序关联起来，并在随后的应用中由通用的设备驱动程序调用，实现对硬件设备的操作。

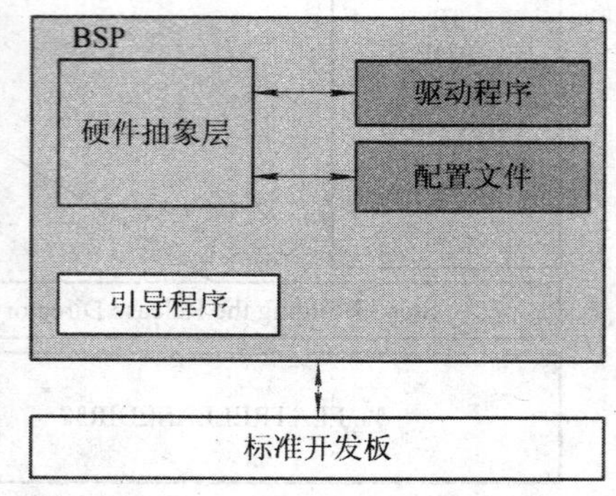

图 6.17　开发 BSP 过程中各部分的相关性

Windows CE 平台下驱动程序开发是一个庞大的工程，本书将在后续章节详细叙述。接下来，将介绍 Boot Loader 以及 OAL 相关开发过程。

6.5.2　开发 Boot Loader

Boot Loader 程序实际上就是管理目标设备启动过程的目标特定程序。它初始化目标设备硬件，允许将 Windows CE 操作系统运行时的映像从开发工作站下载到 Windows CE 目标设备的 RAM 或者再将它写入到 Flash，并跳转到操作系统的起始点去启动操作系统。除了这些基本功能以外，OEM 或者开发者可以添加更多的功能到 Boot Loader，并将控制权直接传递给位于 Flash 的 Windows CE 操作系统或者内存读/写测试等。此外，还可以在 Boot Loader 中引入一些辅助功能，譬如设置设备 IP 地址、超时时间等。这样做好的 Boot Loader 才是一个功能完善的引导程序。

在开发过程中，一般使用串口和以太网口来连接 Windows CE 设备与开发工作站，使用位于开发工作站的超级终端或者 DNW 软件来发送命令控制 Boot Loader，同时目标设备通过串口向超级终端或者 DNW 软件发送调试信息。以太网连接主要用来下载 Windows CE 内核镜像。一个完善的 Boot Loader 应该具有多个功能，往往设计为一个序列化的菜单，当电源打开或者复位时，Boot Loader 首先运行，通过菜单来选择所需要的操作。一些典型的功能包括：利用以太网口、并口或者 USB 口下载操作系统镜像，从 Flash 存储器引导操作系统镜像，RAM 测试，擦除 Flash 芯片，设置 IP 地址等。同时，需要一个超时设定选项，保证当开发者在设定时间内没有选择任何选项时，Boot Loader 执行默认功能。

Boot Loader 一般存放在目标设备的永久存储设备上，需要利用 JTAG 工具对 Flash 芯片编程将 Boot Loader 写入 Flash 芯片。

在开发过程中，一般都采用以太网 Boot Loader 来下载系统镜像内核。一个典型的以太网 Boot Loader 是由 Blcommon、OEM 代码、Eboot 和网络驱动程序组成的，如图 6.18 所示。

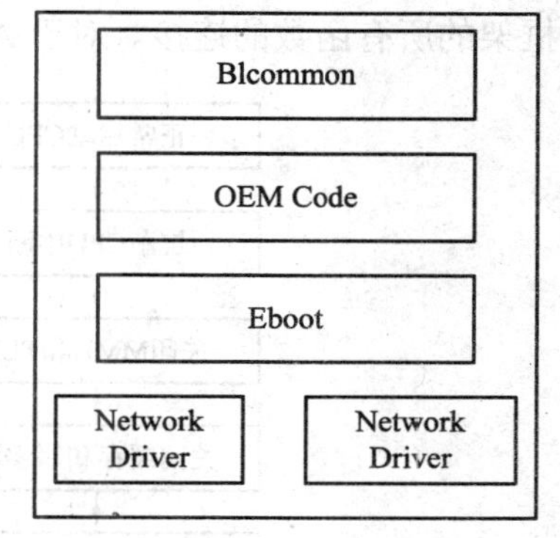

图 6.18　典型的以太网 Boot Loader 组成结构

Blcommon 是通用的 Boot Loader 框架；OEM Code 是目标硬件相关的初始化和扩展程序；Eboot 是以太网的功能程序，如 UDP、DHCP、TFTP 程序等；Network Driver 包括 EDBQ 驱动，它是调试以太网卡的驱动程序。除此之外，还有 BootPart 和 FMD 部分，前者用于永久存储设备的分区管理程序，后者用于 Samsung 的 NAND Flash 或者 Intel NOR Flash 的 flash 管理程序。

Blcommon、Eboot 和网络驱动程序是可以被重用和可移植的代码库，微软提供了部分源代码，这部分代码和 OEM 代码最后生成了 Boot Loader 二进制文件，因此在开发过程中，只需要编写 OEM 代码。

下面就 Boot Loader 的控制流程简要地介绍一下。

Boot Loader 的整个控制流程分为三部分代码：Blcommon 部分、Download 函数以及 Flash 函数，如图 6.19 所示。

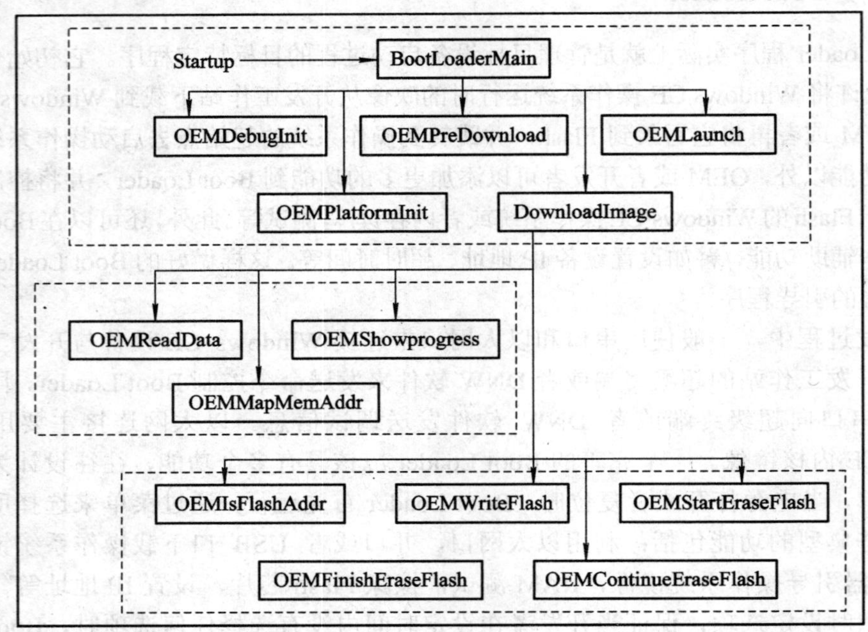

图 6.19　Boot Loader 控制流程

电源打开或者复位时，CPU 首先执行 Startup 函数，该函数为汇编代码，建立存储器访问和初始化缓存，然后 Startup 函数跳转到 Blcommon 框架中的 BootLoaderMain 函数，建立与整体框架的所有函数的连接。对于 ARM 平台，Startup 函数的基本功能如图 6.20 所示。

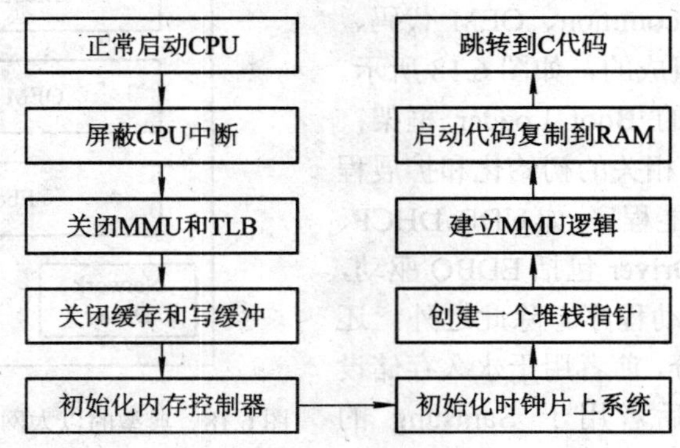

图 6.20　Startup 函数功能图

初始化工作结束以后，就可以跳入 C 代码进行下一步启动。在这个过程中，可以通过使用 OEMDebugInit()函数初始化调试端口(一般为调试串口)，使用 OEMPlatformInit()函数完成平台特定初始化，包括时钟、Flash 存储器、网络适配器等硬件，使用 OEMLaunch()函数加载操作系统运行的镜像，通过 DownLoadImage()函数下载操作系统镜像到目标设备 RAM 或者 Flash 存储器。

图 6.21 所示为一个最基本的 BootLoader 的工作流程。

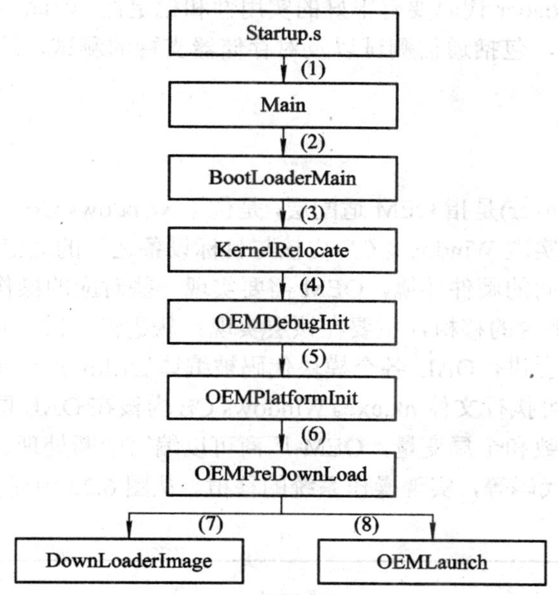

图 6.21　BootLoader 的工作流程

对应图中各步，具体说明如下：

(1) 系统上电或者复位后执行的第一条语句，主要功能是对目标系统的嵌入式 CPU 执行最基本的初始化，为 CPU 准备一个合适的运行环境，如清空 TLB 和 Cache、关中断、配置 PLL、设置内存控制器等。

(2) 调用 BootLoaderMain 函数，进入高级语言的代码处理。

(3) BootLoaderMain 函数调用 KernelRelocate 函数对 BootLoader 的全局变量重定位。

(4) 调用 OEMDebugInit 函数来初始化 Boot Loader 的调试功能串口，这样就可以使用串口打印调试信息了。

(5) 调用 OEMPlatformInit 函数，进一步初始化目标嵌入式硬件平台，很多和平台相关的初始化工作都可以在这个函数中完成，比如时钟、下载传输端口、Flash 存储器等。

(6) 调用 OEMPreDownload 函数，该函数在下载镜像之前被调用。从流程上来说应该是为下载内核做一些准备工作，该函数执行后，根据返回值的不同可以选择下载内核，或者跳转执行。最典型的是通过调试串口向用户输出菜单选项然后接收用户的相应输入。

(7) 当 OEMPreDownload 函数返回 BL_DOWNLOAD 时，将会从主机下载 Windows CE 镜像文件。

(8) 如果 OEMPreDownload 函数返回 BL_JUMP 时，直接跳转到 Windows CE 运行时镜像文件所在的位置处开始执行或者从本地存储器中以 XIP(Execute In Place)运行。

以上涉及的 OEM 函数都是需要用户实现的，然后用 Blcommon 模块来调用。

Boot Loader 支持多种形式的下载，包括以太网、USB 以及串口下载，一般更普遍应用的是以太网下载，加载了中文信息的 Windows CE 内核大小一般在 20～30 MB 之间，因此最好采用速度较快的以太网。除此之外，Boot Loader 中可以添加对于映像文件签名的支持，保证了映像的有效性。

一个良好的 Boot Loader 代码要有很好的实用性和稳定性，因此，在结束代码编辑以后，最好能对代码进行测试，包括通信测试以及对存储器支持的测试，这样就可以保证启动代码稳定正常地工作。

6.5.3　开发 OAL

OAL(OEM Adapt Layer)是指 OEM 适配层，是位于 Windows CE 内核与目标设备硬件之间的一个代码层，用于实现 Windows CE 内核与目标设备之间的通信。因此，在开发 OAL 的过程中，为了适应不同的硬件环境，OEM 需要实现一些对应的操作功能以及附加功能。Windows CE 操作系统平台的移植，主要在该层实现。从逻辑上讲，它位于 Windows CE 内核和硬件之间；从物理上讲，OAL 各个模块代码被编译后(.lib)和其他内核库链接到一起形成 Windows CE 的内核可执行文件 nk.exe。Windows CE 内核在 OAL 层暴露了大量的函数和全局变量，利用这些函数和全局变量，OEM 厂商可以编写中断处理、RTC、电源管理、调试端口、通用 I/O 控制代码等，实现操作系统的移植。从图 6.22 中能更直观地看到 OAL 的结构。

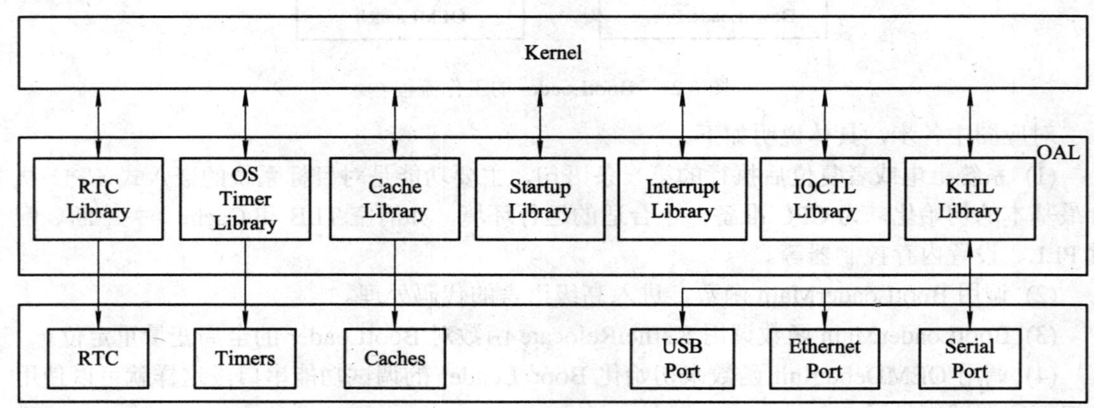

图 6.22　PQOAL 框架

开发一个 OAL 并非需要把所有的功能都重新编程，对于一个 OAL，必要的功能主要如下。

1. Startup 函数

Startup 函数是 OEM 实现的第一个函数，也是操作系统启动以后调用的第一个函数，它的主要功能是初始化 CPU 和调用内核初始化函数。对于 ARM 处理器，一般使用 KernelStart 函数，内核初始化函数是 Startup 函数完成 CPU 初始化之后要调用的第一个非 OEM 函数。

Startup 函数包含某一类特定的 CPU 内核初始化代码，Windows CE 给出了一些常见的 CPU 初始化代码和规范。针对 ARM 处理器，OEM 必须创建一个 OEMAdressTable，并把它传递给内核，表中的每一个入口都定义了一个内存中的物理位置、内存的大小以及映射这个物理地址的静态虚拟内存地址。需要指出的是，Startup 函数代码是由 Boot Loader 程序和

OAL 共享的，OAL 的 Startup 仅仅是完成内核的启动。下面列出一个常用的 ARM 处理器的 Startup.s 文件：

```
;------------------------------------------------------------------------
;;    File:    startup.s
;
;    Kernel startup routine for the Plato board.
;
;------------------------------------------------------------------------

     INCLUDE kxarm.h

     IMPORT    KernelStart

     TEXTAREA

;------------------------------------------------------------------------

     ; Include memory configuration file with g_oalAddressTable
     ;
     INCLUDE oemaddrtab_cfg.inc

;------------------------------------------------------------------------
;
; OALStartUp: OEM OAL startup code.
;
; Inputs: None.
;
; On return: N/A.
;
; Register used: r0
;
;------------------------------------------------------------------------
;
     ALIGN
     LEAF_ENTRY OALStartUp

     ; Compute the OEMAddressTable's physical address and
     ; load it into r0. KernelStart expects r0 to contain
     ; the physical address of this table. The MMU isn't
     ; turned on until well into KernelStart.
     ;
     add        r0, pc, #g_oalAddressTable - (. + 8)
```

```
    mov     r11, r0
    b       KernelStart
    nop
    nop
    nop
    nop
    nop
    nop

STALL
    b           STALL                           ; Spin forever.

;   ENTRY_END
;-------------------------------------------------------------------------
;-------------------------------------------------------------------------

    LTORG                                       ; insert a literal pool here.
;
; TURN_ON_BTB - Enables the Branch Target Buffer
;
; Turn on the BTB via cp15.1[11] - Uses r0
;;
    LEAF_ENTRY TURN_ON_BTB

    mcr p15, 0, r0, c7, c5, 0      ; flush the icache & BTB
    mrc p15, 0, r0, c1, c0, 0
    orr r0, r0, #0x800
    mcr p15, 0, r0, c1, c0, 0

  IF Interworking :LOR: Thumbing
    bx    lr
  ELSE
    mov    pc, lr                 ; return
  ENDIF

    END
;-------------------------------------------------------------------------
```

由上述代码可以看出，OAL 的 Startup 函数只是将 OEMAddressTable 传递给内核，并直接跳转到内核初始化函数。硬件初始化在 Boot Loader 中已经实现了。

2. 调试串口

调试串口主要的功能是让开发者能够对 OAL 进行调试，为了支持调试串口，开发人员需要完善下列的几个串口函数：

➢ OEMInitDebugSerial。
➢ OEMReadDebugByte。
➢ OEMWriteDebugByte。
➢ OEMWriteDebugString。

这几个函数一般位于 debug.c 文件中，它们的实现代码也是 Boot Loader 和 OAL 共用的。

3. OEMInit 函数

OEMInit 函数由内核初始化函数调用，它的最小任务就是设置在 Startup 中没有进行初始化的其他硬件并注册中断，然后开发人员可以添加附加的代码来初始化可选的函数指针和可选的变量来加强系统的功能。需要指出的是，在开发 OEMInit 函数的过程中需要应用函数 HookInterrupt 来设置中断服务请求(IRQ)与中断服务例程(ISR)之间的映射。

4. 系统计时器

系统计时器以每毫秒一个 tick 的固定速率产生系统时钟，这个速率是计时器中断产生的速率。实现系统定时器函数是 OAL 开发的主要任务之一。系统计时器的初始化与创建一般通过 OEMInit 调用 OEM 的计时器初始化函数来实现。初始化结束以后，中断处理器通过读取中断悬挂寄存器的值来检查是否来自于系统计时器。如果中断来自于系统计时器，那么它调用 OALTimeIntrHandle 函数进行系统计时器中断处理。这部分的相关代码可以在 OEMInit.c 文件中找到。

5. 中断处理

中断处理函数允许内核开始、服务并完成中断处理。当一个设备驱动程序调用 InterruptInitialize、InterruptDisalbe 和 InterruptDone 函数时，将触发内核分别调用 OEMInterrruptEnble、OEMInterruptDisable 和 OEMInterruptDone 函数。其中，OEMInterrruptEnble 函数完成允许一个设备产生的特定中断所必需的任何硬件操作，包括设置设备的硬件优先级、设置一个硬件中断使能端口、清除来自于设备的任何悬挂中断条件。关于这部分的具体实现代码可以参考 oem.c 文件。

6. 内核的输入/输出

内核的输入/输出函数通常指 OEMIoControl 函数，这是在 OAL 中必须编写其代码实现的又一个重要函数。当设备驱动程序或应用程序调用 KernelIoControl 函数并传递一个 IOCTL 时，Windows CE 会一次调用 OEMIoControl 函数，OEMIoControl 函数允许设备驱动程序或应用程序与内核模式的 OAL 代码进行通信。

7. KITL

内核独立传输层(KITL)被设计用来以更容易的方式支持任何调试服务，它通过将通信服务的协议与直接和硬件通信的层分开来减少产生硬件传输层的麻烦，使开发人员在没有必要理解如何传递数据给不同类型目标设备的通信硬件的情况下，使用不同类型的硬件传输端口与 Platform Builder 进行通信，实现 PB 的远程调试。

一般来说，支持 KITL 的初始化函数调用顺序为：OEMInit()→OALKitlStart()→OALKitlInit()→KitlInit()→OEMKitlInit()→OALKitlEthInit()→OALKitlSerialInit()。具体的函数实现过程可以在代码中找到。

6.6 应用实例

使用 Platform Builder for CE 6.0 建立操作系统镜像。

前文中我们已经学习了 Windows CE 操作系统的基本知识，在此基础之上，本节我们将使用 Platform Builder 进行嵌入式操作系统定制。这个过程主要包括建立操作系统镜像和生成操作系统镜像。

1. 建立操作系统

1) 选择构建操作系统向导

(1) 启动 Platform Builder for CE 6.0，然后选择 File New Project，新建一个项目 OSDesign3(这里是按照默认的第 3 个项目)，如图 6.23 所示。

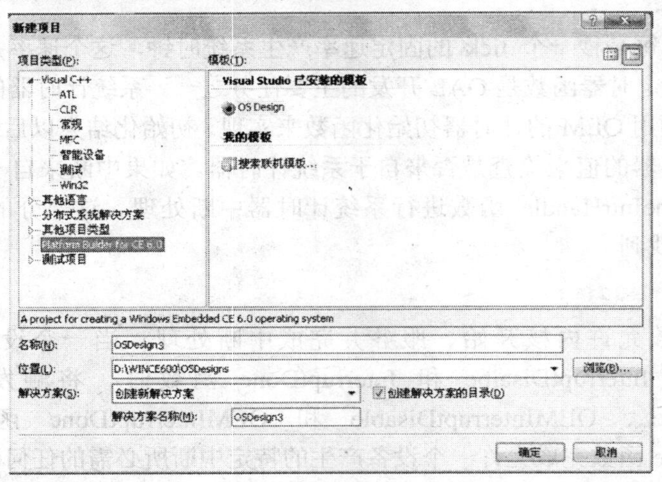

图 6.23　选择工程文件

(2) 在“名称”中输入想要的工程文件名称，在这里保留默认名称 OSDesign3；在“位置”中设置定制的 OS 文件存放的位置，在这里选择安装的路径，即 D:\WINCE600\OSDesigns 文件夹。设置好以后，单击“确定”按钮，此时会出现向导欢迎界面，如图 6.24 所示。

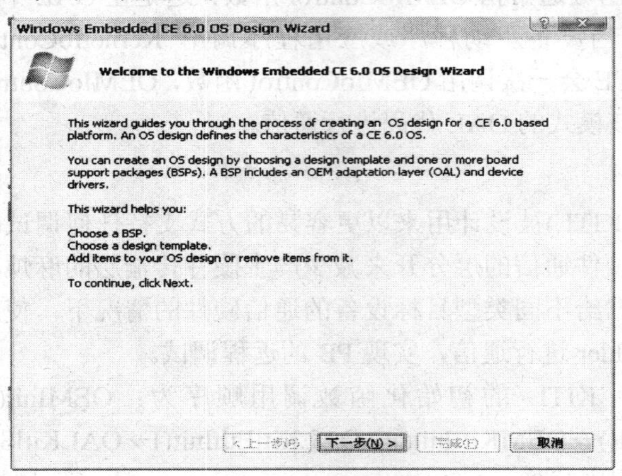

图 6.24　向导欢迎界面

(3) 单击“下一步”，进入到 BSP 的选择界面中，选择 BSP 的界面，如图 6.25 所示。

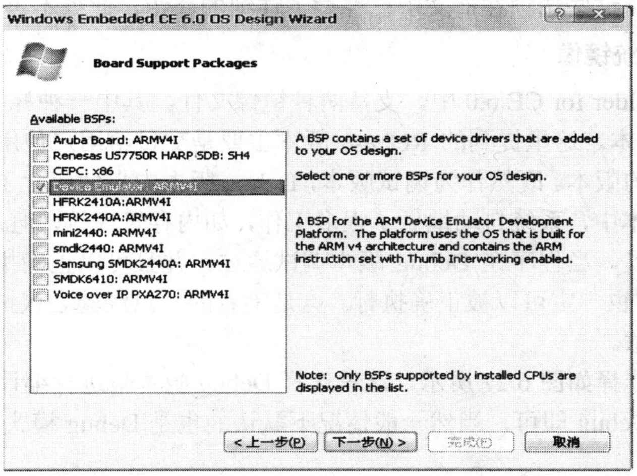

Windows Embedded CE 6.0 OS Design Wizard
Board Support Packages
Available BSPs:
Aruba Board: ARMV4I
Renesas US7750R HARP SDB: SH4
CEPC: x86
Device Emulator: ARMV4I
HFRK2410A:ARMV4I
HFRK2440A:ARMV4I
mini2440: ARMV4I
smdk2440: ARMV4I
Samsung SMDK2440A: ARMV4I
SMDK6410: ARMV4I
Voice over IP PXA270: ARMV4I
A BSP contains a set of device drivers that are added to your OS design.
Select one or more BSPs for your OS design.
A BSP for the ARM Device Emulator Development Platform. The platform uses the OS that is built for the ARM v4 architecture and contains the ARM instruction set with Thumb Interworking enabled.
Note: Only BSPs supported by installed CPUs are displayed in the list.
< 上一步(P)
下一步(N) >
完成(F)
取消

图 6.25　BSP 的选择

在进行相应的选择操作以前，首先看一下是哪种 BSP。在 Windows CE 6.0 中，系统支持的处理器主要包括流行的 X166 系列、ARM 系列、MIPS 系列、SH4 系列等。除了包含每一系列中相应的标准开发包外，通常还带有该系列中常用的开发包。如在 X86 系列中，除了标准的 CEPC 开发包，还附带一个 NATIONAL GEODE：X86 开发包。

在这里需要特别提及的是，当在图 6.25 所示的界面中选择想用的 BSP 时，就会在界面右侧的信息栏里显示该 BSP 的相关信息。在这里选择 Device Emulator，即给予 ARM 体系结构的模拟器，然后单击下一步按钮，进入到模板选择界面。

2) 模板选择

模板选择界面如图 6.26 所示。

Windows Embedded CE 6.0 OS Design Wizard
Design Templates
Available design templates:
Consumer Media Device
Custom Device
Industrial Device
PDA Device
Phone Device
Small Footprint Device
Thin Client
A design template is a set of predefined catalog items.
Choose the design template that is most closely aligned with the purpose of your target device.
Provides the starting point for an OS design with no Catalog items selected. Possible devices range from simple network devices with no display to full-featured appliances with graphical displays, Internet browsing, and rich multimedia playback.
< 上一步(P)
下一步(N)
完成(F)
取消

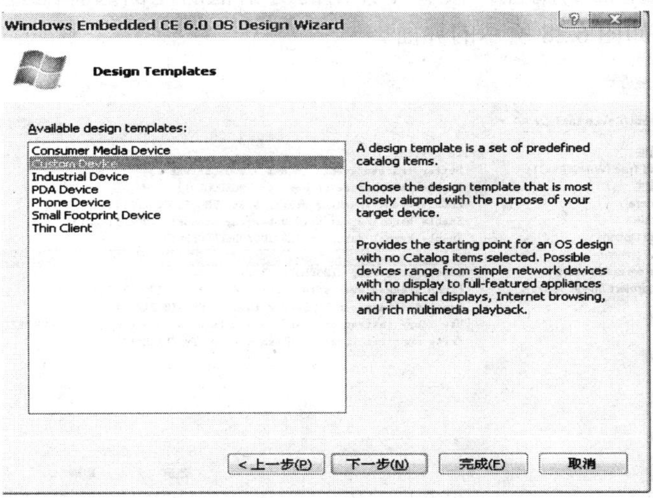

图 6.26　模板选择界面

在这里选择 Custom Device，即自定义设备，然后直接点击完成，完成整个操作系统的定制。也许有人会问，这里为什么不单击下一步呢？因为后面的选项是可以在定制好系统以后再添加进去的。这些选项在前文中已经做了详细的介绍，此处不再涉及。

2. 生成操作系统镜像

在 Platform Builder for CE 6.0 中，支持两种镜像文件。其中一种称为 Release 版本，另一种称为 Debug 版本。这里提到的 Release 版本主要是交付给用户使用的版本，而 Debug 版本则是用于调试的版本。既然作为调试版本，Debug 版本中自然包含了许多和调试相关的信息。在 Debug 版本中，系统自动地做了很多工作，如内存管理等，但是 Release 版本相对简化。因此有的时候，当程序在 Debug 版本调试通过，并且可以正确执行的时候，并不一定表示 Release 版本也一定可以被正确执行。这是笔者的一点经验之谈，希望大家在编写程序的时候要多加注意。

这两种版本的选择如图 6.27 所示。这里选择 Debug 版本来进行编译，只需点击 Device Emulator ARMV4I Debug 即可，当然一般情况下默认的也是 Debug 模式。

图 6.27　两种可以选择的版本

需要指出的是，在这里选择的版本和后面的镜像 SDK 的编译直接有关，即 Debug 版本的镜像文件必须和 Debug 版本的 SDK 相对应，Release 版本的镜像文件必须和 Release 版本的 SDK 相对应。具体操作说明可以参考相关文档。

选择好编译的版本之后，接下来设置一些编译镜像文件的参数。选择 VS2005 工具栏中的项目，然后选择里面的属性，接着在弹出的对话框的左面选择配置属性，单击 Build Options，此时出现如图 6.28 所示的界面。

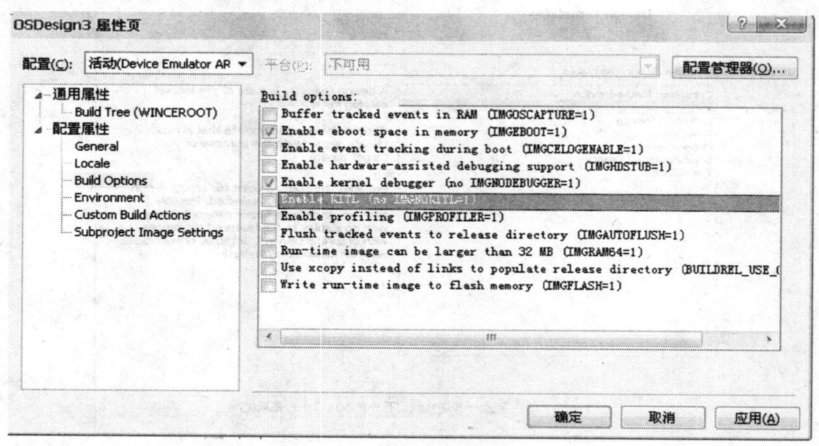

图 6.28　编译参数的选择

在图 6.28 中列出了一些和编译相关的参数。在这里需要进行选择的有 3 项：

➢ Enable eboot space in memory(IMGEBOOT=1)。

➢ Enable kernel debugger(no IMGNODEBUGGER=1)。

➢ Enable KITL(no IMGNOKITL=1)。

设置好以后，单击确定按钮，完成相关的参数设置。此时可以在工具栏的生成选项中单击生成 OSDesign3，或者在工程文件的上面单击鼠标右键，选择生成解决方案来进行镜像文件的编译，如图 6.29 所示。

这时在 VS2005 的输出窗口中可看到正在编译的内容，这个过程大概会持续 15 分钟，视机子的配置而定。编译好以后会出现图 6.30 所示的画面。

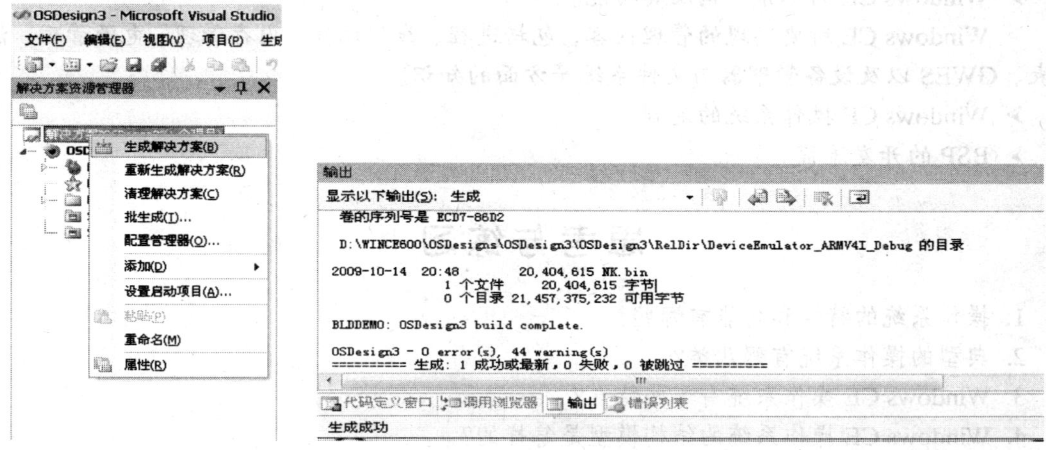

图 6.29　解决方案　　　　图 6.30　镜像文件编译成功

此时，在自定义的路径下可以看见我们所定制的操作系统镜像文件 NK.bin，如图 6.31 所示。

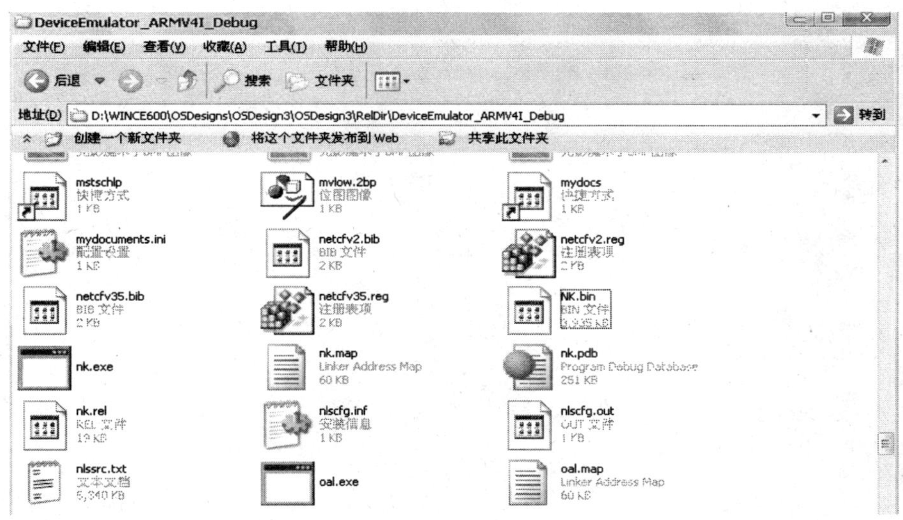

图 6.31　生成操作系统镜像文件 NK.bin

至此，模拟器的操作系统定制就成功完成了。

6.7 本章小结

本章从嵌入式操作系统开始，逐步介绍了 Windows Embedded CE 的基本特点和功能，同时叙述了在做系统开发时，在 Windows Embedded CE 环境下开发的特点，给出了具体的开发流程，并在模拟器环境下得以实现。

通过本章内容的学习，读者应该掌握以下内容：

➢ Windows CE 的体系结构及其功能。

➢ Windows CE 所要实现的管理内容，包括进程、线程调度、内存管理、电源管理、注册表、GWES 以及设备管理器与文件系统等方面的知识。

➢ Windows CE 操作系统的定制。

➢ BSP 的开发流程。

思考与练习

1. 操作系统的特性和功能有哪些？
2. 典型的操作系统有哪几类？
3. Windows CE 操作系统有哪些特点？
4. Windows CE 操作系统的结构模型是怎样的？
5. 简述构建操作系统的流程。
6. 结合本章实例，通过选择不同的组件重新定制一个操作系统。

第 7 章　Windows CE 应用程序设计

7.1　Windows CE 应用程序开发简介

在 Windows CE 下，应用程序开发(Application Development)是针对驱动和内核而言的。应用程序开发是指针对给定的 Windows CE 平台，利用该平台提供的编程接口(API)，使用特定工具(如 Visual Studio.NET2003、eMbedded Visual C++或 Platform Builder 5.0)，实现特定功能的程序设计活动。

这里需要指出的是，对于特定的平台，结合图 7.1 所示的 Windows CE 体系结构，可知应用程序处于整个 Windows CE 体系结构的最上层，应用程序直接与操作系统交互。因为 Windows CE 是一个可高度定制的操作系统，因此基于 Windows CE 平台提供的 API 可能会不同。

Windows CE应用程序	
开发工具	外壳
内核	对象存储
GWES	通信
内置驱动程序、可安装驱动程序	
硬件平台	

图 7.1　Windows CE 体系结构

对于 Windows CE 的编程接口，在 Windows CE 设计之初，微软就决定对桌面 Windows 和 Windows CE 采用几乎一样的编程接口。这样做一方面可使 Windows 下的应用开发人员快速、平滑地过渡到 Windows CE 平台下，另一方面有利于大量现有的桌面 Windows 下的应用程序移植到 Windows CE 平台下。而平台的价值是依赖于运行在其上的应用程序的，这也是我们选择 WindowsCE 平台的主要原因。

为了使读者能对 Windows CE 系统的开发有一个全面而快速的了解，下面将对 Windows CE 系统的开发内容、开发工具、开发流程与开发方法进行介绍。

Windows CE 系统开发本质上属于嵌入式系统开发，而嵌入式系统是由硬件和软件组成的，所以一个完整的 Windows CE 系统开发也是由硬件开发和软件开发两部分组成的。Windows CE 是一个嵌入式操作系统，它本身是软件，但它必须在特定的硬件上面才能运行，Boot Loader、OAL、驱动程序等操作系统软件都直接与硬件打交道，而绝大多数应用程序则不直接与硬件打交道。

本章的主要内容是介绍与 Windows CE 有关的软件开发，并将与 Windows CE 相关的软件开发划分为与硬件直接相关的软件开发、与硬件间接相关的软件开发和与硬件无关的纯软件开发。其中，应用程序的开发是本章讲述的重点。表 7.1 给出了 Windows CE 系统的开发内容。

表 7.1 Windows CE 系统的开发内容

开发分类	开发内容分类	详细开发内容
与硬件直接相关的软件开发	BSP 开发	Boot Loader 开发 OAL 开发 驱动程序开发
与硬件间接相关的软件开发	操作系统开发	Windows CE 操作系统定制开发 Windows CE Shell 开发 浏览器定制开发 媒体播放器定制开发
与硬件无关的纯软件开发	应用程序开发	本地应用程序开发 托管的应用程序开发

应用程序开发是 Windows CE 系统开发最重要的部分，但对于开发者来说也是难度最小的部分。一个嵌入式系统或嵌入式产品之所以区别于其他嵌入式系统或者产品，其关键就在于其应用的不同，两个不同的嵌入式系统或者嵌入式产品，它们的硬件可以完全相同，操作系统定制也可以完全相同，但其应用绝对应该不同。应用程序开发多数情况下是与硬件无关的纯软件开发，对开发者来说没有硬件方面的水平要求，与 BSP 开发相比，难度自然降低了很多。随着所要开发的嵌入式系统或嵌入式产品的不同，所要开发的应用程序也多种多样，开发者既可以开发没有任何显示界面的通信程序，也可以开发具有完整 Windows 界面的图形应用程序，开发什么样的程序完全取决于应用的需要。微软为开发者提供了丰富的 Windows CE 应用程序开发工具，使开发者既可以使用 C/C++语言开发本地(Native)应用程序，也可以使用 C#.NET 或 Visual Basic.NET 语言开发托管的(Managed)应用程序。

7.2 Windows CE 系统的开发工具

7.2.1 Windows CE 系统的开发工具概要

从 Windows CE 1.0 开始，微软就为在 Windows CE 下开发应用程序提供了完备的操作系统开发工具和应用程序开发工具，并随着系统版本的不断升级，开发工具也不断升级和完善，功能越来越强大，易用性越来越好。在 Windows CE 4.X 上，微软为应用程序的开发人员提供了三种开发工具：Visual Studio.NET 2003 用来开发基于.NET Compact Framework 的托管 C++代码；eMbedded Visual C++和 Platform Builder 4.X 用来开发本机代码；此外，还有 Embedded Visual Tools 3.0(不提倡，已被废弃，这里不做讨论)。

在 Windows CE 5.X 中，仍可使用 Platform Builder 5.X 进行应用程序的开发，最大的变化是 eMbedded Visual C++的作用已经被 Visual Studio 2005 替代。Visual Studio 2005 既可用来开发基于.NET Compact Framework 2.X 的托管代码，也可以用来开发本机代码。因为 Platform Builder 的最大作用是用来定制内核，所以应用程序开发完全可通过 Visual Studio 2005 完成。随着最新的 Windows eMbedded CE 6.0 的逐步推广应用，未来将是 Visual Studio 2005 或其后续版本一统天下。因而 Windows CE 的产品线就更加明晰了：纯应用程序开发采用 Visual Studio；内核定制采用 Platform Builder。Windows CE.net 下的应用开发模型如图 7.2 所示。

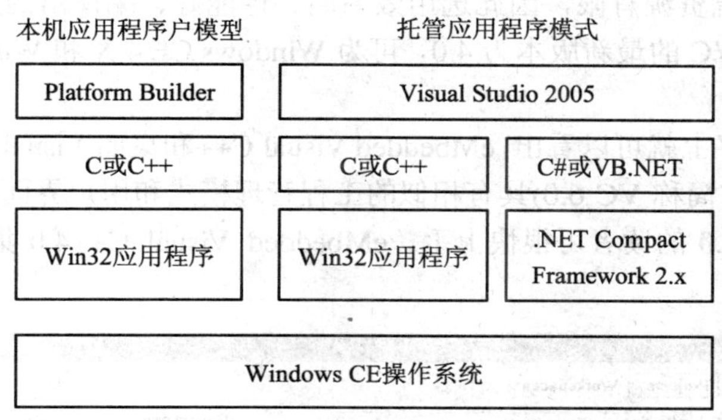

图 7.2　Windows CE 5.X 下的应用开发模型

本书中会涉及 3 种应用程序的开发工具：eMbedded Visual C++、Visual Studio 2005 和 Platform Builder。表 7.2 对 Windows CE 5.X 之后的 Windows CE 操作系统开发工具和应用程序开发工具进行了总结。

表 7.2　Windows CE 开发工具总结

<table>
<tr><th>版本</th><th>BSP 开发</th><th>操作系统开发</th><th>应用程序开发</th></tr>
<tr><td>Windows CE 5.0</td><td rowspan="2">Platform Builder、eMbedded Visual C++4.0 结合 OEM 厂家提供的调试软件(如 ADS、ADT、RealView 等)以及仿真器等工具</td><td>Platform Builder 5.0</td><td>Platform Builder 4.0
eMbedded Visual C++4.0+SP4
Visual Studio 2005</td></tr>
<tr><td>Windows CE 6.0</td><td>Visual Studio 2005
Platform Builder for CE 6.0 Add-On Pack</td><td>Visual Studio 2005</td></tr>
</table>

在介绍每种开发工具的功能和使用方法之前，首先须意识到这些软件在安装过程中其实是有先后顺序的，即各软件之间存在着相互依赖的关系，否则安装过程中会导致出错或者无法安装。图 7.3 描述了各软件之间的相互依赖关系。其中，虚线代表部分依赖，实线代表全部依赖，依赖关系从下至上。

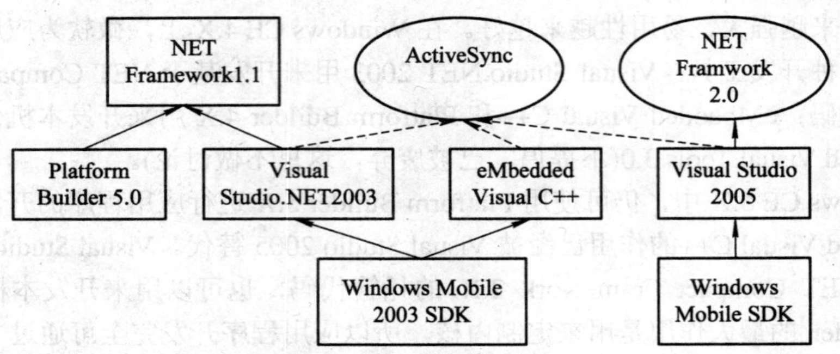

图 7.3 各软件之间的依赖关系

7.2.2 使用 EVC 开发应用程序

eMbedded Visual C++(简称 EVC)是专门用来开发基于 Windows CE 的本机应用程序的工具。由于嵌入式系统资源有限，因此选用效率高、性能好、编译出的应用程序结构紧凑的 C++作为编译器。EVC 的最新版本为 4.0，可为 Windows CE 4.X 和 Windows CE 5.X 开发应用程序。

从此工具的名字上就可以看出，eMbedded Visual C++和桌面 Visual C++关系密切。的确，它与 Visual C++ 6.0(简称 VC 6.0)具有相似的工程管理模式和用户界面，连一些快捷键都是一样的。熟悉 VC 6.0 的读者可很快上手。eMbedded Visual C++4.0 集成开发环境如图 7.4 所示。

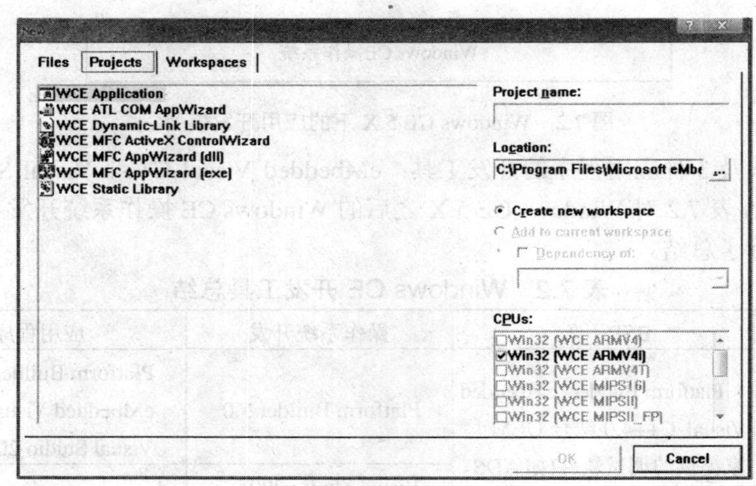

图 7.4 eMbedded Visual C++ 4.0 集成开发环境

从图 7.4 中可以看出，eMbedded Visual C++支持 Win CE App / DLL / COM / Lib 使用 Win32 API、MFC、ATL 和 STL，并且与桌面 Visual C++的功能基本相同。这也是 Windows CE 嵌入式操作系统占据优势并迅速成功的重要条件。所以如果熟悉 Windows 环境下的编程，再掌握 Windows CE 编程的特点，很快就会进入 Windows CE 编程的世界。对于开发人员来说，EVC 易于调试和测试，当然，如果想要开发相应的应用程序，则至少需要安装一个 SDK，默认 eMbedded Visual C++ 会带有微软提供的 Standard SDK。

7.2.3　使用 Visual Studio 2005 开发应用程序

Visual Studio 2005 是微软于 2005 年推出的集成开发环境，是 Visual Studio.NET 2003 的后续产品。对于嵌入式开发者来说，Visual Studio 2005 与 Visual Studio.NET 2003 最大的区别是增加了本机代码的开发，以及对 .NET Compact Framework 2.0 的支持。因此，如果希望在 Windows CE 下开发应用程序，那么建议使用 Visual Studio 2005。Visual Studio 中的“新建项目”对话框如图 7.5 所示。

在 Visual Studio 2005 中，IDE 强化了对图形界面设计的支持。开发人员可以所见即所得的方式设计 Pocket PC 和 Smartphone 的应用程序，这样避免了以前在 IDE 中无法知道目标设备的确切分辨率而导致的图形界面问题。

在 Visual Studio 2005 中，所有的 Windows CE 模拟器都是基于 ARMV4 体系结构的。这对于开发 Pocket PC 和 Smartphone 的应用程序来说有非常重要的意义，因为现在市场上所有的 Pocket PC 和 Smartphone 设备的 CPU 都是清一色的 ARM 处理器。这样，在模拟器下运行的代码，无须重新编译，即可在真实的 Pocket PC 和 Smartphone 上运行。

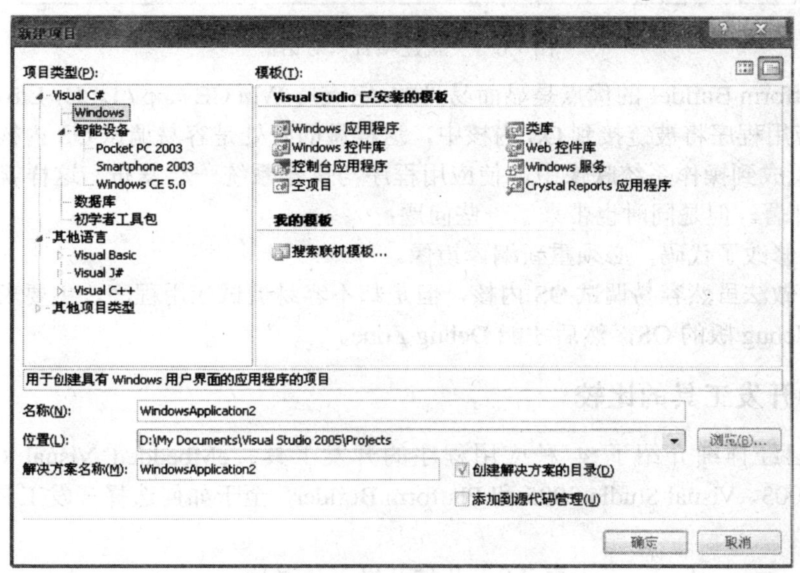

图 7.5　Visual Studio 中的“新建项目”对话框

7.2.4　使用 Platform Builder 开发应用程序

Platform Builder(PB)是微软为开发人员进行基于 Windows CE 平台的嵌入式操作系统的开发而定制的集成开发环境。在 Windows CE 6.0 操作系统开发和应用开发都统一到了 VS 2005 环境。Platform Builder 提供了所有进行设计、创建、编译、测试和调试 Windows CE 操作系统平台的工具。它运行在桌面 Windows 下，开发人员可以通过交互式的环境来设计和定制内核、选择系统特性，然后进行编译和调试。同时，开发人员还可以利用 Platform Builder 6.0 来进行驱动程序开发和应用程序项目开发，等等。Platform Builder 6.0 的强大功能，已使其成为 Windows CE 平台下嵌入式操作系统开发和定制的必备工具。在 Platform

Builder 中选择 File→New Project or File 命令可打开“新建项目”对话框，如图 7.6 所示。

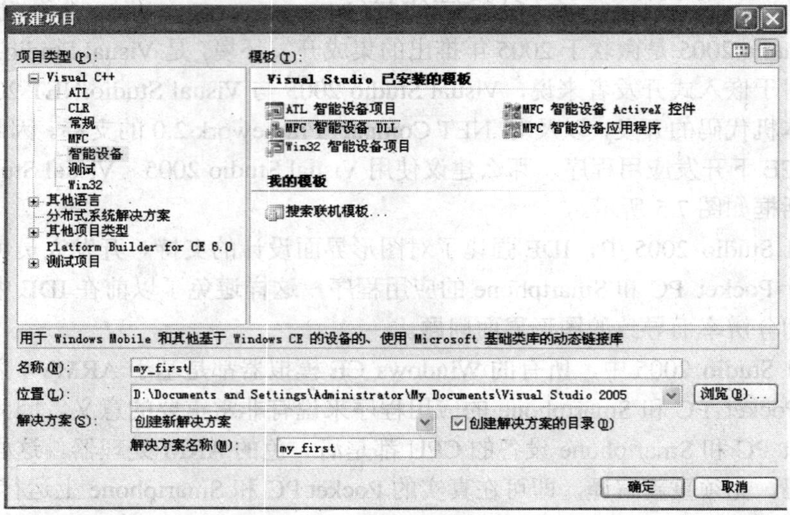

图 7.6 “新建项目”对话框

使用 Platform Builder 的优点是显而易见的：它支持 Win CE App / DLL / Lib，使用 Win32 API 开发，应用程序将被链接到 OS 内核中，这样做的好处是容易调试 OS 内核，可以把应用程序直接集成到操作系统映像中，使应用程序与操作系统一起发布，这样就避免了应用程序的安装部署。但是同时也带来了一些问题：

(1) 一旦修改了代码，必须重新编译镜像。

(2) 上述做法虽然容易调试 OS 内核，但是却不容易调试应用程序。主要表现在首先必须创建一个 debug 版的 OS，然后才能 Debug Zone。

7.2.5　各种开发工具的比较

至此，已经详细介绍了 4 种应用程序的开发工具：eMbedded Visual C++、Visual Studio.NET 2003、Visual Studio 2005 和 Platform Builder。至于如何选择开发工具，可以参考表 7.3。

表 7.3　几种开发工具对比

项　　目	eMbedded Visual C++	Visual Studio 2005	Platform Builder
Windows CE 4.X	支持	部分支持	支持
Windows CE 5.X	支持，但不推荐	支持	支持
托管代码	不支持	支持	不支持
本机代码	支持	支持	支持
MFC 代码	支持	支持	不支持

一般来说，使用 eMbedded Visual C++ 开发本机码。当效能和控制是应用程序的最大需求时，开发工程师应使用 Embedded Visual C++ 开发本机码应用程序。选择本机码或是托管代码来开发应用程序，牵涉到的选择非常广泛，还包括开发工具、平台支持、应用程序需求及应用领域、开发者习惯、共享及时效性等。

7.3　Windows CE 应用程序开发流程

Windows CE 系统的开发大致可以分为三个阶段：硬件开发阶段、操作系统开发阶段和应用程序开发阶段。硬件开发阶段的开发包括硬件设计开发、Boot Loader 开发、OAL 开发和 BSP 开发；操作系统设计阶段的开发包括开发定制驱动、创建最小内核、定制操作系统组件以及测试与集成等；应用程序开发阶段的主要任务是开发特定的应用程序及中间件。Windows CE 系统的开发流程如图 7.7 所示。

在 Windows CE 下开发应用程序也可划分为 3 个步骤：

(1) 获得特定 Windows CE 平台的 SDK；

(2) 在 Windows CE 模拟器上编辑和调试代码；

(3) 在实际目标平台上编译和运行程序，如果需要在设备上调试程序，可以通过 ActiveSync 进行。

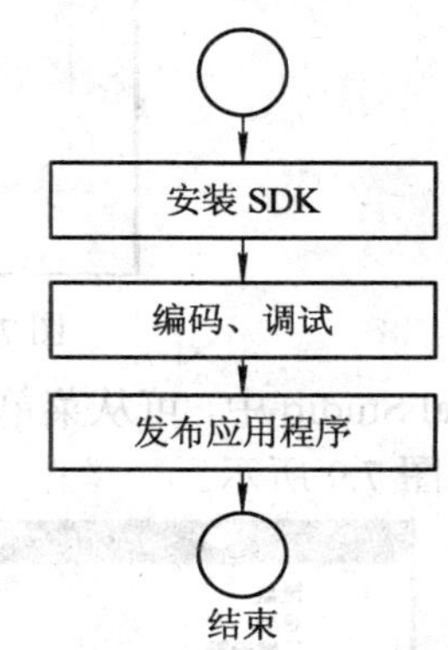

图 7.7　Windows CE 下应用程序开发流程

7.3.1　安装 SDK

大多数应用程序开发者会选用 Visual Studio 2005 或者 EVC 开发应用程序，如果是这样，那么安装合适的 SDK 是第一步工作。SDK(Software Development Kit)是一系列头文件、库文件、文档、平台管理器和运行时库的总称。开发人员可使用 SDK 为某个特定的平台开发应用程序。

使用 Visual C++为桌面 Windows 开发应用程序同样须安装 SDK，微软也会在自己的网站上提供最新的开发桌面应用程序的 SDK(称为 Platform SDK)供用户下载。但是绝大多数桌面 Windows 开发人员却对此一无所知。主要原因有两个：第一，桌面 Windows 是不可定制的。桌面 Windows 中包含的组建和功能模块相对固定，因此桌面 Windows 的 SDK 内容也就相对固定，我们几乎可使用同一套 Platform SDK 为所有桌面 Windows 开发应用程序。第二，Platform SDK 已经被集成到了 Visual C++ 中。在安装 Visual C++时，开发人员可能并不知道 Platform SDK 也同时被安装。

Windows CE 不能像桌面 Windows 一样，有一个统一的 SDK。Windows CE 是一个可以定制、裁剪的操作系统，每一个 Windows CE 平台包含的功能都不尽相同，因此每个平台向应用程序提供的 API 集合都不相同。

Visual Studio 和 eMbedded Visual C++ 都依赖特定的 SDK 开发应用程序，只有安装了特定的 SDK 后，在开发工具的“新建项目向导”中才会有相应的选项。在 eMbedded Visual C++ 中，提供了 Platform Manager 来管理已经安装的 SDK，从菜单 Tools→Configure Platform Manager…命令可打开“Platform Manager”对话框，如图 7.8 所示。

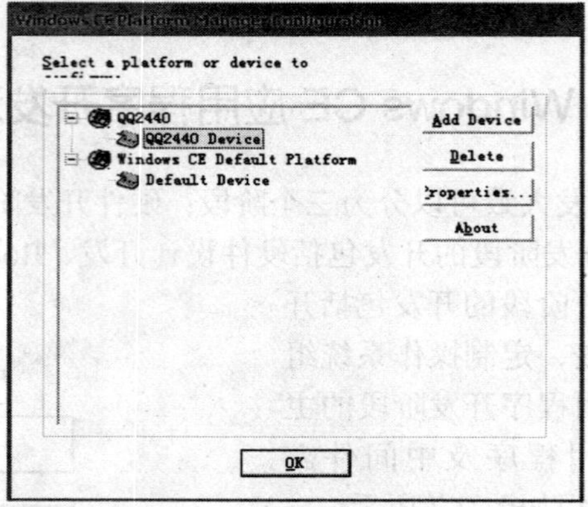

图 7.8　EVC 环境中的 QQ2440SDK

在 Visual Studio 中，可从菜单 Tools→Options→Devices Tools→Devices 中查看已经安装的 SDK，如图 7.9 所示。

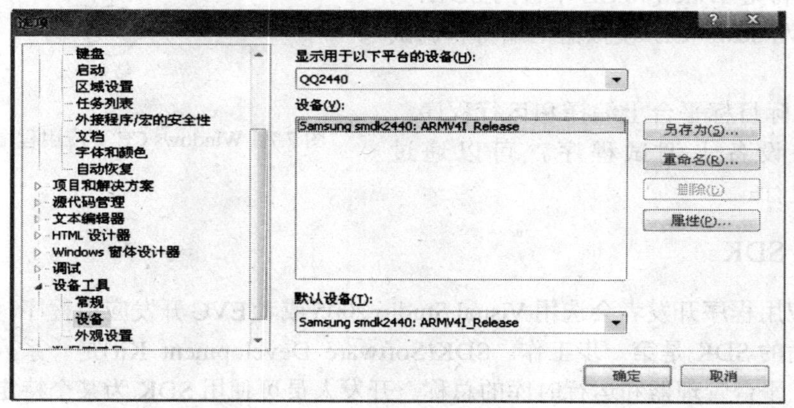

图 7.9　Visual Studio 环境中的 QQ2440SDK

有些读者可能注意到，在安装开发工具时，默认会安装一个称做“Standard SDK”的 SDK。前面已经介绍过，由于 Windows CE 操作系统的特性，不可能存在“标准”的 SDK。所谓 Standard SDK，只不过是微软把 Windows CE 中最常用的一些功能取出来作为一个“标准”的 SDK，使用 Standard SDK 开发的应用程序，可在大多数 Windows CE 平台上运行。但是 Standard SDK 也并不是万能的，例如，Standard SDK 不支持中文和 DirectX 等。

应用开发人员可由两种途径获得 SDK：

(1) 从微软或者第三方处获得 SDK；

(2) 通过 Platform Builder 导出自己的 SDK。

如果开发人员希望该平台可扩展，其他应用可在该平台运行，则基本原则是谁建谁就负责提供，即谁构建了该 Windows CE 平台，谁就应该负责提供该平台的 SDK。当然，有些平台是没有必要扩展的，也就没有必要为它提供 SDK。典型的代表是便携式视频播放器(Portable Media Center)。

如果应用程序所运行的平台不是由自己构建的，而是由第三方提供的，那么第三方应该负责提供该平台上网 SDK。Pocket PC 和 Smartphone 是这类平台的典型代表。微软构建了基于 Windows CE 的 Pocket PC 和 Smartphone 平台，自然应该由微软提供 Pocket PC 和 Smartphone 的 SDK。

如果应用程序所运行的平台是由自己构建的，那么开发人员可通过 Platform Builder 的导出 SDK 功能创建自己的 SDK，被导出的 SDK 由头文件、库文件、运行文件、平台的外延和帮助文件等组成。应用程序开发人员可以利用这个 SDK 去关联 Microsoft embedded Visual C++ 4.0 或 Microsoft Visual Studio .NET，为特定平台开发应用，也可把导出的 SDK 发布给其他用户安装。PB、SDK 和开发工具之间的关系如图 7.10 所示。

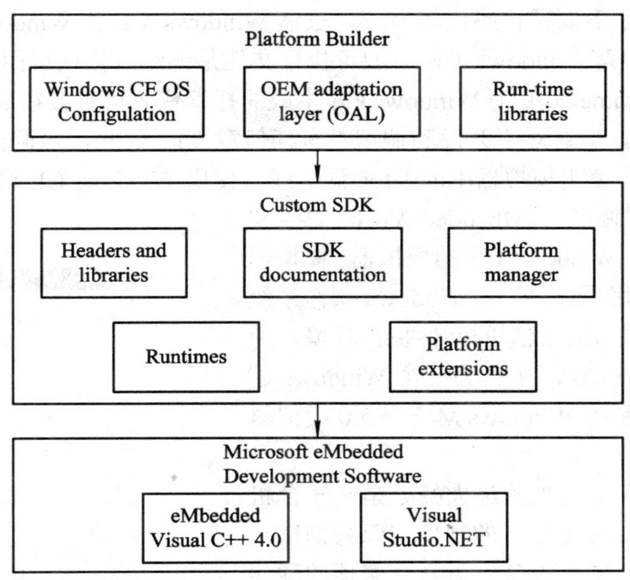

图 7.10 PB、SDK 和开发工具之间的关系

7.3.2 代码编写和调试

1. 代码编写

在安装好合适的 SDK 后，就可通过 Windows CE 中的开发应用程序的工具 eMbedded Visual C++ 或 Visual Studio 编写应用程序了。编码过程与桌面 Windows 应用程序开发没有太大的区别。在编码的过程中要明白两个概念：本机码和托管码。

(1) 本机码。一般来说，使用 eMbedded Visual C++开发的应用程序代码又称为本机码(Native Code)。本机码应用程序使用一套特定软件平台的应用程序开发接口(API)来开发，并且被编译成一个特定处理器(Microprocessor)的目的码(Object Code)或机器码(Machine Code)。一般情况下，本机码提供较高的效能(Performance)和最小的资源需求，但是被编译好的本机码或可执行文件(Executable)却只能在此特定软件平台和特定处理器上运行。此外，开发本机码应用程序常需要应用程序开发者自行处理类似内存管理、资源管理、安全性管理等事务，而这些通常必须要由经验丰富的 C++应用程序开发工程师来处理。

(2) 托管码。利用 Visual Studio.NET 的 Visual C#.NET 或 Visual Basic.NET 开发出来的.NET Compact Framework 应用程序代码称为托管代码(Managed Code)。托管码应用程序是

通过使用一套运行时环境(Run-time Environment)的应用程序开发接口(API)来开发的。一般情况下，托管码应用程序的开发会比较简单和快速，并且可跨软件平台和处理器来运行，所以开发出的托管码也能重新使用并有较高的可移植性(Portable)。另外，内存管理、资源管理、资源收集(Garbage Collection)、安全性管理等琐碎的工作都由运行时环境来处理，应用开发工程师无须费心处理。托管码应用程序在目标机器上运行时，通过目标机器端的实时编译器(Just-in-Time Compiler)来实时地把托管代码编译成目标机器码后在目标机器上运行。

2. 代码调试

在 Windows CE 下调试代码比较繁琐。虽然 Windows CE 和 Windows 使用相同的可执行 PE 文件格式，但是 Windows CE 下的可执行文件是无法直接在桌面 Windows 中运行的(用.NET Compact Framework 为 Windows CE 生成的托管代码可直接在装有.NET Framework 的 Windows 中运行，但这对于开发和调试没有任何意义)。因此，要调试 Windows CE 下的代码，有两种选择：使用模拟器(Emulator)调试或者使用 Windows CE 设备调试。

(1) 使用模拟器调试。eMbedded Visual C++和 Visual Studio 都带有 Windows CE 的模拟器。模拟器是一个 Windows 应用程序，它在 Windows 操作系统下为 Windows CE 提供了虚拟的硬件执行环境，使 Windows CE 可在 Windows 中作为一个 Windows 进程执行。图 7.11 所示为 Windows Mobile 5.0 模拟器的界面。

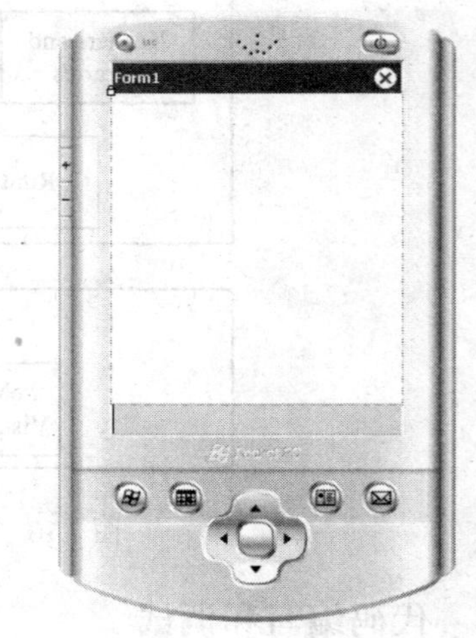

图 7.11　Windows Mobile 5.0 模拟器

模拟器给开发人员带来的最大好处是在一台机器上就可完成 Windows CE 下的软件编码与调试，而无需 Windows CE 硬件设备，可省去繁琐的硬件连接与昂贵的硬件设备。

和桌面 Windows 应用开发一样，可通过在代码中设置断点以及单步跟踪代码等方式进行调试。在 Windows CE 5.X 之前，Windows CE 的模拟器都是在模拟 X86 CPU 上运行的。Windows CE 5.X 中新增加了基于 ARM CPU 的模拟器。这样，如果应用程序最终运行的平台是 ARM，那么开发人员就可选用基于 ARM 的模拟器，进一步减小因为模拟器与真实设备体系结构不同造成的错误。

模拟器不但可用来测试代码，还可方便地访问 Windows 中的文件和用来测试定制的 Windows CE 操作系统。使用模拟器的优点非常明显，但是模拟器毕竟只是一个虚拟的执行环境，其缺点也是显而易见的。模拟器只是模拟 Windows CE 可运行的部分硬件，因此，与红外、蓝牙、Wi-Fi、USB 及 IEEE 1394 等硬件设备相关的应用程序无法在模拟器上运行。所以，本书仅仅在应用程序开发部分使用模拟器，其余部分都使用硬件设备。建议读者在学习 Windows CE 时也尽量使用真实硬件，以免产生“模拟器依赖”。

(2) 使用 Windows CE 设备调试。使用基于 Windows CE 的设备调试类似于传统的嵌入式开发调试。有了开发机和目标机的概念，PC 机和 Windows CE 设备就分别充当开发机和目标机的角色。

这里先向大家介绍一款非常有用的工具 ActiveSync。它是由微软提供的并且可以让 Windows CE 设备和桌面 Windows 的 PC 机十分方便地进行通信连接，从而实现文件上传、远程调试等功能。可以说，ActiveSync 是桌面 Windows 与 Windows CE 之间的纽带。ActiveSync 的主界面如图 7.12 所示。

当看到图 7.12 所示窗口跳出后，可以注意到 PC 任务栏右下角的 ActiveSync 变成了绿色，这说明一切准备就绪。

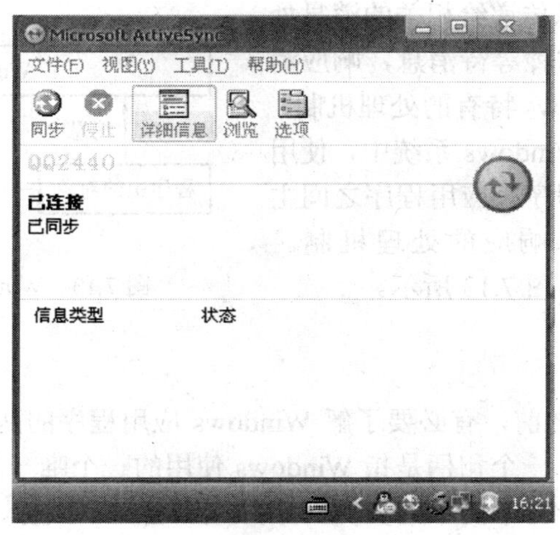

图 7.12 ActiveSync 的主界面

在物理层，ActiveSync 可通过串口、红外、USB 端口和以太网与 Windows CE 设备进行连接。因此，要使用 ActiveSync 与 Windows CE 设备成功连接，必须确保 Windows CE 设备与 PC 机至少有一条可用的串口、USB 或以太网连接。

在完成上述连接之后，就可以使用 ActiveSync 下载编写的应用程序和进行代码调试。只要能够在目标设备和开发机之间正确地建立连接，通过设备调试与通过模拟器调试的方法就基本一致了。

7.4 Windows CE 应用程序接口

7.4.1 Windows 程序设计基础

Windows 程序设计是一种事件驱动的程序设计模式。在程序提供给用户的界面中有许多可操作的可视对象。用户从所有可能的操作中任意选择，被选择的操作会产生某些特定的事件，这些事件发生后的结果是向程序中的某些对象发出消息，然后这些对象调用相应的消息处理函数来完成特定的操作。Windows 应用程序最大的特点就是程序没有固定的流程，而只是针对某个事件处理有特定的子流程，Windows 应用程序可以说是由许多这样的子流程构成的。

Windows 应用程序在本质上是面向对象的。程序提供给用户界面的可视对象在程序的内部一般也看做一个对象，用户对可视对象的操作通过事件驱动模式触发相应的消息处理函数。程序的运行过程就是用户的外部操作不断产生事件，这些事件又不断被处理的过程。

Windows 这种事件驱动模型的实质源于 Windows 的消息响应机制。在 Windows 应用程序中，事件产生消息，消息对应着事件。所谓事件响应，其实就是对各种消息的响应。用户要操作 Windows 程序，必须借助鼠标或者键盘(在 Windows CE 中为触摸笔、按键等)等人机交互工具。Windows 系统以特定的频率捕捉各种消息，当捕捉到发往本应用程序的消息时，Windows 应用程序将消息传递给相关的消息处理函数做相应的处理。这种等待消息，响应消息的操作方式就是 Windows 特有的处理机制，称为消息处理机制。在 Windows 系统中，使用者与系统、系统与应用程序、应用程序之间主要就是采用了这种消息响应的处理机制。Windows 程序工作原理如图 7.13 所示。

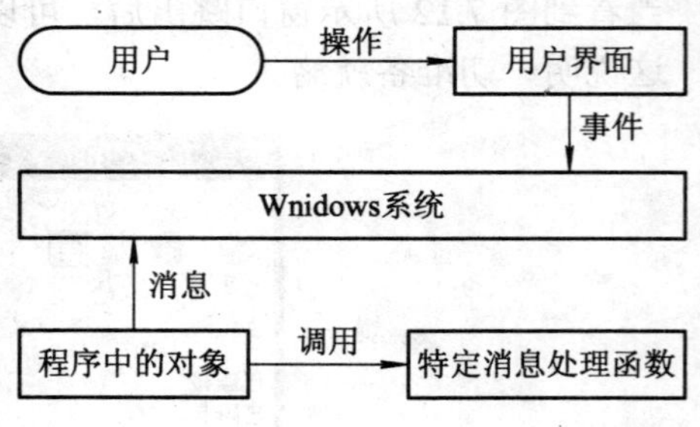

图 7.13　Windows 程序工作原理

7.4.2　Win32 API

在介绍 Win32 API 之前，有必要了解 Windows 应用程序的两个概念：句柄(Handle)和 Windows 消息(Message)。一个句柄是指 Windows 使用的一个唯一的整数值，用于标识应用程序中不同的对象和同一对象的不同实例。诸如一个窗口、图标、菜单、滚动条、输出设备或者文件等均有一个对应的句柄值。

Windows 应用程序利用 Windows 消息(Message)与其他 Windows 应用程序及 Windows 系统进行信息交换。由于 Windows 应用程序是消息或事件驱动的，因此 Windows 消息的工作机制就显得很重要了。Windows 消息由三部分组成：消息号、字参数(wParam)和长字参数(lParam)。消息号由事先定义好的消息名标识；字参数(wParam)和长字参数(lParam)用于提供消息的附加信息，附加信息的含义和具体的消息号的值相关。在 Windows 中，消息往往用一个结构体 MSG 来表示，结构体 MSG 的定义如下：

```
Typedef struct tagMSG{                          //结构体 MSG
        HWND      hWnd;
        UINT      message;
        WPARAM    wParem;
        LPARAM    lParam;
        DWORD     time;
        POINT     pt;
}MSG;
```

其中，定义如下：

➢ hWnd：用以检索消息的窗口句柄，若此参数为 null，则可检索所有驻留在消息队列中的消息；

➢ message：代表一个消息的消息值，每一个 Windows 消息都有一个消息值，该值由 Windows.h 头文件中的宏定义来标识；

➢ wParam 和 lParam：包含有关消息的附加信息，它随不同的消息而有所不同；

➢ time：指定消息送至队列的时间；

➢ pt：指定消息发送时，屏幕光标的位置。pt 的数据类型 POINT 是一个结构体。

POINT 的定义如下：

```
Typedef struvt tagPOINT{
        LONG x;                     //点在屏幕上的横坐标
        LONG y;                     //点在屏幕上的纵坐标
    }POINT;
```

将系统定义的消息进行分类，前缀符号经常用于消息宏，以识别消息所属的类。系统定义的消息宏前缀如下：

➢ BM：按钮控件消息；

➢ CB：组合框控件消息；

➢ DM：默认下压式按钮控件消息；

➢ EM：编辑控件消息；

➢ LB：列表框控件消息；

➢ SBM：滚动条控件消息；

➢ WM：窗口消息。

关于 Windows 中各条消息的具体定义可以参考相应的帮助文件或者程序设计参考手册。

除系统定义消息外，应用程序还可以定义其自己的消息，供内部应用程序和系统内其他进程通信用。不同类型的 Windows 消息的取值范围如表 7.4 所示。

表 7.4 不同 Windows 消息类型的取值范围

消 息 类 型	取 值 范 围
系统定义消息(部分 I)	0x0000～0x03FF
用户定义内部消息	0x0400～0x07FF
系统定义消息(部分 II)	0x8000～0xBFFF
用户定义外部消息	0xC000～0xFFFF

为使用户定义的外部消息在整个系统中保持有效，应用程序可以调用函数 RegisterWindowMessage 注册消息。此函数保证有效消息值，并防止同一随机值被用于两个或更多进程内用户定义的外部消息而产生冲突。

Windows 应用程序接收以各种形式输入的消息。这些消息包括键盘的当前状态、光标位置、鼠标状态以及产生消息的时间等。0x07FF 系统监视着所有的设备并将输入的消息放入消息队列中，随后将系统队列中的输入消息复制到相应的应用程序队列中，应用程序的消息循环便从消息队列中检索消息并将每一个消息发送到相应的窗口函数中。

在了解了句柄和 Windows 的概念之后，我们将进一步了解 Win32 API 的功能和特点。

Win32 API 是微软 32 位 Windows 平台的应用程序接口(Application Programming Interface)。微软所有的 32 位操作系统平台都支持统一的 API，包括函数、结构体、消息、宏以及接口等。也就是说，所有在 Win32 平台上运行的应用程序都会直接或者间接地调用这些函数。正是由于 Win32 API 接口的良好定义，所以使用 Win32 API 编写的应用程序可在不同的 Windows 平台之间基本实现代码级的兼容。可以说，Win32 API 是认识 Windows 操作系统的一面镜子，通过它，用户可以深入系统地掌握 Windows 的方方面面。很难想象，一个程序员在没有掌握 Win32 API 的情况下，能编制出很好的基于 Windows 的应用程序来。

在实际的开发流程中，可以把许多的 Windows 下的应用程序移植到 Windows CE 上，而且所需的工作量远小于重新开发这些程序。将程序移植到 Windows CE 的过程中要注意 Win32 API 和 Windows CE API 之间的不同，具体介绍如下：

➢ Windows CE API 是 Win32 API 的一个子集，而且其中部分函数的功能已经精简。例如对颜色和字体的支持更加有限。

➢ Windows CE API 具有对 Windows CE 的特定扩展功能，其中的一些功能，如触摸屏(Touch Screen)和通知(Notification)需要设备在硬件功能上的支持。

➢ 对异常处理的使用具有限制。虽然支持 Win32 的结构化异常处理，Windows CE 却并不支持 C++异常处理。

当从 PC 平台移植已有的 Win32 应用程序到 Windows CE 时，主要的问题通常是找不到合适的 Windows CE API 来替换原有的 Win32 API。应用程序需要满足 Windows CE API 以及目标系统功能上的限制。

7.4.3 MFC

Win32 API 接口基本上使用 C 语言描述。使用 C 语言调用 Win32 CE API 是 Windows 下最简单、最直接的编程办法。但是随着面向对象技术，尤其是 C++语言的广泛使用，Win32 API 的编程模型受到了面向对象技术的冲击。为了适应 Windows 下面向对象程序设计技术的要求，微软推出了 MFC(Microsoft Foundation Classes)。

MFC 是一个基于 C++语言的面向对象的程序设计框架，它是微软随 Visual C++一起提供的基础类库并经过优化和严格测试，封装了大量的 Windows SDK 函数和典型 Windows 应用程序的默认处理。用户只需要进行较少的编程即可完成开发任务，从而大幅度提高了程序开发的效率和速度。MFC 提供了大量的基类供程序员使用，常用的有 CwinApp、CframeWnd、CMDIFrameWnd、Cview、CDC、Cdocument 等。

使用 MFC 类库的好处是：一方面，MFC 提供了一个标准化的结构，这样开发人员可从一个较高的起点编程，从而节省大量的时间；另一方面，它提供了大量的代码，对程序的控制主要由 MFC 框架完成，而且 MFC 也完成了大部分的功能，可预定义或实现许多事件和消息处理等等。MFC 框架可由其本身处理事件，无须依赖程序员的代码，也可调用程序员的代码来处理应用程序特定的事件。

MFC 的优越性主要体现在以下几个方面：

(1) 完整地封装了 Windows API 函数。MFC 为经常使用的 Windows API 函数提供支持，包括窗口函数、消息、控件、菜单、对话框、GDI 对象、对象链接和多文档界面等。同时，也提供了具有共性的应用程序的支持，如打印、状态条、工具条、数据支持和 OLE 支持等。

(2) 支持多线程。所有的应用至少有一个线程，这个线程由 CwinApp 类的对象使用，被称为主线程。为了便于多线程编程，MFC 还提供了同步对象类。

(3) MFC 提供了消息自动处理。MFC 自动处理每个 Windows 消息，替代了 Switch case 语句。

(4) 在同一个程序中可同时使用 MFC 类和 Windows API 调用。

(5) MFC 使用与 Windows API 相同的命名约定。用户可根据类名知道类的功能。

(6) 大大减少应用程序的编程量。使用 MFC 创建一个窗口所需的代码大约只是传统方法编程的 1/3，这可以使程序员只花很少的时间与 Windows 打交道，把更多精力集中在开发自己的程序代码上。

为了适应嵌入式和 Windows CE 的要求，Windows CE 中的 MFC 对桌面 MFC 做了一定的改动。Windows CE 中的 MFC 增加了一些 Windows CE 特有的类，如 Windows CE 中一个重要的新特性命令条(Command-bar)控制类；同时删除了对其他一些类的支持。如果应用程序是用标准 MFC 编写的，需要仔细检查应用程序所用的类、方法和属性，并确认它们在 Windows CE MFC 中是否兼容。至于 MFC 类库中的类，其实绝大部分是从基类 CObject 派生出来的，只有少部分例外。具体内容可以参考相关书籍。

7.4.4　ATL

活动模板库(ATL，ActiveX Template Libray)是一套 C++ 模板库。它是一个基于 C++的框架，使用它可以大大简化组件的开发过程并提高代码的效率。ATL 同微软的 MFC 有异曲同工之处。MFC 的存在已经有十来个年头，它已经成为了占主导地位的 Windows 应用程序框架。然而在很多情况下，ATL 在开发基于 Windows 的软件上已呈现出后来居上的趋势。尤其是 ATL 提供了实现基于 COM 组件内核的支持，使得原本被认为高不可攀的 COM 编程变为现实。ATL 模板类可以完成一些非常繁琐的实现细节。下面简单介绍 ATL 所提供的一些功能。

- 具有 AppWizard 工具，其负责创建起始的 ATL 工程。
- 具有 Object Wizard 工具，其为基本的 COM 组件创建代码。
- 对低级别的COM功能的内置式支持，如IUnknown、类工厂和自注册(Self-registration)功能。
- 支持微软的接口定义语言(IDL，Interface Definition Language)，它提供了对自定义的 Vtable 接口的调度(Marshaling)支持，以及通过类型库进行描述(Self-description)的功能。
- 支持自动化(IDispatch)和双向接口(Dual Interfaces，也称为双重接口)。
- 可以支持开发效率更高的 ActiveX 控件。
- 提供了对基本的视窗功能的支持。

Windows CE 所支持的 ATL 是桌面 Windows 中 ATL 的一个子集。对于 ATL 的具体使用请参阅相关书籍。

7.4.5　.NET Compact Framework

.NET Compact Framework 是 .NET Framework 的子集，应用程序开发者可以使用相同和熟悉的 Visual Studio.NET 技术来开发 Windows CE.NET 装置的应用程序。Visual Studio.NET 2003(含)之后的版本支持应用程序开发者在 Visual Studio.NET 中使用 .NET Compact Framework 来开发和执行。开发环境对 .NET Compact Framework 的支持已经由 Visual

Studio.NET 来完成，而 Windows CE.NET 装置也必须支持.NET Compact Framework，以确保使用 Visual C#和 Visual Basic.NET 程序语言开发的应用程序可在装置上执行。

Windows CE.NET 是一个简洁、可靠、实时和多任务的嵌入式操作系统。而.NET 代表的是它实现(支持)了.NET 的技术。Windows CE.NET 版本的.NET 技术，我们把它称为.NET Compact Framework。顾名思义，Compact 表示.NET Compact Framework 是.NET Framework 的简洁版。简单地说，.NET Framework 主要由两大部分组成：Common Language Runtime(公共语言运行时，CLR)和.NET Framework class library。它提供了一个新的应用程序运行平台，一个高度管理的运行平台。使用者所开发的.NET Framework 应用程序在运行时通过.NET Framework 的运行平台展现出该应用程序的功能，并且被.NET Framework 的运行平台严格控制管理以减少应用程序出错而导致系统不正常的状况。另外，.NET Framework 也大大地简化了应用程序的开发和部署，开发出的应用程序是与硬件无关(Hardware Independent)的而且可跨机器平台执行。

.NET Compact Framework 目前有 1.0 和 2.0 两个版本。对于平台来说，Windows Mobile 2003 中自带了.NET Compact Framework1.0 版本，Windows Mobile 5.0 附带了.NET Compact Framework2.0 版本；对于开发工具来说，Visual Studio.NET 2003 附带了.NET Compact Framework1.0 版本，Visual Studio.NET 2005 附带了.NET Compact Framework 2.0 版本。

下面详细介绍.NET Compact Framework 的两个主要组件。

(1) Common Language Runtime(下文简称 CLR)可看成是一个运行时(Runtime)或者一个代理(Agent)。它负责管理程序代码的执行、管理内存(Memory Management)、管理线程(Thread Management)、转换和类型校验(Type Checking)等，以确保系统强固、稳定和安全。所以，那些通过 CLR 运行的应用程序或者程序代码(用.NET Compact Framework、Visual C#.NET 或 Visual Basic.NET 开发出的应用程序)又称做“被管理的程序代码”(Managed Code)；反之，那些不需通过 CLR 运行的应用程序或程序代码(EVC 开发出的应用程序)又称做“不被管理的程序代码”(Unmanaged Code)，或称做本机码或内驻码(Native Code)。

(2) .NET Compact Framework 类库。.NET Compact Framework 类库是与公共语言运行时(CLR)紧密集成的可重复使用类的集合，是提供给开发者的编程接口。前面我们已经说过，.NET Compact Framework 只是 .NET Framework 的简洁版，这里的简洁是指扩展的子集。一方面，.NET Compact Framework 去掉了一些不适于嵌入式应用或者无关紧要的功能和类；另一方面，.NET Compact Framework 中增加了一些特有的类库支持。要查看.NET Compact Framework 是否支持.NET Framework 类函数库中的某个类或者成员，可在参考技术文件中查看“Requirements”叙述的“Platforms”中是否列出“.NET Compact Framework”。但要注意的是，技术文件中所附的范例程序并未在.NET Compact Framework 中测试过，有可能完全兼容，可以运行，也有可能需要做小部分修改才能运行。

7.4.6　接口选择原则

Win32 API、MFC 和.NET Compact Framework 三种应用程序的开发选择各有优劣。根据前面介绍的内容，读者应该对本机码应用程序和托管码应用程序有初步的了解。表 7.5 列出了使用标准 Win32 API 或 MFC 来开发本机码与使用.NET Compact Framework 来开发托管码的优缺点。对于开发者来说可以作为参考。

表 7.5 使用 Win32 API 或 MFC 来开发本机码与使用.NET Compact Framework 来开发托管码的优缺点对比

API	优 点	缺 点
Microsoft Win32 API	➢ 最简化和最快的可执行文件(.exe)和动态链接函数库(DLL) ➢ 使用最少的内存 ➢ 控制平台程序(Control Panel Applets)必须用 Win32 开发外观延伸(Shell Extensions)。例如软件输入平板(Software Input Panel)、用户界面表层(User Interface Skin)、软件时钟等，必须用 Win32 开发 ➢ 不需要任何运行时(Runtime)，直接在 Windows CE.NET 上运行	➢ 晦涩难懂的低阶 API 资源及对象的清除释放必须由程序自行处理，一不小心常会造成内存溢漏(Memory Leaks) ➢ 面向过程(Procedure-oriented)的 API，没有面向对象的概念
MFC	➢ 支持面向对象(Object-oriented)，包括继承(Inheritance)、封装(Encapsulation)、多态(Polymorphism)和函数重载(Function Overloading)等 ➢ 容器类(Container Classes)支持数组(Arrays)、链接(Lists)、对象映射(Object Maps)和简化的数据处理(Data Handling) ➢ 类型安全(Type Safety) ➢ 强大的工具支持，一系列的向导(Wizard)来协助加入窗口信息处理(Message Handlers)、虚拟函数(Virtual Function)、窗体(Forms)和类(Classes)等	➢ 虽然代为处理部分的资源及对象的清除释放，但某些时候仍须由程序自行处理，一不小心常会造成内存溢漏
.NET Compact Framework	➢ 简单易懂的 API ➢ 支持面向对象，包括继承、封装、多态和函数重载等 ➢ 容器类别支持数组、链接、对象映射、简化的数据处理、紧凑表(Hashtables)、对照表(Dictionaries)和堆栈(Stacks)等 ➢ 类型安全(Type Safety) ➢ 命名空间(Namespaces) ➢ 自动自愿回收以避免内存溢漏 ➢ 具有可移植性(Portable)的机器指令集(MSIL，Microsoft Intermediate Language/CIL，Common Intermediate Language)提供可执行文件(.exe/.dll) ➢ 迅速开发网页服务端(Web Service Clients) ➢ 支持 XML ➢ 优异的工具支持，例如，整合的窗体设计师(Integrated Forms Designer)可自工具箱(Toolbox)拖拽(Drag & Drop)项目(Items)来设计窗体，并可自动产生程序代码	➢ 频繁的托管码实时编译使得执行效率最小 ➢ 常需要使用包装 Win32 的方式来使用 COM 对象的接口函数 ➢ 未提供原始码

Win32 是操作系统提供的应用程序开发接口，可用来开发应用程序、驱动程序、控制面板程序和动态链接函数库等，并且开发出来的程序可以有最小的文件大小。因为 Win32 是操作系统提供的最低阶的应用程序开发接口，所以使用 Win32 开发应用程序需要较长的开发时间。当要开发驱动程序、控制面板程序、低阶程序代码或实时程序代码等时，Win32 是唯一的选择。当开发应用程序时，除了 Win32，还可以使用 MFC 或.NET Compact Framework。我们可以把一台 Windows CE 装置看成是由层次化的软件组成的：最底层是使用 Win32 本机码所开发出的驱动程序；最底层上面是由许多个类似数据解析(Data-analysis)、DLL 和 COM 组件等的中介层(Middle-tier)程序组成的中间层，该层各部分可用 Win32 本机码、MFC 或 ATL 来开发；最上层则是提供用户接口和图形窗口接口的应用程序，这些用户应用程序除了使用 Win32、MFC 和 ATL 来开发外，还可以使用.NET Compact Framework 来开发。

7.5　开发 Windows CE 应用程序的注意事项

在掌握了以上 Windows CE 应用程序的开发工具和方法后，剩下的就是一些对细节的把握。在这里要提醒读者一些在 Windows CE 下开发应用程序和一般桌面 Windows 系统开发应用程序的不同之处和注意事项，如表 7.6 所示。

表 7.6　开发应用程序的不同之处及注意事项

比较项目	不同之处及注意事项
CPU	Windows CE 装置的 CPU 效能通常比 PC 低，且没有协同处理器，所以应避免复杂的数学运算和图形显示
屏幕	Windows CE 装置通常使用小尺寸的显示屏和较低的分辨率，因此应用程序的窗口大小比必须符合硬件的限制
输入装置	Windows CE 装置常频繁地使用触摸屏或者输入笔来作为输入工具，因此在开发应用程序时必须了解输入设备与鼠标在使用上的差别与信息的处理
资源	因为 Windows CE 装置资源有限，所以开发应用程序时必须注意资源的取得、使用及释放
Unicode	传统使用 ASCII 字符集时只使用一个字节来表示字符，其目的是让我们可以很快且很容易地制作成多国语版本并快速地移植应用程序。但是应用程序开发者要注意内存的使用和释放，因为使用 Unicode 字符集表示字符串会比使用 ASCII 字符集表示字符串多占一倍的空间。另外应用程序开发者要处理必要的字符集转换，例如 Unicode 字符转换成 ASCII 字符，或 ASCII 字符转换成 Unicode 字符
控件	Windows CE 装置资源比较少，与桌面 Windows 系统相比较，有些控件在 Windows CE 上是不支持的，或有些控件的功能变少
窗口	因为资源有限的关系，Windows CE 应用程序窗口的功能会比台式计算机及 Windows 操作系统简单，所以有些功能并不支持，例如窗口不能动态地改变大小
文件服务和目录服务	Windows CE 装置只支持 FAT32 文件系统、简化的目录服务、简单的安全保护和稽核
开发跨平台的应用程序	使用跨平台的表头文件及引用文件，以避免使用与硬件相关或与平台相关的程序代码，使应用程序跨硬件平台且更有可重用性

除了上述强调的部分外，使用 eMbedded Visual C++为 Windows CE 开发应用程序和使用 Visual C++为一般 Windows 系统开发应用程序的方法几乎一样。它们有很类似的整合开发环境(IDE)和工具，有同样的窗口控制方式、同样的窗口信息传递、同样的资源使用和建立方式、同样的控件使用方法、同样的窗口，甚至同样的应用程序架构。因此，使用过微软 Visual C++开发应用程序的读者在使用 EVC 为 Windows CE 开发应用程序时一定不会觉得陌生。

7.6　基于 VS 2005 的应用程序开发简例

为了开发基于 API 的 Windows CE(简称 Win CE)应用程序，需要安装 Visual Studio 2005(简称 VS 2005)集成开发环境和相应的 SDK。本节要求读者已经安装了 VS2005 及其补丁文件 VS2005 SP1 和 CHSINT SDK For WinCE 6.0(这里是基于模拟器定制的操作系统导出的 SDK)。

下面以“Hello World!”程序为例，介绍使用 VS2005 开发应用程序的步骤。

第一步：进入 VS2005 界面，如图 7.14 所示。

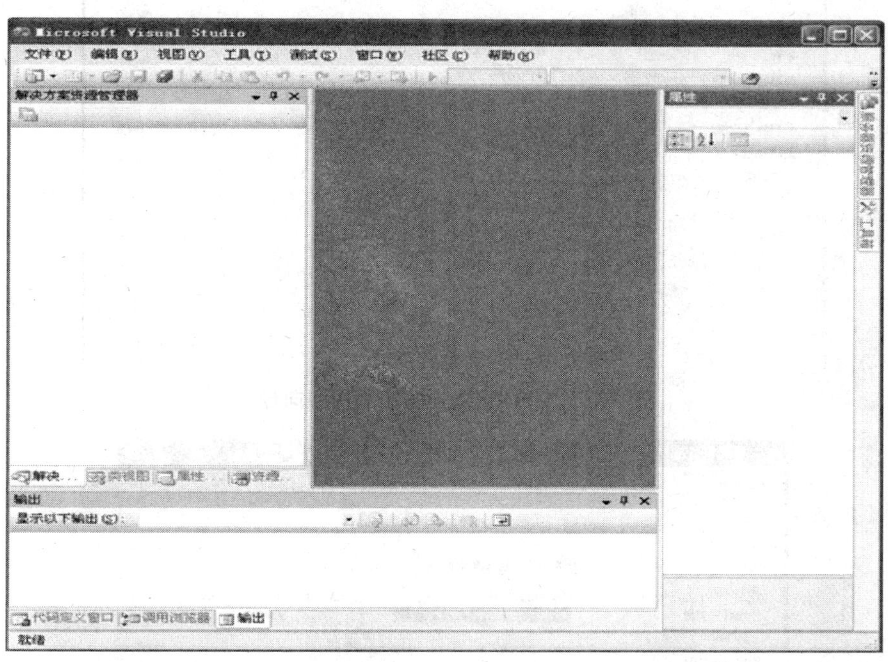

图 7.14　VS2005 界面

第二步：在 Visual C++下面新建一个工程，选择 MFC 智能设备应用程序，即可创建一个基于 VS2005 的应用程序。这里命名为“Hello World”，路径根据自己的实际情况进行设置，如图 7.15 所示。

第三步：进入 MFC 智能设备应用程序向导，单击下一步，如图 7.16 所示。

第四步：选择应用程序的 SDK 开发平台，这里选择定制的 CHSINT SDK For WinCE 6.0 的 SDK，如图 7.17 所示。

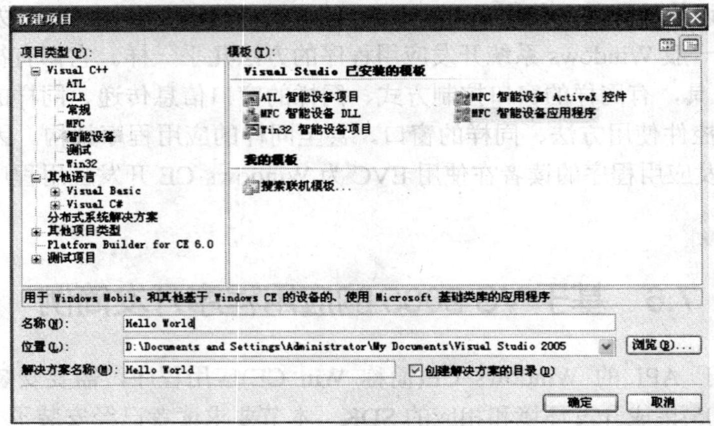

图 7.15　新建一个 VS2005 工程

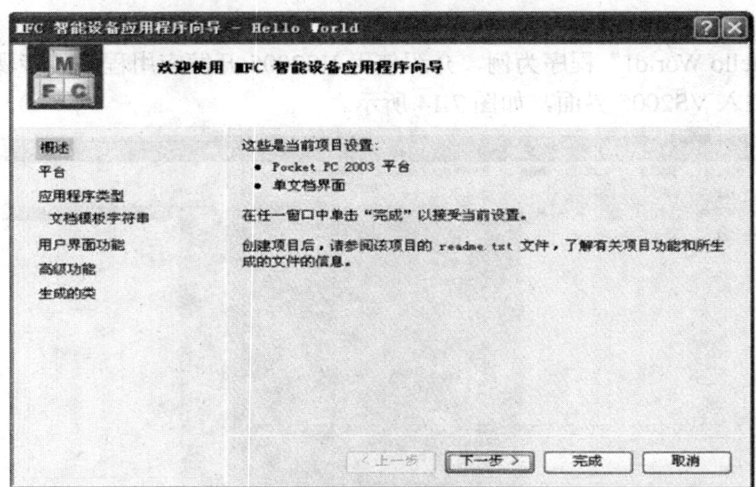

图 7.16　MFC 智能设备应用程序向导

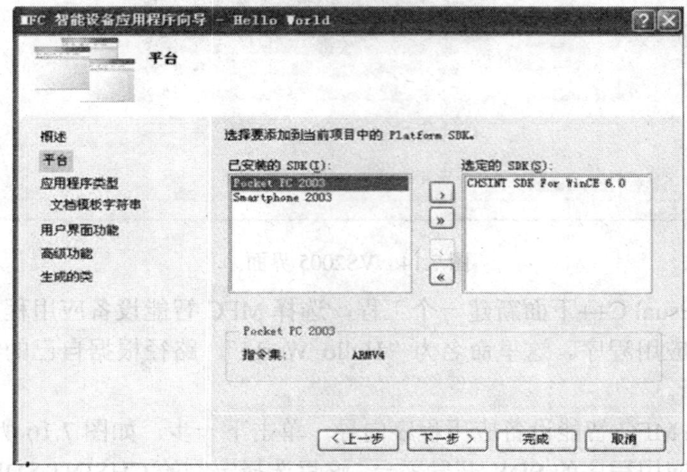

图 7.17　选择 SDK

第五步：选择创建 VS2005 应用程序的类型，此处有三个选项，分别为单文档、基于对话框和带文档列表的单文档。这里选择新建一个基于对话框的应用程序类型，如图 7.18 所示。

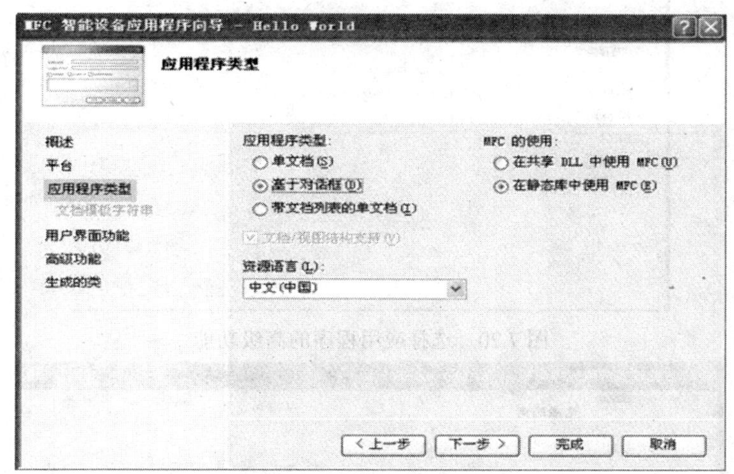

图 7.18　选择应用程序的类型

第六步：选择 VS2005 应用程序的用户界面功能，输入对话框标题“Hello World”，如图 7.19 所示。

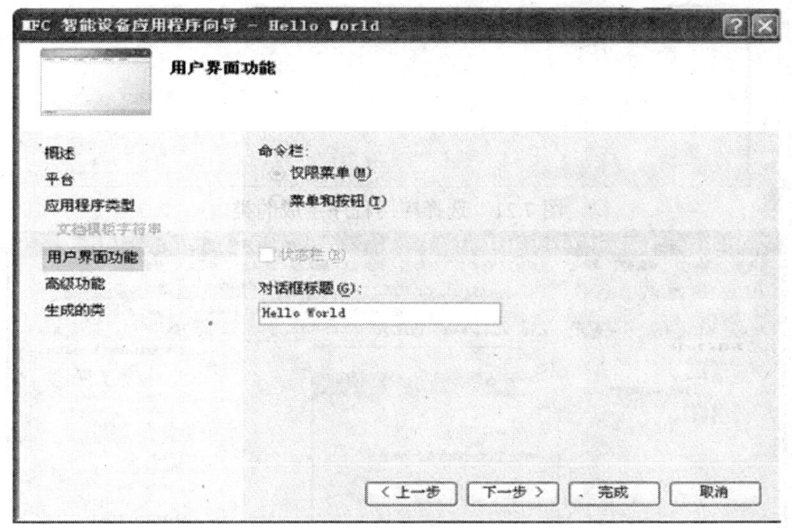

图 7.19　选择用户界面功能

第七步：选择应用程序的高级功能，这里提供了 ActiveX 控件和 Windows 套接字。本例中为方便初学者，二者都不选中，如图 7.20 所示。

第八步：选择生成的类，默认生成两个类，选择第一个 CHelloWorldApp 类，如图 7.21 所示。

第九步：单击完成按钮，进入 Hello World 应用程序的编写界面，选择资源视图下的 Hello World 下的 Dialog，双击对话框，如图 7.22 所示。

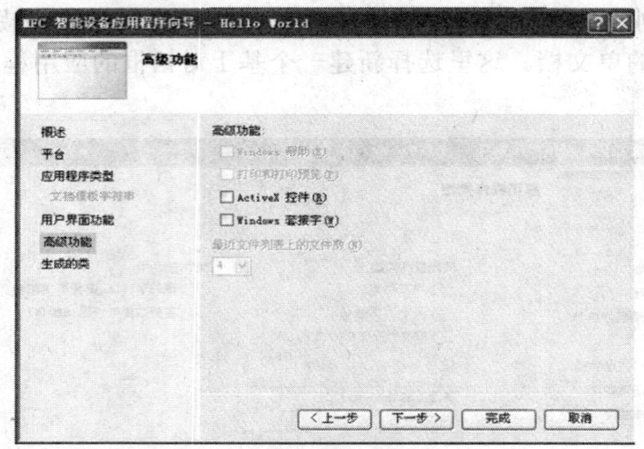

图 7.20　选择应用程序的高级功能

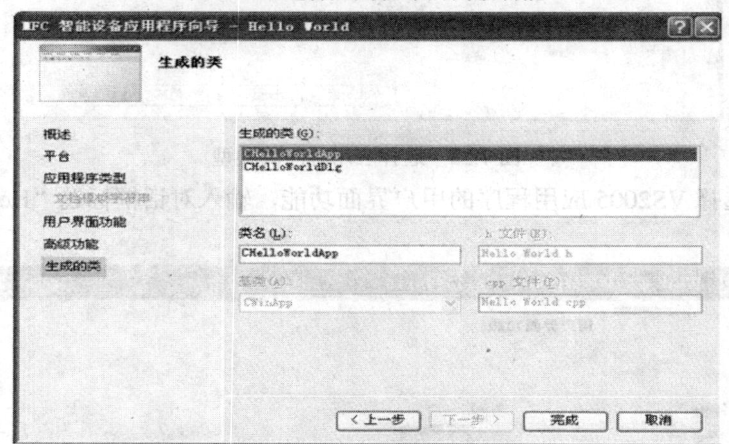

图 7.21　选择应用程序生成的类

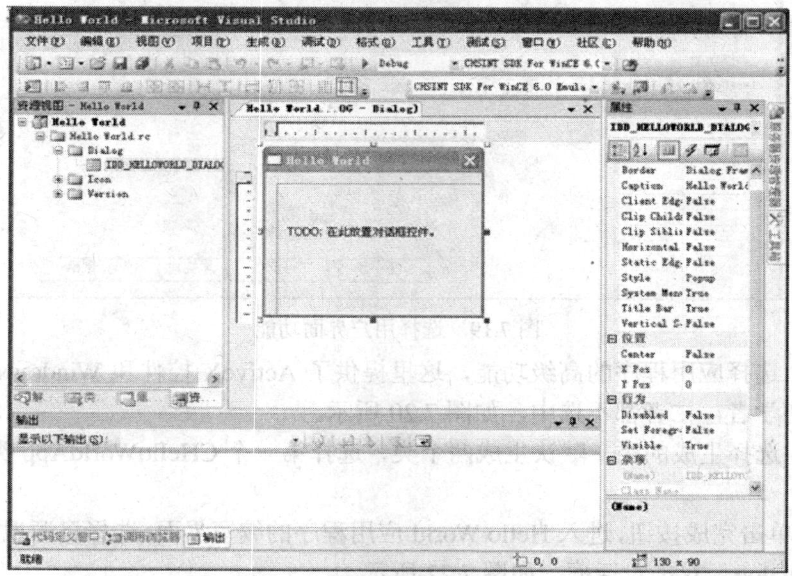

图 7.22　Hello World 开发界面

第十步：拖入右边的控件“Static Text”并在其属性里将 Caption 修改为“Hello World”，如图 7.23 所示。

图 7-23　加入 Hello World 的控件

第十一步：单击启动调试或者按 F5 键开始编译，出现 Hello World 的桌面，如图 7.24 所示。

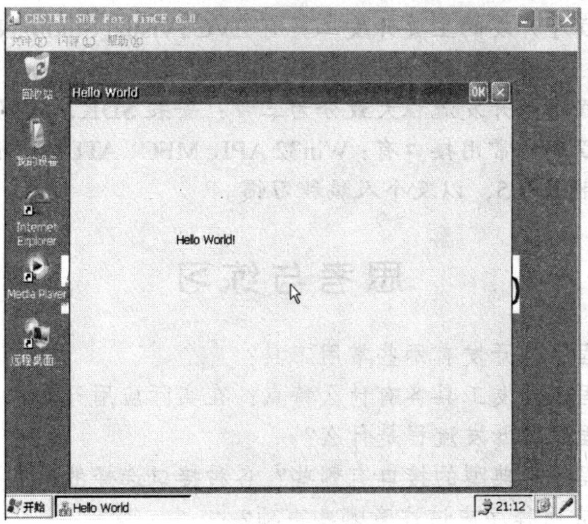

图 7.24　编译 Hello World

第十二步：单击模拟器界面里的 MyDevice，在目录 ProgramFile 下可以找到刚才编译的 Hello World 应用程序，如图 7.25 所示。

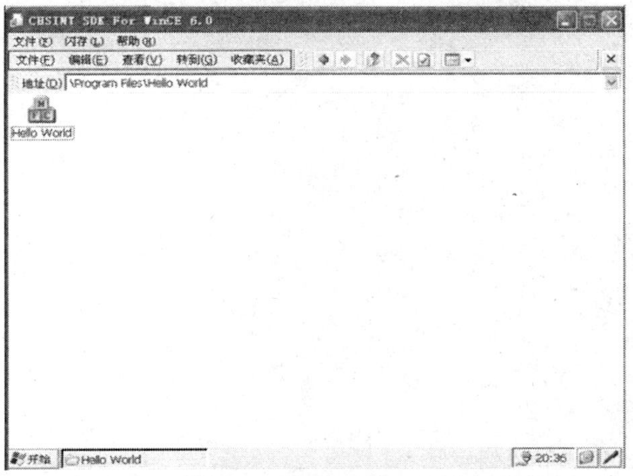

图 7.25　模拟器下的 Hello World 应用程序

至此，一个最简单的基于 VS2005 的应用程序开发就已经完成了。通过本节的学习，希望读者能够熟悉 VS2005 的编程环境。在学习的过程中，建议读者先去读懂那些资深程序员编写的优良代码，然后尝试修改，最后再自己编写，这样效果会更好。

7.7 本章小结

本章主要介绍了基于 WINCE(Windows CE)操作系统的上层应用程序的开发。首先对应用程序开发进行了简单介绍，接着介绍了 WINCE 系统下的应用程序的开发工具、流程开发、开发编程接口，然后介绍了开发应用程序应该注意的一些事项，最后给出了一个基于 VS 2005 应用程序开发简例。

通过本章内容的学习，读者应该掌握以下内容：

➢ WINCE 应用程序开发的主要开发工具有 EVC、Visual Studio.NET、Visual Studio 2005 和 Platform Builder。

➢ WINCE 应用程序的开发流程大致分为三步：安装 SDK，代码编写和调试。

➢ WINCE 应用程序的常用接口有：Win32 API、MFC、ATL 和.NET Copact Framework。至于如何选择可以参照表 7.5，以及个人编程习惯。

思考与练习

1. WINCE 应用程序的开发有哪些常用工具？
2. WINCE 应用程序开发工具各有什么特点？在实际应用开发中，应该遵循什么原则？
3. WINCE 应用程序的开发流程是什么？
4. WINCE 应用程序中典型的接口有哪些？各种接口选择的原则是什么？
5. 开发 WINCE 应用程序应该注意哪些事项？
6. 什么是托管码？什么是本地码？
7. 结合本章的实例，自己开发一个小型的 EVC 应用程序。

第 8 章　Windows CE 驱动程序开发

本节将介绍 Windows CE 驱动程序设计的基本知识。主要以 Windows CE 驱动程序的整体架构为基础，对驱动程序的模型及分类做一个大概的介绍。

8.1　Windows CE 驱动程序开发基础

8.1.1　Windows CE 驱动程序概述

现代操作系统对内存、端口等资源均采取了保护措施。一般的应用程序不能直接访问硬件，必须通过设备的驱动程序来和硬件交互。设备驱动程序运行于操作系统核心态，具有同操作系统内核一样的最高运行权限。

设备驱动程序(Device Driver)是一种可以使计算机和设备通信的特殊程序。在微软提供的 MSDN 中是这样定义设备驱动程序的：设备驱动程序是与硬件设备进行通信的系统程序。一个设备可以是物理设备，也可以是一个逻辑实体。通常，这些实体需要操作系统对其进行控制和资源管理。设备驱动程序就是管理这些物理设备或者虚拟设备、协议或者系统服务的软件模块。对于每一个基于 Windows CE 的设备，设备驱动程序都是必不可少的。

从宏观角度来看，驱动程序只是添加到操作系统中的一小块代码，其中包含有关硬件设备的信息。操作系统只能通过这些信息去控制硬件设备的工作，假如某设备的驱动程序未能正确安装，便不能正常工作。设备驱动程序用来将硬件本身的功能告诉操作系统，完成硬件设备电子信号与操作系统及软件的高级编程语言之间的互相翻译。当操作系统需要使用某个硬件，比如让声卡播放音乐，它会先发送相应指令到声卡驱动程序，声卡驱动程序接收到后，马上将其翻译成声卡能听懂的电子信号命令，从而让音响播放音乐。所以说驱动程序提供了硬件到操作系统的一个接口来协调二者之间的关系，可以说驱动程序是操作系统和输入/输出设备间的粘合剂，也可以说是硬件和系统之间的桥梁。

由此可见，驱动程序是硬件设备的软件，其本质是软件和硬件的结合体。因此，设备驱动的开发具有一定的挑战性，要求驱动开发者不仅要熟练掌握软件开发的语言、方法和技巧，而且要求开发者具有良好的硬件设计基础，熟悉硬件操作逻辑，并能熟练阅读硬件规范，另外还要求驱动开发者熟悉操作系统的驱动程序架构。

8.1.2　Windows CE 驱动程序模型

对于一个基于 Windows CE 嵌入式操作系统的设备来说，由于外部环境对其要求越来越高，因此操作系统和外设交互的复杂程度也在不断的提高。为了使驱动程序更有效率地运行，有更好的灵活性和健壮性，在 Windows CE 中为驱动程序提供了一种分层的体系结构。每一个设备驱动程序都有一个上层和底层的接口。底层的驱动程序直接控制硬件。在底层和上层驱动程序之间是中间层驱动程序。每一层都会提供一些预先定义的数据结构，用来处理 I/O 数据。

通常对于某一类型的外设来说，操作系统都会提供特定的驱动模型。例如对于网卡驱动程序，Windows CE 提供了 NDIS(网络驱动器接口标准)接口，如果某块网卡想要在 Windows CE 下工作，则必须实现 NDIS 提供的一些接口函数。当然，在不同的操作系统下，规定的接口是不尽相同的。目前 Windows CE 提供了 4 种设备模型，其中 2 种专门用于 Windows CE 模型，另外 2 种模型来自于其他操作系统，如图 8.1 所示。

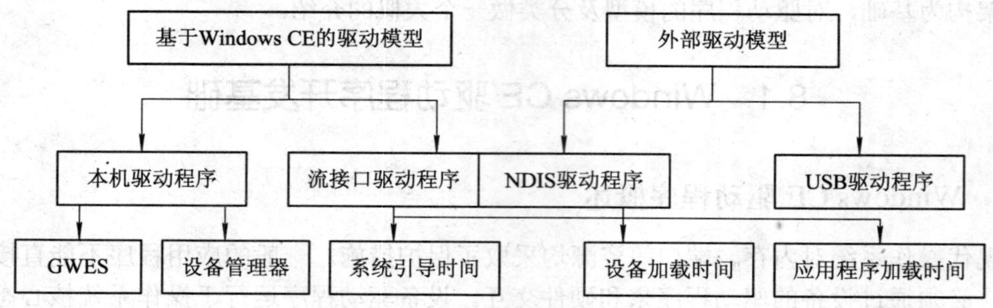

图 8.1　Windows CE 各种驱动模型的关系

1. 本机设备驱动程序

本机设备驱动程序(Native Driver)也叫做 Built-in 驱动程序，是硬件所必需的。在实际工作中，要把 Windows CE 移植到目标平台上，必须为在平台上建立的设备提供驱动程序。一些常用的设备如键盘、显示器、PC 卡插槽、触摸屏、电池等与操作系统间都有一个自定义的接口，这些接口对 Windows CE 来说是专用的，所以这类驱动就叫做本机设备驱动程序。一般来说，原始开发商在定制新的平台时才需要对本机设备驱动程序进行开发。

一般来说，本机设备驱动程序与平台联系的比较紧密，它总是在系统启动的时候进行加载，因此本机驱动程序对于 Windows CE 系统来说非常重要。这些本机驱动程序的好与坏，对系统的稳定性有很大的影响。因此为了提高系统的性能和安全性，微软对外围设备的扩展是通过定制接口的方式来实现的。也就是说，不需要直接和本机驱动程序打交道。但当在实际工作中，需要把 Windows CE 移植到目标平台上时，就需要根据平台具体的硬件来对本机驱动程序进行调整。图 8.2 展示了本地设备驱动程序的模型。

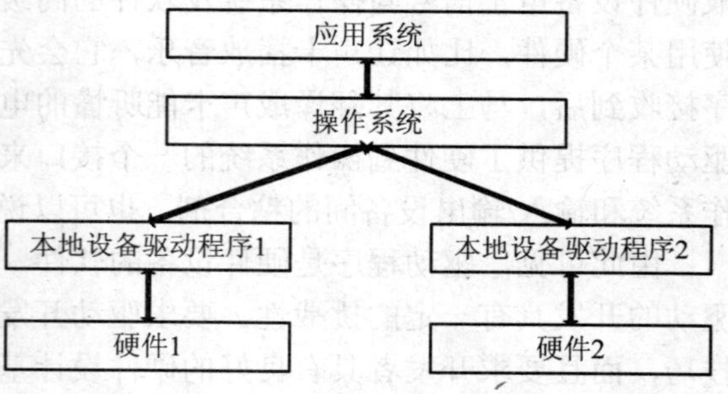

图 8.2　本地设备驱动程序的模型

2. 流接口驱动程序

在一个挂载有 Windows CE 的目标平台上，必然会有一些需要添加的外围设备，流接口驱动程序就是基于此而设计的。在直观上来看，流接口驱动程序是一个管理外围设备的用户级的动态链接库(DLL)，它可以接收来自管理设备的命令和应用程序通过系统调用的命令。在 Windows CE 中，流接口驱动程序可以支持任何类型的连接 Windows CE 系统的外围设备，常见的如调制调解器、打印机等。

在 Windows CE 中，在某些情况下需要对其添加必要的外围设备，此时就需要为其提供相关的驱动程序。而这个驱动程序就可以通过流接口驱动程序模型来为这些需要添加的外围设备提供驱动支持。微软对流接口驱动程序的接口进行了统一的规定，这些流接口函数被规定为一个函数集。这个函数集通过标准的文件 I/O 函数来表现设备的功能，并且通过设备管理器对其进行管理。

3. 网络驱动程序模型和 USB 驱动程序模型

在 Windows CE 中，两种驱动程序模型虽然作为外部模型而存在，但却有着很重要的作用。在实际的工作中，经常要和有着这两种驱动模型的外围设备打交道。图 8.3 和图 8.4 直观地展示了这两种驱动程序模型。

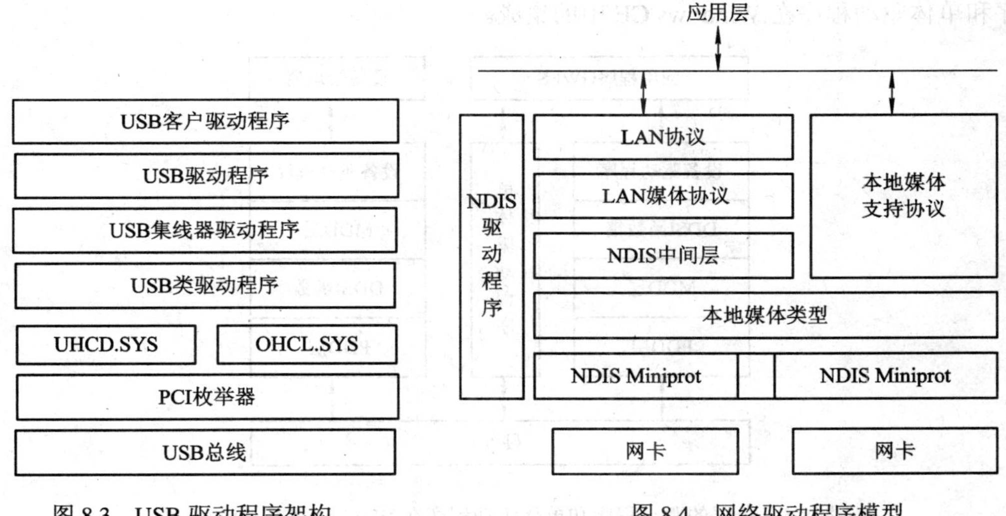

图 8.3　USB 驱动程序架构　　图 8.4　网络驱动程序模型

8.1.3　Windows CE 驱动程序分类

1. 内置驱动程序与可安装驱动程序

1) 内置驱动程序

内置驱动程序也称为本地驱动程序(Native Device Driver)。本地驱动程序是系统运行时所必需的，一般是由原始设备制造商(OEM)所建立的。具有本地驱动程序的设备有键盘、触摸屏、音频设备和 PCMCIA 控制器。这些驱动程序可能不支持常规设备驱动程序接口。实际上，这些驱动程序可能扩展了接口，或者对操作系统有一个完全自定义的接口。在操作系统新版本发布时，本地驱动程序经常需要做一些小的改动。

2) 可安装驱动程序

可安装驱动程序(Installable)通常称为流接口设备驱动程序，它可以由第三方生产商提供，以支持添加到系统中的硬件。因为 Windows CE 系统通常没有像 ISA 或 PCl 总线那样的用于附加插卡的总线，附加硬件通常通过 PCMCIA 或“小型快闪槽”来安装。在这种情况下，设备驱动程序将使用由低级 PCMCIA 驱动程序提供的功能来访问 PCMCIA 或“小型快闪槽”中的插卡。

此外，开发者可能会编写一个设备驱动程序来扩充现有驱动程序的功能。例如，可能会编写一个驱动程序来提供通过串行链接传输的压缩或加密数据流。在这种情况下，应用程序能访问加密的驱动程序，然后该驱动程序使用串行驱动程序来访问串行硬件。

在 Windows CE 下，微软提供了大量的驱动例程的源代码，这些源代码既有本地驱动程序，也有流接口驱动程序。此外，还有少数混合设备驱动，既导出一个定制的用户接口，又导出一个流接口。PC Card Socket 就是一个混合设备驱动的典型例子。

2. 单体驱动程序和分层驱动程序

在微软提供的例程中，从复杂性来讲，设备驱动程序可以分为两种：单体驱动程序和分层驱动程序。绝大部分驱动都是分层驱动程序。图 8.5 所示为 Windows CE 下的分层驱动程序和单体驱动程序在 Windows CE 中的集成。

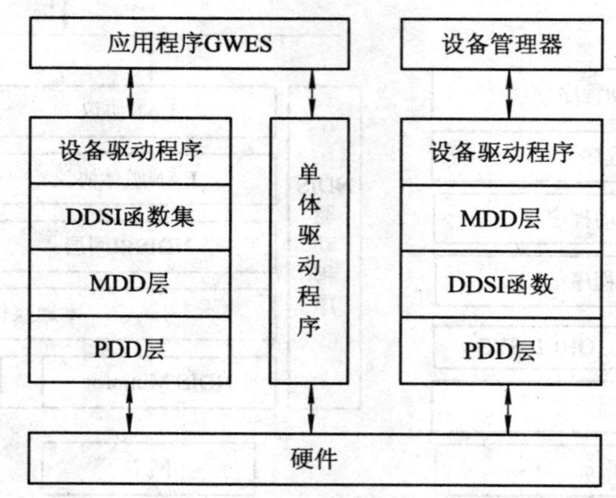

图 8.5 分层的驱动程序和单体驱动程序在 Windows CE 中的集成

1) 单体驱动程序

单体驱动程序也可以称为不分层的驱动程序。分层和不分层不是绝对的。不分层的驱动程序一般只用在非常关键的系统特性上，由中断服务线程代码和平台特定的代码组成，这对于实时要求很高的设备来说是一种很好的选择。对于单个设备来说，会使得其性能得到很大的提高。但是，这种方式并不是完美的，有时候会严重影响系统的效率。例如，对于一个键盘驱动，如果采用这种方式来处理，当频繁地使用键盘时，就会使得大量的系统资源浪费在处理键盘的中断上面，从而使得其他设备以及系统调度的总时间减少很多。

因此，驱动开发者在选择实现分层的驱动还是不分层的驱动的时候，要根据具体的硬件来进行适当的选择。

2) 分层驱动程序

分层驱动程序对于大多数外设来说是最好的选择。Windows CE 针对多个类别的设备作了不同类型的驱动程序的体系结构，使得同类型设备可以共用大部分的代码。分层驱动程序将驱动程序代码区分为模型设备驱动(Modle Device Driver)的上层和平台相关驱动(Platform Dependent Driver)的下层。MDD 层通过调用 PDD 层中的特定例程访问硬件的具体特性。MDD 一般的处理如下：首先定义设备驱动服务提供接口(DDSI)，这些接口作为 MDD 相对应 PDD 的需求，然后向系统范围提供设备驱动接口 DDI，DDI 处理一些复杂的任务，如中断的处理等。PDD 层在 OAL(OEM Abstract Layer)中实现，和具体的设备绑定，由完成特定任务的不同的功能函数所组成。

8.1.4　Windows CE 驱动程序源代码

为了帮助开发者快速地开发 Windows CE 驱动程序，微软在 Platform Builder 中提供了大量的驱动程序例源代码。同时，芯片厂商或 OEM 厂商有时也提供一些设备的驱动程序源代码，这些驱动程序源代码在多数情况下可以直接拿来使用，但是在少数情况下需要开发者根据自己的设备硬件特性做一些移植的工作，如修改例源代码、重新编译和调试驱动程序。移植工作虽然没有像开发一个全新的驱动程序那样富有挑战性，但它仍具有相当大的难度，其原因如下：

(1) 移植工作仍然要求开发者具有良好的软、硬件基础，熟悉驱动程序的基本开发和调试方法，并要求具有一定的开发环境和测试手段。

(2) 移植工作仍然需要了解驱动程序的架构，需要确切知道驱动程序对外暴露哪些接口，微软提供了哪些接口，还必须实现哪些接口等。

(3) 对于同一设备的驱动程序，其源代码往往位于 Platform Builder 多个不同的安装目录，移植工作首先需要找出所移植驱动程序的所有源代码的位置。

(4) 移植工作需要在所移植驱动程序的所有源代码中区分出与硬件有关的代码和独立于硬件的代码，熟悉每个软件模块的大致功能，找出需要更改的与特定硬件有关的代码，并详细分析这些代码。

(5) 大部分驱动程序的代码放在目录%_WINCEROOT%\public\COMMON\oak\drivers\下，这些驱动程序都是与平台无关的。此外，对于不同的平台，在 BSP 目录中也有一些驱动程序的代码，它们在%_WINCEROOT%platform\<BSP Name>\src \drivers\中，这些驱动都是与平台相关的。

(6) 移植工作所修改的源代码有可能仅仅只有几十行甚至几行代码，但在修改之前却需要花费大量的时间了解驱动架构、熟悉驱动接口、分析源程序代码、找出需要修改的位置。本质上讲，移植与从头开发一个驱动的差别仅仅在于少写了很多程序，省去了编写这部分程序的时间，但对驱动程序开发者的水平要求并没有丝毫的降低。

8.2　流接口驱动程序设计

驱动程序可帮助使用者更加方便地使用设备，驱动程序的编写方式通常是使其能够被应用程序开发人员作为一个黑盒使用。一个任务或者函数的简单命令就可以驱动设备。一旦有了驱动程序，应用程序开发人员即不需要知道设备的使用机制、地址、寄存器组、位和标志等情况。因此，在设计驱动程序的时候就需要其对所驱动的硬件的原理、功能和工作方式有充分的了解。

在 Windows CE 中，驱动程序分为本机设备驱动程序和流接口驱动程序。其中本机设备驱动程序主要是和系统本身自带的设备相关，而流接口驱动程序则针对 Windows CE 中所有外接的设备。本节主要探讨流接口驱动程序设计的一些基本方法。

8.2.1　流接口驱动程序的架构

流接口驱动程序的主要任务是把对外设相应的操作传递给设备管理器应用程序，这是通过把设备表示成文件系统的一个特殊的文件来完成的。驱动程序封装了所有的信息，这些信息对于将操作转换为被控制的设备适当的动作是有效的。对于所有的流接口驱动来说，不论它们管理内建设备还是可安装设备，或者在引导时被加载还是被动态地加载，与系统内其他的组件都有相同的交互。图 8.6 所示为系统启动时由设备管理器加载的内建设备流接口驱动程序的架构。

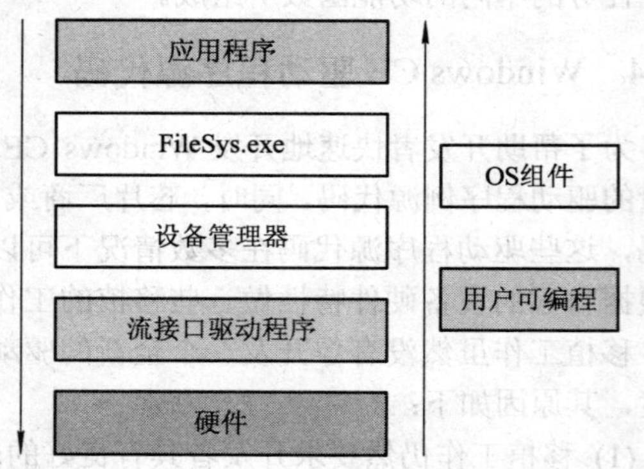

图 8.6　流接口驱动程序架构

8.2.2　设备文件名

1. 设备文件名的格式

在 Windows CE 中，设备文件名的格式延续了微软在 MS DOS 中一贯采用定义串口和并口的命名习惯。其名称由 3 个大写字母、1 位数字和冒号组成。文件系统就是通过这几个标志来识别设备的。例如在 PB 下微软自带的例程中，经常可以见到的 COM1、COM2 等都是采用这种方式命名的。

2. 设备文件名的前缀和索引

在 Windows CE 6.0 中，设备文件名的前缀由三个大写字母组成，这三个字母的主要作用是定义特殊流接口驱动程序相对应的特殊设备。系统把文件名前缀存储在被称做“Prefix”的注册表键值中。在 Windows CE 6.0 中，如果在实际工作中要自定义流接口驱动程序，就需要自己来设定这 3 个字母作为文件名前缀。当然，它可以使用任意 3 个字母的组合。

需要特别注意的是：当在工作中自己开发的驱动程序和 Windows CE 上的驱动程序属于同一个类别时，就应该使用相同的前缀。微软采用了在字母后面添加一个索引值的方法来加以区分。在一个索引的编号中，默认值是 1～9，其中 1 是指第一个设备文件名。在 Windows CE 中，驱动程序需要通过注册表键值里面的“Index”值来指明索引数字。例如串口程序里的 COM1、COM2、COM3 分别代表了第 1、2、3 号串口。假如还有第 4 个串口，则可以通过制定索引值为 4 的方法来区别它和其余的串口设备。

8.2.3　流接口函数

流接口函数也称做流接口驱动程序的入口点，每个流接口驱动程序必须实现一组标准的函数，用来实现标准的文件 I/O 函数和电源管理函数，这些函数提供给 Windows CE 操作系统的内核使用。这些函数通常叫做流接口驱动程序的 DLL 接口。以下介绍几个主要的流接口驱动接口函数。

1) DWORD XXX_Open(DWORD hDeviceContext,
DWORD AccessCode,
DWORD ShareMode)

参数：

DWORD hDeviceContext：设备驱动的句柄，由 XXX_ Init 函数创建的时候返回。

DWORD AccessCode：传给驱动程序使用的地址，这个地址跟读和写有关。

DWORD ShareMode：共享模式，这个参数用于一些特殊的设备。例如一些 PC 卡的设备读或写的时候是否可以共享。

返回值：返回驱动程序引用事例句柄。

描述：这个函数用于打开一个设备驱动程序，当应用程序准备对某一个设备进行读或写操作时，系统必须先执行 CreateFile( )这个函数用于打开这个设备。这个函数执行以后系统才能够执行读和写操作。

2) BOOL XXX _ Close(DWORD hOpenContext)

参数：

DWORD hOpenContext：设备驱动的引用事例句柄，由 XXX_Open 创建。

返回值：调用成功返回 TRUE ,失败返回 FALSE。

描述：这个函数用于关闭一个驱动程序的引用实例。应用程序通过 CloseHandle()来调用这个函数，当执行完这个函数的时候，hOpenContext 将不再有效。

3) DWORD XXX_ Init(DWORD dwContext)

参数：

DWORD dwContext：指向字符串的指针。通常这个参数都为一个流接口驱动在注册表内的设置。

返回值：如果调用成功，则返回一个驱动程序的句柄。

描述：当用户开始使用一个设备的时候，例如，当 PC 卡初始化的时候，设备管理器调用这个函数来初始化 PC 卡设备。这个函数并不是由应用程序直接调用的，而是通过设备管理器提供的 ActivateDeviceEx()函数来调用的。函数执行后如果成功，则返回一个设备的句柄。

4) BDOL XXX_ Deinit(DWORD hDeviceContext)

参数：

DWORD hDeviceContext：由 xxx_ Init 创建时生成的设备句柄。

返回值：调用成功返回 TRUE，失败返回 FALSE。

描述：当一个用户需要卸载一个驱动程序的时候，设备管理器调用这个函数来卸载这个驱动程序，应用程序不能直接调用这个函数设备管理器，而是通过 DeactivateDeviec()函数调用这个函数。

5) DWORD XXX_ Read(DWORD hOpenContext,
LPVOID pBuffer,

DWORD Count)

参数：

DWORD hOpenContext：CreateFile()函数返回的句柄。

LPVOID pBuffer：一个缓冲区地址用于从驱动读数据。

DWORD Count：需要读缓冲区的长度。

返回值：实际读取字节的长度。

描述：这个函数与 ReadFile 很相似，当一个流接口驱动程序已经被打开后，可以使用 ReadFile( )函数对这个设备进行读操作，ReadFile()里面的 hFile 参数就是这个设备的引用实例句柄 hOpenContext，而参数 lpBuffer 将传给 pBuffer，用于表示要读/写缓冲区的地址。参数 nNumberofBytesToRead 将传送给 Count，用于表示要读写缓冲区的长度。同样，返回的参数，如果操作成功则返回实际读/写的地址，如果操作失败则返回值为-1。

6) DWORD　XXX_Write (DWDRD hOpenContext,
　　LPCVOID puffer,
　　DWDRD　Count)

参数：

DWDRD hOpenContext：由 CreateFile()函数返回的句柄。

LPVOID pBuffer：一个缓冲区地址，用于从驱动写数据。

DWORD Count：需要写缓冲区的长度。

返回值：实际写入字节的长度。

描述：当一个流接口驱动程序打开以后，可以使用 WriteFile()函数进行写操作。

7) BOOL XXX_ IOControl (DWORD hQpenContext.
　　WORD dwCode,
　　PBYTE pBufIn,
　　DWORD dwLenIn,
　　PBYTE pBufOut,
　　DWORD dwLenDut,
　　PDWORD pdwActualOut　)

参数：

DWORD hOpenContext：由 CreateFile()函数返回的句柄。

WORD dwCode：特殊的 WORD 型用于描述这次 IOControl 操作的语义，一般由用户自己定义。

PBYTE pBufIn：缓冲区指针指向需要传送给驱动程序使用的数据。

DWORD dwLenIn：要传送给驱动程序使用数据的长度。

PI3YTE pBufOut：缓冲区指针指向驱动程序传给应用程序使用的数据。

DWDRD dwLEnOut：要传送给应用程序使用数据的长度。

PDWORD pdwActualOut：DWORD 型指针用于返回实际处理数据的长度。

返回值：调用成功返回 TRUE，调用失败返回 FALSE。

描述：这个函数通常用于向设备发送命令。应用程序使用 DeviceIOControl 函数来通知操作系统调用这个函数。通过参数 dwCode 来通知驱动程序要执行的操作。这个函数扩展了流接口驱动程序的功能。

8) VOID XXX_ PowerDown (DWORD hDeviceContext)

参数：

DWORD hDeviceContext：由 XXX_ Init 创建时生成的设备句柄。

返回值：无返回值。

9) VOID XXX_PowerUp (DWORD hDeviceContext)

参数：

WORD hDeviceContext：由 XXX_ init 创建时生成的设备句柄。

返回值：无返回值。

描述：PowerDown 和 PowerUp 这两个函数通常需要硬件支持才能够有效，也就是说，相关的硬件必须支持 PowerDown 和 PowerUp 这两个模式。

10) VOID XXX_Seek(hDeviceContext,
                  Long Amount,
                  WORD Type)

参数：

hDeviceContext：由 XXX_ init 创建时生成的设备句柄。

Long Amount：定义要移动的设备数据的指针的字节数。

WORD Type：定义数据指针的起始点。

返回值：无返回值。

描述：当一个应用程序调用 SetFilePointer 函数移动设备数据指针时，操作系统会调用 XXX_Seek 函数。如果一个设备可以被多次打开，这个函数只修改由 hDeviceContext 定义的设备实例的数据指针。

8.2.4　DMA 实现

在前面介绍中断时提到了直接存储器访问(Direct Memory Access，DMA)方式。中断方式较之查询方式来说，可以提高 CPU 的利用率和保证对外设响应的实时性，但对于高速外设(如磁盘、高速 A/D 等)，中断方式不能满足数据传输速度的要求。这是因为，在中断方式下，每次中断均需保存断点(返回地址)和现场(各寄存器的值，包括标志寄存器)，中断返回时，要恢复断点和现场。同时，进入中断和从中断返回均使 CPU 指令队列被清除。所有这些原因，使得中断方式难以满足高速外设对传输速度的要求。对于高速外设的数据传输，一种有效的方式是使用 DMA 方式。DMA 是在没有经过 CPU 的情况下，数据直接在设备和内存之间做数据传递，是一种快速传递数据的机制。

在 DMA 传输方式中，外设直接与存储器进行数据交换，CPU 不再担当数据传输的中介者，总线由 DMA 控制器(DMAC)进行控制(CPU 要放弃总线控制权)，内存/外设的地址和读写控制信号均由 DMAC 提供。这种传输方式的优点是数据传输由 DMA 硬件来控制，数据直接在内存和外设之间交换，可以达到很高的传输速率(可达几 MB/秒)。

DMA 控制器的工作过程如下：

(1) 当外设准备好、可以进行 DMA 传送时，外设向 DMA 控制器发出“DMA 传送请求”

信号(DRQ)。

(2) DMA 控制器收到请求后，向 CPU 发出“总线请求”信号 HOLD，表示希望占用总线。

(3) CPU 在完成当前总线周期后会立即对 HOLD 信号进行响应。响应包括两个动作：一是 CPU 将数据总线、地址总线和相应的控制信号线均置为高阻态，由此放弃对总线的控制权；二是 CPU 向 DMA 控制器发出“总线响应”信号 HLDA。

(4) DMA 控制器收到 HLDA 信号后，就开始控制总线，并向外设发出 DMA 响应信号 DACK。

(5) DMA 控制器送出地址信号和相应的控制信号，实现外设与内存或内存与内存之间的直接数据传送。

例如，向 I/O 接口发出读信号，同时往地址总线上发出存储器的地址和存储器写信号和 AEN 信号，即可从外设向内存传送一个字节。

(6) DMA 控制器自动修改地址和字节计数器，并判断是否需要重复传送操作。当规定的数据传送完后，DMA 控制器就撤销发往 CPU 的 HOLD 信号。CPU 检测到 HOLD 失效后，紧接着撤销 HLDA 信号，并在下一时钟周期重新开始控制总线。

在 DMA 操作中，通常支持三种模式。

(1) 一次传送一个字节，然后放弃系统总线。

(2) 一次进行 burst 传送，然后放弃系统总线。一次 burst 传送可能是几 KB。

(3) 进行批传送，并在传送完后放弃系统总线。

Windows CE 提供了一些接口访问硬件系统的 DMA 能力。从软件层面上来说，有两种方法来完成 DMA：一种方法是使用 CEDDK 函数；另一种方法是使用内核函数。在 Windows CE 中一般使用 CEDDK 函数来实现，CEDDK.dll 为驱动程序提供了一系列函数，用来处理总线地址转换、分配和映射设备内存以及分配 DMA 缓冲区。

8.3　设备管理器和电源管理

8.3.1　设备管理器

设备管理器是 Windows CE 设备管理的核心机构，它主要负责跟踪、维护系统的设备信息并对设备资源进行调配。它在启动阶段由内核加载并运行用户进程，设备管理器主要有如下职责：

(1) 在系统启动和外围设备接入时负责加载并初始化驱动程序。例如当用户插入一个 SD 卡时，设备管理就会查找和加载 SD 卡相应的驱动程序。

(2) 在内核中注册特定的文件名，将由应用程序使用的文件 I/O 函数映射为流接口驱动对应的函数实现。

(3) 对驱动程序通过读/写注册表值的方式来进行管理，并在特殊驱动事件发生时，对其他应用程序发出通知。

(4) 对系统的 I/O 资源进行跟踪和管理。

当设备管理器被加载和启动时，它加载的资源管理器来从注册表读取可用的资源列表。

8.3.2　电源管理

1. 电源管理器体系及其功能

Windows CE 通过电源管理使得整个系统的电源效率增加。为每个设备提供电源管理，并且与不支持电源管理的应用程序和驱动共存。使用电源管理可以减少设备的电能消耗，同时在重启、运行、挂起状态下在 RAM 中维护和保护文件系统。图 8.7 所示为 Windows CE 电源管理器的架构。

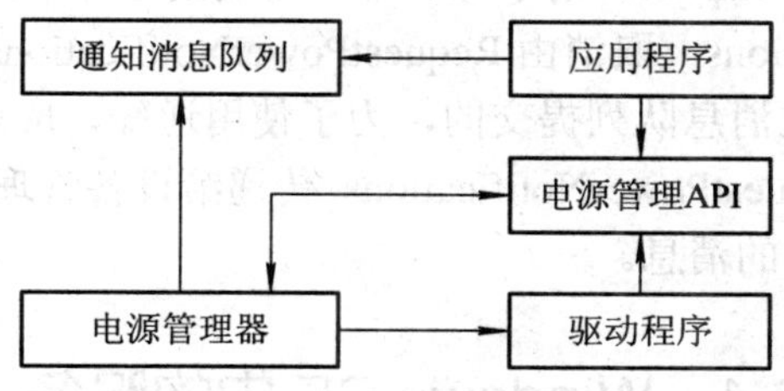

图 8.7　Windows CE 电源管理器的架构

电源管理器没有限制平台的电源要求和设计，它的主要作用有：

➢ 保证电源管理器的具体功能可以被枚举。
➢ 处理系统的电源服务请求。
➢ 在系统启动后或空闲状态之后立刻给设备加电。
➢ 在系统关闭或者进入空闲时使得设备掉电或进入睡眠。
➢ 如果设备支持唤醒功能，唤醒设备。

电源管理器为设备电源管理提供了机制，此机制能简单的执行并独立于 Windows CE 的电源管理模型。电源管理接口在不牺牲与基本模型相兼容的前提下提供 OEM 和设备驱动程序的灵活性。在基本的 Windows CE 模型中，设备被通知系统挂起和重新开始。这个声明在中断上下文中产生。

2. 电源管理接口

电源管理器有三种不同的接口类型。

1) 设备驱动接口

电源管理器使用两种机制与电源管理的驱动程序通信。电源管理器通过向下调用设备驱动 IOCTL 来确定设备的电源能力并修改设备的电源状态，通过向上调用设备管理器来请求设备电源状态的变化。电源管理器默认两种类型的设备。ActivateDeviceEx 装载的设备面向流接口和 OAL 平台。ActivateDeviceEx 装载的驱动自动向电源管理器注册。当管理设备的时候，电源管理器将用 KernelIoControl 而不是 DeviceIoControl。

2) 应用程序接口

电源管理器提供了几个函数，让应用程序能够对系统和设备的电源管理进行干涉。例如：

GetSystemPowerState：返回当前系统电源状态的名称。

SetSystemPowerState：请求电源管理器改变当前系统电源状态。

SetPowerRequirment：请求电源管理器将给定设备的电源状态维持在最低水平。

ReleasePowerRequirment：用来释放以前对某个设备设置的电源要求。

GetDevicePowe：返回给定设备的当前电源状态。

SetDevicePower：请求电源管理器改变给定设备的电源状态。

3) 通知接口

电源管理器提供了一个 API 函数集，使得应用程序能接受电源事件通知并且参与到改变系统状态的决定中。主要的函数接口如下：

RequestPowerNotifications：请求电源管理器发出电源事件的通知。

StopPowerNotifications：取消由 RequestPowerNotifications 发送的通知请求。

电源事件的通知是通过消息队列提交的，为了使用通知，应用程序必须创建一个消息队列并将它的句柄通过 RequestPowerNotifications 传递给设备管理器，然后应用程序再创建另一个线程等待消息队列中的消息。

8.4 Windows CE 中的服务

8.4.1 Windows CE 服务程序概述

在操作系统中，经常需要有一些程序一开机就运行，并且在运行过程中不会退出，直到系统关闭。通常，这类程序不直接使用图形界面与用户交互，而是在系统的后台为用户提供一些服务。在 Linux 平台下，这类程序通常被叫做守护进程(Daemon)，而在 Windows CE 中，这类程序被称为服务(Service)。

所谓服务，就是提供某些功能的程序，它的特点是在后台运行，而不影响前台用户的操作。服务实际上是一种组件，被操作系统本身使用，提供操作系统同硬件设备或应用程序之间的通信。

服务工作在一个比较底层的环境中，大多数的服务同登录到的 Windows 中的用户会话环境无关。事实上，在用户登录到 Windows 之前(甚至在显示 Windows 的登录屏幕之前)，很多服务就已经被加载了。

每个服务都是一个可执行的程序体，这些程序体一般存储在%SystemRoot%\System32 和%SystemRoot%\System32\Drivers 目录下。可能是 .exe，也可能是 .dll 或 .sys 等类型的文件。但是服务又不是普通的应用程序，因此不能像操作普通应用程序那样，用传统的手段来执行服务或退出服务。要控制服务，可以通过特定的工具，譬如图形界面下的服务管理器，或是命令行下的 net 命令和 sc 命令。在这些工具的帮助下，可以对服务进行如下的控制：

- 启动、停止、暂停、回复或禁用远程和本地计算机上的服务。
- 管理本地和远程计算机上的服务。
- 设置服务是办事的故障回复操作(例如，重新自动启动服务或重新启动计算机)。
- 为特定的硬件配置文件启用或禁用服务。
- 查看每个服务的状态和描述。

在 Windows CE 中，有许多网络服务器都是通过服务实现的，例如：文件服务器、FTP 服务器、Telnet 服务器、打印服务器及 HTTP 服务器等。

在 Windows CE 4.0 之前，系统中是没有服务这个概念的。如果应用程序开发人员要实现一个可开机自动运行、并且能在后台提供服务的程序，那么通常他们会把此程序实现为伪驱动。也就是说，做成一个流式接口驱动程序 DLL，在系统启动时被 Device.exe 加载，然后应用程序还可通过 DeviceIoControl()函数发送命令对服务进行控制。但是这样做有诸多缺点：其一，这违背了 Device.exe 只负责管理驱动程序的意图；其二，这也造成了 Device.exe 的不稳定。如果某个服务程序崩溃，那么通常会导致整个 Device.exe 崩溃，而这会影响一些设备驱动程序的工作，甚至导致整个系统崩溃。

自从 Windows CE 4.0 之后，系统中心增加了一个进程(Service.exe)，它也叫做服务管理器。服务管理器的工作机制和功能与设备管理器(Device.exe)非常相似，Device.exe 负责加载所有的驱动程序，而 Service.exe 负责加载所有的服务。从设备管理的角度来看，这种增强的驱动接口增加了系统的容错能力，使系统变的更加稳定。要使用这种特性，付出的代价就是 Services.exe 需要占用一个进程的 Slot(最多 32 个)。

Service.exe 也是操作系统的一个可选组件，在系统启动时被内核加载。下面的代码取自 %_WINCEROOT%\PUBLIC\SERVERS\OAK\FILESservers.reg。

```
; @CESYSGEN IF SERVERS_MODULES_SERVICES
[HKEY_LOCAL_MACHINE\init]
"Launch60"="services.exe"
"Depend60"=hex:14,00
; @CESYSGEN ENDIF
```

在 Windows CE 启动过程中，系统会自动扫描 HKEY_LOCAL_MACHINE\init 注册键下定义的所有应用程序，并按照 LaunchXX 定义，以 XX 由小到大的顺序分别加载每个应用程序。当应用程序之间有依赖关系时，使用 DependXX 定义。如在上面的注册表定义中，应用程序 services.exe 的依赖性由 Depend60 来定义，其中十六进制的 14 等于十进制的 20，即对应于 Launch20，也就是说只有在 devieces.exe(devieces.exe 对应 Launch20)加载成功后，services.exe 才能进行加载。这里并不难理解，因为在启动过程中服务的加载主要发生在内核加载过程中。

服务管理器 Service.exe 也提供一些函数，用来让应用程序对服务进行管理和控制。表 8.1 所示为服务管理器实现的所有 API 列表。

表 8.1 服务管理器实现的 API 端口

函数名称	描 述
ActivateService()	加载服务
RegisterService()	生成服务的一个实例
DeregisterService()	停止服务的一个实例
EnumServices()	枚举正在进行的所有服务
GetServiceHandle()	根据服务的前缀，返回服务的句柄
ServiceAddPort()	让 Services.exe 侦听某个网络端口的连接，然后把它映射给某个服务
ServiceClosePort()	关闭服务所侦听的某个网络端口
ServiceUnbindPort()	关闭所有该服务所侦听的端口
ServiceIOControl()	向服务发送 I/O 控制信息

在 Windows CE 中，实现一个服务与实现流式接口的驱动程序非常类似。所有的服务程序都被实现为 DLL，并且也会向外导出流式驱动程序中的流式接口。当然这不包括 XXX_PowerUp()和 XXX_PowerDown()两个接口函数，因为服务通常不需要直接与硬件交互，也就不需要电源管理的两个接口了。

与流式驱动程序类似，服务也有一个 3 个字符的 Prefix 和一个 Index，用来确定加载的服务。同样，这些信息也在注册表中被设置。与流式接口驱动不同的是，服务的注册表项增加了 Context 与 Keep 项。其中，如果 Keep 的值为 0，则服务在加载后会立即被卸载；Context 与独立服务相关。服务的内容比较抽象，在这里只进行简单介绍，有关具体内容请参阅相关参考书目。

8.4.2 Windows CE 服务的启动和终止

Windows CE 的服务有两种启动方式：

一种方式是通过在注册表中设置相应的注册表项，系统启动时，让 Service.exe 自动加载服务，但是需要注意的是，在加载用户的应用程序之前，一定要保证系统的核心进程初始化成功，这只需要将用户应用程序及其依赖性添加到 Init 注册键下就可以了。

另一种方式是应用程序使用函数手动加载服务。

在 Windows CE 操作系统启动时，Service.exe 搜索系统注册表中的 HEKY_LOCAL_MACHINE\Service 键(其中每个子键均代表一个服务，其下的注册表值记录了该服务的配置信息，包括启动时的配置)，然后搜索每句 Service 键下所有的子键，并以此加载所有的服务，此过程与总线枚举类似，此处就不再详细介绍了。

同样，应用程序也可通过 API 完成动态加载服务。Windows CE 提供了 ActivateService()函数供应用程序完成动态加载服务。

函数声明如下：

```
HANDLE ActiveService(
    LPCWSTR lpszDevKey,         //Services 键下的注册表子键名称
    DWORD    dwClientInfo       //保留项
);
```

如果要变成激活 Telnet 服务，则需使用如下语句：

```
ActiveService(L"TELNETD",0);
```

此外，Windows CE 还提供 RegisterService()函数注册一个服务。与 ActivateService()不同，此函数把注册表中的一些信息作为函数参数，并且此函数可生成同一个服务的多个实例。

函数声明如下：

```
HANDLE RegisterService(
    LPCWST lpszType,            //服务的 3 个大写字符前缀
    DWORD    dwIndex,           //服务的索引号，0~9 之间的一个数字
    LPCWSTR lpszLib,            //实现服务的 DLL
    DWORD dwInfo                //将会被传送到服务的 XXX_Init()中的附加参数
);
```

如果使用 RegisterService()函数启动 Telnet 服务，则应使用如下语句：

```
HANDLE hService= RegisterService ("TEL",0, "telnetd",0);
```

如果要停止某个服务的一个实例，则可使用系统提供的 DERegisterService()函数，它的函数原型如下：

```
BOOL DeregisterService (
    HANDLE hDevice                //服务的句柄
    );
```

此函数只接受一个参数：服务的句柄。服务的句柄可由 ActivateService()、RegisterService()或者 GetServiceHandle()函数的返回值获得。因此，如果要停止 Telent 服务，则通常使用下面的语句：

```
HANDLE hService= GetServiceHandle (L"TEL0",NULL,NULL);
If(0!=hService)
    DeregisterService(hService);
```

8.4.3　服务控制

服务管理器提供了一些函数来对服务程序进行控制。但是这些函数的控制和管理都比较粗。如果要进行一些比较细的控制，例如命令服务重启、获得服务内部的一些状态信息，那么单靠服务管理器提供的函数就无能为力了。对于这些较细的控制，可通过对服务程序发送 IOControl 控制字来完成。

通常有两类控制字：一类供应用程序发送给服务程序；另外一类是服务管理器发送给服务程序。

应用程序发送给服务程序的 I/O 控制主要是对服务进行一些控制。而服务管理器发送的服务主要是对服务进行一些管理和交互。有关控制字的说明，限于篇幅此处不再详细介绍，读者可以查阅相关参考书目。

值得注意的是，每个控制字是否可用，完全取决于服务的实现。对于编写优良的服务，应该尽可能响应上述的一些服务 I/O 控制。

服务管理器是 Windows CE 的一个很好的扩展，提供了丰富的附加功能，在编写应用程序时可对服务擅加利用。

8.5　I^2C(IIC)接口驱动设计实例

在这一节中，将通过一个完整的实例来理解 Windows CE 中流式接口驱动程序设计的整个过程，通过对 IIC 接口驱动实现使得读者能够对流式接口驱动程序的设计有一个更深层次的理解。实验环境：Platform Builder 6.0 和基于 S3C2440 的某型号开发平台。

8.5.1　IIC 总线概要及其特点

内部集成总线(IIC)的英文全称是 Inter Integrated Circuit，主要作用是用于连接微控制器以及外围设备。

内部集成总线构成较简单且支持多主控。

内部集成总线(IIC)驱动程序要完成的主要工作有：

(1) 配置 IIC 总线。

(2) 处理 IIC 总线控制器的中断和各种协议信号。

(3) 完成 IIC 传输协议所要求的数据的读和写。

(4) 如果针对一种传输模式，则只要完成此种模式；如果同时处理一种以上的传输模式，则要在这些模式之间协调。

内部集成总线是由数据线 SDA 和时钟 SCL 构成的串行总线，具有发送和接收数据的功能。它在传送数据的过程有 3 种类型的信号：开始信号、结束信号和应答信号。

8.5.2　IIC 总线与硬件设备之间的数据交互

在本节所要设计的驱动程序中，需要设计两个线程：一个是在从机接收状态下对数据进行读操作的读线程，一个是在主机发送状态下对数据进行写操作的写线程。通过读线程和写线程交替的控制总线，就可以完成设备驱动程序和 IIC 总线的数据交互。

从总线上得到的数据可能是各种设备或者主机发送过来的，这些数据都集中存放在总线驱动程序的缓冲区里面等待处理。待响应后，再将这些数据按照其指定的位置发送出去。

IIC 总线上的数据由字节组合成包，在每一个数据包的开始都会加上一个 START 信号，相应的 STOP 信号则指示了数据包的结束。为了将数据包合理地分发到设备驱动程序，可以要求在数据包的第一个字节注明目的地，因此只要判断这个字节的值，就能知道其要分发到哪里。为此，在总线驱动中，专门设定了一个分发函数，每当总线上收到数据时，就将这个字节发送给分发函数，分发函数再将其发送给各个设备驱动程序。

图 8.8 所示为 IIC 总线获得并处理数据的过程。

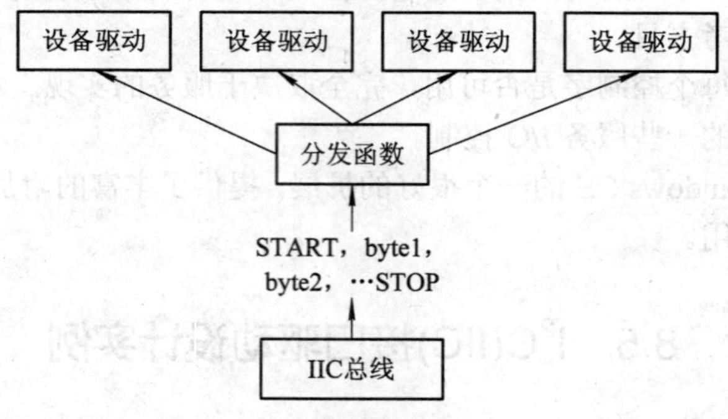

图 8.8　IIC 总线获得并处理数据的过程

对于总线驱动程序来说，一个重要的任务就是和设备驱动程序进行数据交互。设备驱动程序首先向总线驱动程序发出读、写请求，然后总线驱动程序做出相应的动作。对于读和写两种操作，可以设置两对事件，一事件对应着读请求，一事件对应着写请求。使用一对事件的目的是一个事件用于通知，另一个用于响应。

图 8.9 所示为总线驱动和设备驱动之间同步的示意图。

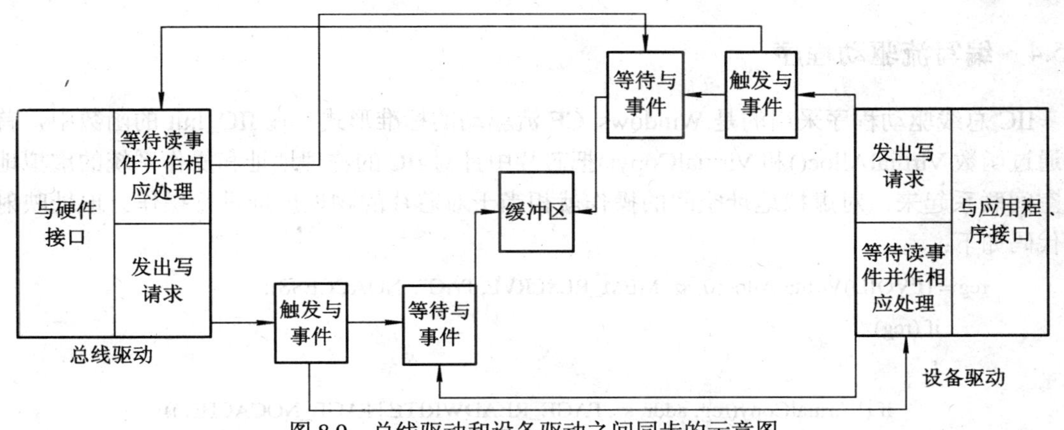

图 8.9　总线驱动和设备驱动之间同步的示意图

8.5.3　初始化 IIC 中断和编写 ISR

IIC 的通信是通过操作 IIC 的寄存器进行的。在 IICC 通信中主要对几个相关的寄存器进行读/写，这些寄存器中的命令状态字可以检测和控制 IIC 总线的行为。在 Windows CE.net 下，首先要在文件 oalintr.h 中添加 IIC 的中断号的宏定义：

```
#defineSYSINTR_I2C(SYSINTR_FIRMWARE+19)
```

然后在文件 cfw.c 的文件中添加 IIC 中断的初始化、禁止和复位。具体代码如下：

在 OEMInterruptEnable 函数中加入：

```
case SYSINTR_IIC:
s2440INT->rSRCPND=BIT_IIC;
if (s2440INT->rINTPND & BIT_IIC) s2440INT->rINTPND = BIT_IIC;
s2440INT->rINTMSK&= ~BIT_IIC;
        break;
```

在 OEMInterruptDisable 函数中加入：

```
    case SYSINTR_IIC:
        s2440INT->rINTMSK|= BIT_IIC;
            break;
```

在 armint.c 文件中添加 ISR 程序，处理中断后返回定义的中断号。具体代码如下：

在 OEMInterruptHandler 函数中添加：

```
        else if (IntPendVal == INTSRC_IIC)
{
        s2440INT->rSRCPND= BIT_IIC;   /*清除中断*/
        if (s2440INT->rINTPND & BIT_IIC) s2440INT->rINTPND= BIT_IIC;

      s2440INT->rINTMSK|= BIT_IIC;     /*IIC 中断禁止*/
        return (SYSINTR_RTC_ALARM);
  }
```

8.5.4 编写流驱动程序

IIC 总线驱动程序采用的是 Windows CE 流驱动的标准形式。在 IIC_Init 的函数中，首先通过函数 VirtualAlloc()和 VirtualCopy()把芯片中针对 IIC 的物理地址和操作系统的虚拟地址空间联系起来，对虚拟地址空间的操作就相当于对芯片的物理地址进行操作。地址映射的代码如下：

```
reg = (PVOID)VirtualAlloc(0, sz, MEM_RESERVE, PAGE_NOACCESS);
    if (reg)
    {
        if (!VirtualCopy(reg, addr, sz, PAGE_READWRITE | PAGE_NOCACHE ))
        {
            RETAILMSG( DEBUGMODE,( TEXT( "Initializing interrupt \n\r" ) ) );
            VirtualFree(reg, sz, MEM_RELEASE);
            reg = NULL;
        }
    }
```

其中，sz 是申请的长度，addr 是申请虚拟地址空间的实际物理地址在 Windows CE 中的映射地址。

然后对申请到的虚拟地址进行操作，安装 Windows 中的流驱动模型进行驱动的编写，主要包括下面函数的编写。

IIC_Init()

在函数中，主要是对 IIC 的初始化，主要语句如下：

```
        v_pIICregs = ( volatile IICreg *)IIC_RegAlloc((PVOID)IIC_BASE,
    sizeof(IICreg));
        v_pIOPregs = ( volatile IOPreg *)IOP_RegAlloc((PVOID)IOP_BASE,
    sizeof(IOPreg));
        v_pIOPregs->rGPEUP|= 0xc000;
        v_pIOPregs->rGPECON |= 0xa00000;
        v_pIICregs->rIICCON = (1<<7) | (0<<6) | (1<<5) | (0xf);
        v_pIICregs->rIICADD= 0x10;
        v_pIICregs->rIICSTAT = 0x10;
        VirtualFree( ( PVOID )v_pIOPregs,sizeof( IOPreg ),MEM_RELEASE );
        v_pIOPregs = NULL;
        if ( !StartDispatchThread( pIIcHead) )
        { IIC_Deinit( pIIcHead );return ( NULL
    );}
```

在 StartDispatchThread()函数中，主要是创建线程、关联事件和中断，主要语句如下：

```
InterruptInitialize( 36,pIicHead->hIicEvent,NULL,0 );        //关联时间和中断
CreateThread( NULL,0,IicDispatchThread,pIicHead,0,NULL );  //创建线程等待时间
```

在 IicDispatchThread()函数中，主要是等待中断的产生，然后去执行：

```
WaitReturn =WaitForSingleObject( pIicHead->hIicEvent,INFINITE );
IicEventHandler( pIicHead );              //事件处理函数
    InterruptDone( 36 );
```

最后，在函数 IIC_Open、IIC_Read、IIC_Write 中对各个寄存器进行操作，进行数据的赋值，得到 IIC 读取的数据和发送数据。

8.5.5　IIC 驱动程序的封装和添加

通过上面的工作，能编译得到一个 DLL 函数，但这还不能叫流接口驱动程序。因为它的接口函数还没有导出，还需要告诉链接程序需要输出什么样的函数，为此要建立一个自己的 def 文件。可以用记事本建一个，取名为 mydrive.def：

```
LIBRARY MyDriver
        EXPORTS
        IIC_Close
        IIC_Deinit
        IIC_Init
        IIC_IOControl
        IIC_Open
        IIC_PowerDown
        IIC_PowerUp
        IIC_Read
        IIC_Seek
        IIC_Write
```

然后同样用记事本编写一个注册表文件，取名为 mydrive.reg：

```
[HKEY_LOCAL_MACHINE\Drivers\BuiltIn\STRINGS]
"Index"=dword:1
"Prefix="IIC"
"Dll"="MyDriver.dll"
"Order"=dword:0
```

至此，IIC 驱动程序的设计已经基本完成，按照以上设计流程的要求配置 PB 就可以将驱动添加到内核的镜像中，之后要用户程序调用 CreateFile 打开此设备，然后连续地调用 WriteFile 和 ReadFile 写入相关的设置并读、取数据就可以获得想要的数据了。

8.6　本 章 小 结

本章主要介绍了基于 WINCE 6.0 的驱动。通过本章的学习，读者应该掌握以下内容：

➢ 知道 WINCE 的驱动架构和模型。

➢ 熟悉流接口驱动的开发，根据笔者经验，在实际的驱动开发中，流驱动的开发是经常遇见甚至是不可避免的。

➢ 设备管理器是 Windows CE 设备管理的核心机构，它主要负责跟踪、维护系统的设备信息并对设备资源进行调配。它是在启动阶段由内核加载并运行的用户进程。

➢ 电源管理器为设备电源管理提供了机制，它能简单的执行并独立于 Windows CE 的电源管理模型。

➢ 服务是指提供某些服务(或者功能)的程序，它的特点是在后台运行，而不影响前台用户的操作。服务实际上是一种组件，被操作系统本身使用，提供操作系统同硬件设备或应用程序之间的通信。

➢ 最后以一个 IIC 驱动的实现为例，加深读者对流驱动开发的理解和认识。

思考与练习

1. 简述 WINCE 驱动程序的模型和分类。
2. 掌握几个常用的流接口驱动函数。
3. 设备管理器的作用有哪些?
4. 什么是服务？Windows CE 服务时是如何启动和终止的?
5. IIC 总线的特点是什么？熟悉 IIC 驱动的开发流程。
6. 参考 IIC 驱动，自己尝试向定制好的操作系统里进行加载和卸载。

第 9 章　基于 Nios II 嵌入式 SOPC 设计

本章主要介绍以 Altera 公司的 Nios II 软核处理器为核心的 SOPC 设计。为了使读者迅速熟悉这一设计流程，本章首先介绍 Nios II 软核处理器以及支持 Nios II 软核处理器的 FPGA 系列，然后详细介绍 SOPC 的开发流程。

9.1　SOPC 及其技术

随着微电子技术的迅速发展，使得原来由许多 IC 组成的电子系统集成在一个单一的硅片上成为可能，构成所谓的片上系统(SOC，System On Chip)。SOC 把系统的处理机制、模型算法、芯片结构、各层次电路及器件的设计紧密结合，在一片或数片单片上完成复杂的功能。SOC 的出现对电子信息产业的影响不亚于集成电路的出现所产生的影响。当今电子系统设计已不再是利用各种通用 IC 进行 PCB 板级的设计和调试，而是转向以大规模 fpga 或 asic 为物理载体的系统芯片的设计。前者称为 SOPC(Systenm On Programmable Chip，可编程片上系统)，后者称为 SOC。SOC 和 SOPC 的设计是以 IP(Intellectual Property core)为基础，以硬件描述语言为主要设计手段，借助于以计算机为平台的 EDA 工具进行的。SOPC 技术主要指面向单片系统级专用集成电路的计算机技术，与传统的专用集成电路设计技术相比，它的设计过程包括电路系统描述、硬件设计、仿真测试、综合调试和系统软件设计，直至整个系统设计完毕，都由计算机来完成，其设计技术直接面向用户，这样专用集成电路的被动使用者同时也可能是专用集成电路的设计者。SOPC 技术使系统级专用集成电路的实现有了更多的途径，除了传统的 ASIC 器件外，还能通过大规模 FPGA 等可编程器件来实现。SOPC 技术是美国 Altera 公司于 2000 年最早提出来的，是基于 FPGA 解决方案的 SOC，与 ASIC 的 SOC 解决方案相比，SOPC 系统及其开发具有更多的特色，构成 SOPC 的方案也有如下多种途径。

1. 基于 FPGA 嵌入 IP 硬核的 SOPC 系统

基于 FPGA 嵌入硬核的 SOPC 系统把 ARM 的 32 位知识产权处理器核或其他的知识产权核以硬核的方式植入 FPGA 中，利用 FPGA 中的逻辑宏单元和 IP 软核来构成该嵌入式系统处理器的接口功能模块，这样既减少了整个系统的体积、功耗，而且增加了系统的可靠性。可编程器件厂商 Altera 和 Xilinx 公司都推出了这方面的器件，如 Altera 的 Excalibur 系列 FPGA 中植入了 ARM922T 嵌入式系统处理器，Xilinx 的 Virtex_II Pro 系列植入了 IBM PowerPC405 处理器。这样就使 FPGA 灵活的硬件设计和硬件实现与处理器的强大软件功能有机地结合起来，高效地实现了 SOPC 系统。

2. 基于 FPGA 嵌入 IP 软核的 SOPC 系统

目前最具有代表性的软核处理器是 Altera 的 Nios、Nios II 以及 Xilinx 的 MicroBlaze。它克服了将 IP 硬核植入 FPGA 的解决方案存在的如下不够完美之处：IP 硬核多来自第三方公司，FPGA 厂商无法控制其知识产权费用，从而导致 FPGA 器件的价格偏高；硬核是预先植入的，设计者无法根据实际需要改变处理器的结构，以适应更多的电路功能要求，无法根据实际需求在同一 FPGA 中使用多个处理器核，无法裁减处理器硬件资源以降低 FPGA 的成本，而且只能在特定的 FPGA 系列使用硬核嵌入式系统。

3. 基于 HardCopy 技术的 SOPC 系统

基于 HardCopy 技术的 SOPC 系统利用原来的 FPGA 开发工具，将成功实现于 FPGA 器件上的 SOPC 系统通过特定的技术直接向 ASIC 转化，从而克服了传统 ASIC 设计开发周期长、产品上市慢、有最少投片量的要求、设计软件繁多且昂贵、开发流程复杂等缺点。HardCopy 技术是一种全新的 SOC 级 ASIC 设计解决方案，即将专用的硅片设计和 FPGA 至 HardCopy 自动迁移过程结合在一起的技术。

HardCopy 器件把大容量 FPGA 的灵活性和 ASIC 的市场优势结合起来，主要应用于较大批量要求并对成本敏感的电子设备。

9.2 Nios II 软核处理器

Nios II 嵌入式处理器是 FPGA 生产厂商 Altera 推出的软核处理器，是面向用户、可以灵活定制的通用精简指令集架构的嵌入式处理器。Nios II 以软核的形式提供给用户，并在 Altera 的 FPGA 上进行了优化，用于 SOPC 集成，最后在 FPGA 上实现。

9.2.1 Nios II 软核处理器简介

继第一代可配置嵌入式软核处理器 Nios 之后，Altera 公司又推出了性能更好的 Nios II 嵌入式软核处理器。它与 Nios 相比，最大处理性能提高了 3 倍，而 CPU 内核部分的面积最大可缩小 1/2。

Nios II 系列 32 位 RISC 嵌入式处理器具有超过 200 DMIP 的性能，由于处理器是软核形式的，因此具有很大的灵活性，可以在多种系统设置组合中进行选择，满足成本和功能的要求。采用 Nios II 处理器进行设计，可以帮助用户将产品迅速推向市场，延长产品生命周期，防止处理器逐渐过时的情况。

利用 SOPC Builder 软件中的用户逻辑接口向导，用户还可以生成自己的定制外设，并将其集成在 NiosII 处理器系统中。使用 SOPC Builder，用户可以在 Altera FPGA 中组合实现现有处理器无法达到的嵌入式处理器配置，得到用户所需的结果。

Nios II 系列嵌入式处理器使用 32 位的指令集，定位于广泛的嵌入式应用。Nios II 处理器系列包括 3 种内核：快速的(Nios II/f)、经济的(Nios II/e)和标准的(Nios II/s)内核。每一型号都针对价格和性能进行了优化。使用 Altera 的 Quartus II 软件、SOPC Builder 工具以及 Nios II 集成开发环境(IDE)，用户可以轻松地完成基于 Nios II 处理器的嵌入式系统开发。其中 Nios II 嵌入式处理器支持的 FPGA 系列如表 9.1 所示。

表 9.1　Nios II 嵌入式处理器支持的 FPGA 系列

器件	说　明	设计软件
Cyclone	低成本的 ASIC 替代方案，适合对价格敏感的应用	Quartus II
Cyclone II	低成本，带 DSP 模块，超过 68 000 个 LE 和 1.1 MB 位的嵌入式存储器	
Stratix	高性能，高密度，特性丰富并带有大量存储器的平台	
Stratix II	最高的性能，最大的密度，特性丰富并带有大量存储器的平台	
Stratix GX	高性能的结构，内置高速串行收发器的 FPGA	
Stratix II GX	Altera 第三代带有嵌入式收发器的 FPGA	
HardCopy Stratix	业界第一个结构化的 ASIC，是广泛应用的传统 ASIC 的替代产品	

9.2.2　可配置嵌入式软核处理器的优势

嵌入式开发面对的一个最大挑战就是如何选择一个满足其应用要求的处理器。采用 Nios II 处理器，用户将不会局限于预先制造的处理器技术，而是根据自己的要求定制处理器，按照需要选择合适的外设、存储器和接口。此外，用户还可以轻松地集成自己专有的功能，使用户的设计具有独特的竞争优势。

采用 Nios II 处理器，用户可根据需要设置功能，在低成本 Altera 器件中实现。在单个 FPGA 中实现处理器、外设存储器和 I/O 接口功能，可以降低用户系统的总体成本。

采用 Altera Nios II 处理器和 FPGA，用户可以创建一个在处理器、外设、存储器和 I/O 接口方面的完美方案。可配置的硬件以及调试特性使得软件开发人员具有多个调试选择，包括基本的 JTAG 的运行控制、硬件断点、数据触发、片内和片外跟踪、嵌入式逻辑分析仪。这些强大的调试工具在开发阶段使用，一旦调试通过就可以去掉。FPGA 可编程的特性使其具有最快的产品上市速度。许多的设计通过简单的修改都可以被快速地实现到 FPGA 设计上。Nios II 系统的灵活性和快速上市的特性源于 Altera 提供的完整的开发套件、众多的参考设计、强大的硬件开发工具(SOPC Builder)和软件开发工具(Nios II IDE)。用户可以借助 Nios II 开发套件所附的设计方案，在几个小时内就可完成自己的设计原型。由于 Nios II 处理器放置于 FPGA 内部就可以验证外部的存储器和 I/O 组件，因此电路板设计速度明显加快。

9.3　SOPC 的 FPGA 简介

本节将介绍表 9.1 中支持 SOPC 开发的部分 FPGA 的特性，可作为用户设计时选型参考。用户可以在这些 FPGA 中使用 Nios II 嵌入式处理器，在系统中构建完整的低成本、合乎要求的嵌入式处理方案，完善或者替代嵌入式处理器。

9.3.1　Cyclone 系列

Cyclone 系列 FPGA 主要用于对成本敏感的设计中，如数字终端、手持设备等，另外也用于消费类、通信、计算机外设、工业类和汽车市场。

Cyclone 系列 FPGA 是基于成本优化的，采用 130 nm 全铜工艺的 1.5 V SRAM 工艺。

Cyclone 系列的 FPGA 容量为 2910～20 060 个逻辑单元，拥有最大 288 kb 的 RAM。Cyclone 系列的 FPGA 提供了全功能的锁相环(PLL)，用于板级的时钟网络管理和专用 I/O 接口，这些接口用于连接业界标准的外部存储器件。Cyclone 系列 FPGA 具有以下特性：

➢ 新的可编程架构通过设计实现低成本；
➢ 嵌入式存储资源支持各种存储器应用和数字信号处理(DSP)；
➢ 支持串行总线和网络接口以及各种通信协议；
➢ 使用 PLL 管理片内和片外系统时序；
➢ 支持单端 I/O 标准和差分 I/O 技术，支持高达 311 Mb/s 的 LVDS 信号；
➢ 支持 Nios II 系列嵌入式处理器；
➢ 采用新的串行配置器件的低成本配置方案。

Cyclone 系列 FPGA 支持各种单端 I/O 标准，如 LVTTL、LVCMOS、PCI 和 SSTL-2/3。通过 LVDS 和 RSDS 标准提供多达 129 个通道的差分 I/O 支持，每个 LVDS 通道高达 640 Mb/s。Cyclone 器件具有双数据数率(DDR)SDRAM 和 FCRAM 接口的专用电路。Cyclone 系列 FPGA 中有两个锁相环(PLL)，提供 6 个输出和层次时钟结构以及复杂设计的时钟管理电路。

9.3.2　Cyclone II 系列

Altera 在第一代 Cyclone 系列的基础上，开发了全铜层 90 nm 低 k 绝缘工艺，采用 1.2 V SRAM 工艺设计，在 300 nm 圆晶片上生产 Cyclone II FPGA。Cyclone II FPGA 具有很高的性能和极低的功耗，为价格敏感的应用提供大批量产品解决方案。Cyclone II 器件是汽车、通信、视频处理、测试和测量以及其他终端市场解决方案的理想选择。

用户可以单独使用 Cyclone II FPGA 或者作为数字信号处理协处理器使用，提高 DSP 应用的性价比。Cyclone II 器件含有经过优化的多种 DSP 特性，有 Altera 全面的 DSP 流程提供支持。Cyclone II DSP 支持包括：

➢ 18×18 乘法器多达 150 个；
➢ 片内嵌入式存储器高达 1.1 MB；
➢ 片外存储器高速接口；
➢ DSP IP 内核；
➢ Math Work 的 Simulink 和 MATLAB 软件 DSP Builder 接口；
➢ Cyclone II 版 DSP 开发套件。

Cyclone II 器件提供 4608～68 416 个逻辑单元(LE)，并具有一整套最佳的功能，包括嵌入式 18×18 位乘法器、专用外部存储器接口电路、4 kb 嵌入式存储器块、锁相环(PLL)和高速差分 I/O。

9.3.3　Stratix 系列

Stratix 系列 FPGA 为满足高带宽系统的需求进行了优化，具有非常高的内核性能、存储能力、架构效率，主要用于高端的 FPGA 市场。

Stratix 器件提供了专用的功能，用于时钟管理、数字信号处理应用以及差分和单端 I/O 标准。Stratix 器件具有片内匹配和远程系统升级功能，需要实现更高性能、更大容量和更低成本的设计者可以采用 Stratix 器件。

Stratix 器件采用 1.5 V、0.13 μm 全铜 SRAM 工艺，容量为 10 570～79 040 个逻辑单元和多达 7 Mb RAM。Stratix 器件具有多达 22 个 DSP 块和多达 176 个嵌入乘法器，为需要高数据吞吐量的复杂应用而优化。Stratix 器件支持 LVDS、LVPECL、PCML 和 Hyper Transport 差分 I/O 电器标准以及高速通信接口，包括 10 G 以太网 XSBISFI-4 POS-PHY Lever4(SPI-4 Phase 2)、HyperTransport、 RapidIO 和 UTOPIA Ⅵ标准。Stratix FPGA 系列提供了具有层次时钟结构和多达 12 个锁相环(PLL)的完整时钟管理方案。需要低风险、小成本的大批量成品的设计者能够很容易地将其 Stratix FPGA 设计移植至掩码编程 HardCopy Stratix 器件上。因为 HardCopy Stratix 器件直接从 Stratix FPGA 生成，保留了 Stratix 架构的大容量、高性能、业界领先的功能和增强的时序特性，所以能将移植风险降至最低。这种无缝的移植过程确保了大批量成品的一次成功。 HardCopy II 结构化 ASIC 通过类似的无缝移植方法支持 Stratix II FPGA，满足大批量、低成本、高密度的逻辑要求。

9.3.4　Stratix II 系列

Stratix II 器件是在 Stratix 架构的基础上，做了一些适合于 90 nm 工艺的改进，采用了 1.2 V、90 nm、9 层金属走线，全铜 SRAM 工艺制造。在 Stratix 基础上增加了新的特性：采用了全新的逻辑结构——自适应逻辑模块；增加了源同步通道的动态相位对准(PDA)电路和对新的外设存储器接口的支持(如 DDR2 SDRAM 和 RLDRAM II)；采用 128 位 AES 密钥对配置文件进行加密，保证用户设计的安全性。

Stratix II FPGA 采用的等价逻辑单元高达 180 kb，嵌入式存储器达到 9 Mb，用户 I/O 引脚达到 1170 个，高度优化的数字信号处理模块中嵌入式乘法器达到 384 个。Stratix II 不但具有极高的性能和密度，还针对器件总功率进行了优化。在移植为 HardCopy II 结构化 ASIC 的支持下，Stratix II FPGA 提供了业界唯一的从 FPGA 原型向大批量、低成本结构化、ASIC 产品的无缝移植。

9.3.5　Xilinx 公司的 Virtex-II Pro FPGA

赛灵思(Xilinx)公司是 FPGA 的发明者，它们推出的 Virtex-II Pro FPGA 系列产品采用 013 μm 工艺、9 层金属结构、BGA 封装，是基于 Virtex-II 系列基础的高端 FPGA。其主要特点是在 Virtex-II 上增加了高速 I/O 接口能力并嵌入了 IBM 公司的 PowerPC 处理器，以解决高性能系统结构所面临的挑战。Xilinx 和 IBM 合作，利用 IP 植入技术，在 Virtex-II 结构中植入领先的嵌入式处理器结构——IBM　PowerPC。Virtex-II Pro 系列支持最多 4 个运行频率而达 300MHz 的 PowerPC 405 处理器。这种植入方法允许硬 IP 核心分布在 Virtex 结构中的任何位置，同时可保持与周围逻辑阵列的平滑集成。IP 植入技术将核心中的所有高速总线与可编程结构直接紧密耦合，从而获得了比同样的分立处理器高得多的系统级性能。

Virtex-II Pro FPGA 还集成了 RocketIo 技术，这是支持多端口的 3.125 Gb/s 串行接口的可编程解决方案，这一集成为高性能接口标准(如千兆位以太网、10 G 以太网、3GIO、SerialATA、Infiniband 和 FibreChannel)提供了一个完全的解决方案，还包括了先进的主动互连、块 RAM(BlockRAM)和时钟管理功能。关于 Virtex-II Pro FPGA 的更多信息，可浏览 http://www. Xilinx.com。

9.4　SOPC 开发流程及开发平台简介

SOPC 设计包括以 Nios II 软核处理器为核心的嵌入式系统的硬件配置、硬件设计、硬件仿真、IDE 环境的软件设计、软件调试等。SOPC 系统设计的基本软件包括：Quartus II，用于完成 Nios II 系统的分析综合、硬件优化、适配、配置文件编程下载以及硬件系统测试等；SOPC Builder，是 Nios II 软核处理器的开发包，用于实现 Nios II 系统配置、生成以及与 Nios II 系统相关的监控和软件测试平台的生成；Modesim，用于对 SOPC Builder 生成的 Nios II 的 HDL 描述语言程序进行系统的功能仿真；Matlab/DSP Builder，用于生成 Nios II 系统的硬件加速器，进而为 Nios II 系统定制新的指令；Nios II IDE，用于完成基于 Nios II 系统的软件开发和调试，并可借助其自带的 Flash 编程器完成对 Flash 以及 EPCS 的编程操作。此外，Nios II IDE 还包括一个指令集成模拟器、MicroC/OS-II 实时操作系统、文件系统以及小型 TCP/IP 协议栈。

SOPC 的开发流程通常包括两个方面：基于 Quartus II、SOPC Builder 的硬件设计和基于 Nios II IDE 的软件设计。对于比较简单的 Nios II 系统，一个人便可执行所有的设计；对于比较复杂的系统，硬件和软件设计可以分开进行。

SOPC 开发流程如图 9.1 所示。

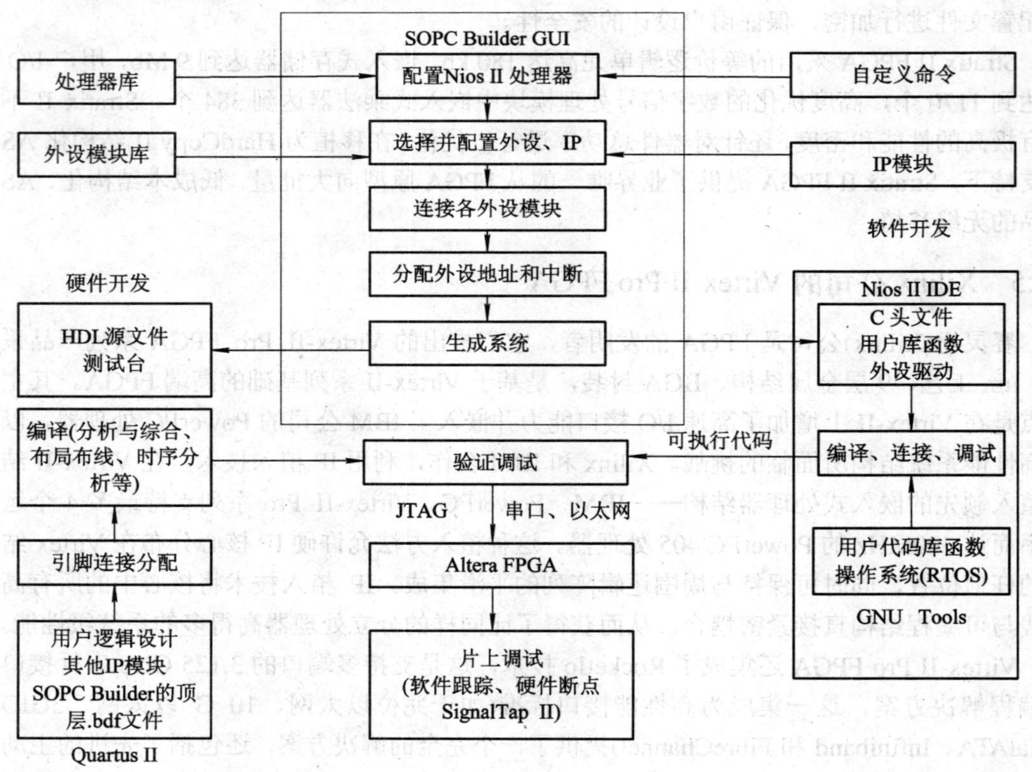

图 9.1　SOPC 开发框图

9.4.1　硬件开发

硬件开发使用 Quartus II 和 SOPC Builder。硬件设计工作如下：

(1) 用 SOPC Builder 软件从 Nios II 处理器内核和 Nios II 开发套件提供的外设列表中选取合适的 CPU、存储器以及各外围器件(如片内存储器、PIO、定时器、UART、片外存储器接口等)，并定制和配置它们的功能；分配外设地址和中断号，设定复位地址，最后生成系统。用户也可以开发定制指令逻辑到 Nios II 内核以加速 CPU 的功能，或添加用户外设以减轻 CPU 的任务。

(2) 使用 SOPC Builder 生成 Nios II 系统后，将其集成到整个 Quartus II 中，可以在 Quartus II 工程中加入 Nios II 系统以外的逻辑，大多数 SOPC 设计都包括 Nios II 系统以外的逻辑，这也是 SOPC 系统的优势所在。用户可以集成自身定制的硬件模块到 SOPC 设计，或集成从 Altera 或第三方 IP 供应商中得到的其他现成知识产权模块。

(3) 使用 Quartus II 软件类选取具体的 Altera FPGA 器件型号，然后为 Nios II 系统上的各 I/O 口分配引脚，另外还要根据要求进行硬件编译选项或时序约束的设置；最后编译 Quartus II 工程。在编译过程中，Quartus II 将对 SOPC Builder 生成系统的 HDL 设计文件进行布局布线，从 HDL 源文件综合生成一个适合目标器件的网表，生成 FPGA 的配置文件(.sof)。

(4) 使用 Quartus II 编程器和 Altera 下载电缆(如 ByteBlaster II)将配置文件下载到目标板上。当校验完当前硬件设计后，可将新的配置文件下载到目标板上的非易失存储器(如 EPCS)里。下载完硬件配置文件后，软件开发者就可以将此目标板作为软件开发的初期硬件平台进行软件功能的开发验证了。

9.4.2　软件开发

软件开发使用 Nios II IDE。它是一个基于 Eclipse IDE 架构的集成开发环境，包括：

- GNU 开发工具(标准 GCC 编译器、连接器、汇编器和 makefile 工具等)；
- 基于 GDB 的调试器，包括软件仿真和硬件调试；
- 提供用户一个硬件抽象层 HAL(HardWare Abstraction Layer)；
- 提供嵌入式操作系统 MicroC/OS-II 和 LwTCP/IP 协议栈的支持；
- 提供帮助用户快速入门的软件模板；
- 提供 Flash 下载支持(Flash Programmer 和 Quartus II Programmer)。

使用 Nios II IDE，可完成 Nios II 处理器系统的所有软件开发任务。使用 SOPC Builder 生成系统后，可以直接使用 Nios II IDE 开始设计 C/C++应用程序代码。Altera 提供外设驱动程序和硬件抽象层(HAL)，使用户能够快速编写与低级硬件细节无关的 Nios II 程序。除了应用代码，用户还可以在 Nios II IDE 工程中设计和重新使用定制库。

如果没有软件开发的目标板，可以使用 Nios II 指令集仿真器(ISS)运行和调试程序。ISS 可仿真处理器、存储器和 stdin/stdout/stderr 流，使用户可以检验程序流和算法的正确性。一旦有一个目标板，用户就可以使用下载电缆下载软件到目标板进行调试、运行。

9.4.3　SOPC 基本开发流程简介

下面以 STM-1 数据采集卡基于 Nios II 软核处理器的 SOPC 设计为例，简单介绍 SOPC

开发过程和 SOPC 开发工具的使用方法。

STM-1 数据采集卡基于 Nios Ⅱ 软核处理器的 SOPC 设计其核心功能是完成 ATM 信元的处理，判断信元的类型(AAL2、AAL5)，提取 ATM 信元的 VPI、VCI，如果是 AAL2 类型还需要提取 CID。然后把相关的参数报给网络处理器，网络处理器用这些参数来实现激活相应的信道，从而实现数据采集的功能。

每个开发过程开始时都应建立一个 Quartus II 工程。Quartus II 以工程的方式对设计过程进行管理。Quartus II 工程中包括创建 FPGA 配置文件所需要的所有设置和设计文件。开发流程如下：

(1) 选择开始→程序→Altera→Quartus II 6.0，打开 Quartus II 6.0 软件。

(2) 选择 File→New Project Wizard 来新建一项工程。点击 NEXT，由于是新建工程，暂时无输入文件，因此直接单击 NEXT，根据实际所用的 FPGA 来选择目标器件，这里指定为 Cyclone 系列的 EP2C20Q240C8。指定器件完成后，单击 NEXT 选择 EDA 工具，该实例利用 Quartus II 的集成开发环境进行开发，不使用任何 EDA 工具，因此这里不作任何改动。单击 NEXT，可以看到工程文件配置信息报告。单击 Finish，完成新建工程的建立。

顶层模块将用于整个工程的各个模块包含在里面，Quartus II 编译时将这些模块整合在一起。顶层文件相当于传统电路设计的电路板(PCB)，用于将各个功能的芯片焊接在上面。

(3) 选择 File→New，打开新建文件对话框，选择 Block Diagram/Schematic File，单击 OK 建立一个空的顶层模块，缺省名为 Block1.bdf。选择 File→Save As，打开.bdf 文件存盘对话框。至此，完成了顶层模块的建立，如图 9.2 所示。

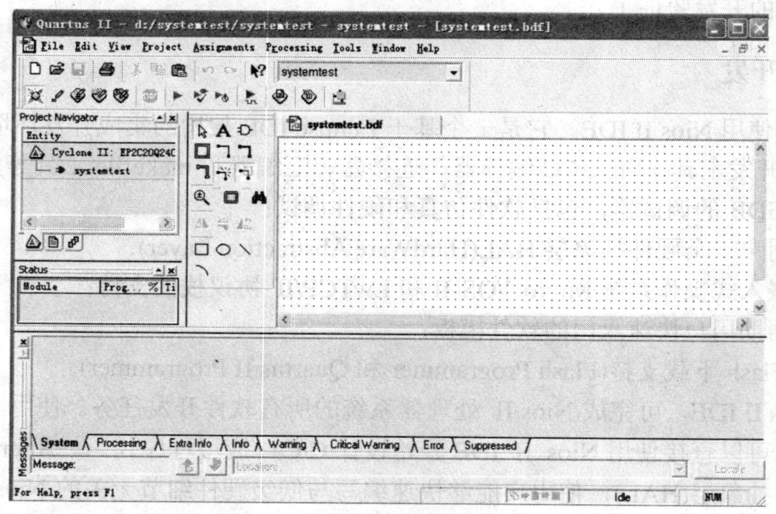

图 9.2　顶层模块的建立

下面介绍如何使用 SOPC Builder 创建 Nios II 系统。

SOPC Builder 包含在 Quartus II 软件中，它为建立 SOPC 设计提供了图形化环境。SOPC 由 CPU、存储器接口、标准外设和用户自定义的外设等组件组成。SOPC Builder 允许选择和自定义系统模块的各个组件和接口。利用 SOPC Builder，用户可以很方便地将处理器、存储器和其他外设模块连接起来，形成一个完整的系统。SOPC Builder 中已经包含了 Nios II

处理器以及一些常用的外设 IP 模块，用户也可以设计自己的外设 IP。用户在 SOPC Builder 中定义 Nios II 系统的硬件特性，例如使用哪个 Nios II 内核，系统包括什么外设。SOPC Builder 不定义软件操作，例如存储器中哪里存储指令或哪里发送 stderr 字符流，这些工作在 Nios II IDE 中完成。

Avalon 总线和外设的配置是在 SOPC Builder 的图形用户界面(GUI)中指定的。用户在 GUI 界面中指定各种参数和选项，这些参数和选项会存入一个系统的 PTF 文件。PTF 文件是一个文本文件，它完整地定义了 Avalon 总线模块结构和功能参数、每个外设结构和功能参数、每个外设的主/从角色、每个外设提供的端口信号和每个可被多个主端口访问的从端口的仲裁机制。

SOPC Builder 包含两个主要部分：图形用户界面(GUI)和系统生成程序。图形用户界面提供管理 IP 模块、配置系统和报告错误等功能。用户通过图形用户界面设计系统时，所有的设置都保存在一个以系统命名的 PTF 文件中，所以图形用户界面实际上就是 PTF 文件的专用编辑器。用户通过图形界面完成设计之后，单击 Generate 将启动系统生成程序。系统生成程序完成大量的功能，创建了几乎所有的 SOPC Builder 输出文件(HDL 逻辑文件、C 程序的头文件和库文件、模拟仿真文件等)。

PTF 文件是图形用户界面和系统生成程序之间的唯一交互渠道。对大部分用户来说，仅了解 PTF 文件是由图形用户界面产生，并且系统生成程序要读取 PTF 文件的内容就足够了。高级用户可以使用文本编辑器来修改 PTF 文件编辑自己的设计，而不是使用图形用户界面。PTF 文件传递给 HDL 生成器用来创建系统模拟实际的寄存器传输级描述。

用户使用 SOPC Builder 创建一个新的系统时，SOPC Builder 自动生成一个以系统命名的 PTF 文件。当使用 SOPC Builder 重新打开一个已有的系统时，PTF 文件是 SOPC Builder 读取该系统具体设计信息的唯一来源。系统 PTF 文件的内容随着图形用户界面对系统的编辑而自动改变。

SOPC Builder 的主要输出有：

(1) SOPC Builder 系统文件(.ptf)。该文件用于描述系统的硬件结构。Nios II IDE 使用.ptf 文件信息来为目标硬件编译软件程序。

(2) 硬件描述语言(HDL)文件。该文件是描述系统的硬件设计文件。Quartus II 软件使用 HDL 文件来编译整个 FPGA 设计。

(3) Quartus II 符号模块文件(.bsf)。该文件中的符号(Symbol)用于添加到 Quartus II 工程顶层文件。

SOPC Builder 的使用主要包括以下步骤：启动 SOPC Builder；指定目标 FPGA 和时钟设置；增加 Nios II 内核、片内存储器和其他外设；指定基地址和中断请求(IRQ)优先级；指定更多的 Nios II 设置；生成 SOPC Builder 系统。

新建一个工程 systemtest 后，在 Quartus II 中选择 Tools→SOPC Builder 选项来启动 SOPC Builder。SOPC Builder 启动后显示 Create New System 对话框，用户可以选择目标硬件语言，定义系统名，如图 9.3 所示。

图 9.3　Create New System 对话框

在图 9.3 中单击 OK，进入 SOPC Builder 界面，指定目标 FPGA 和时钟设置，如图 9.4 所示。

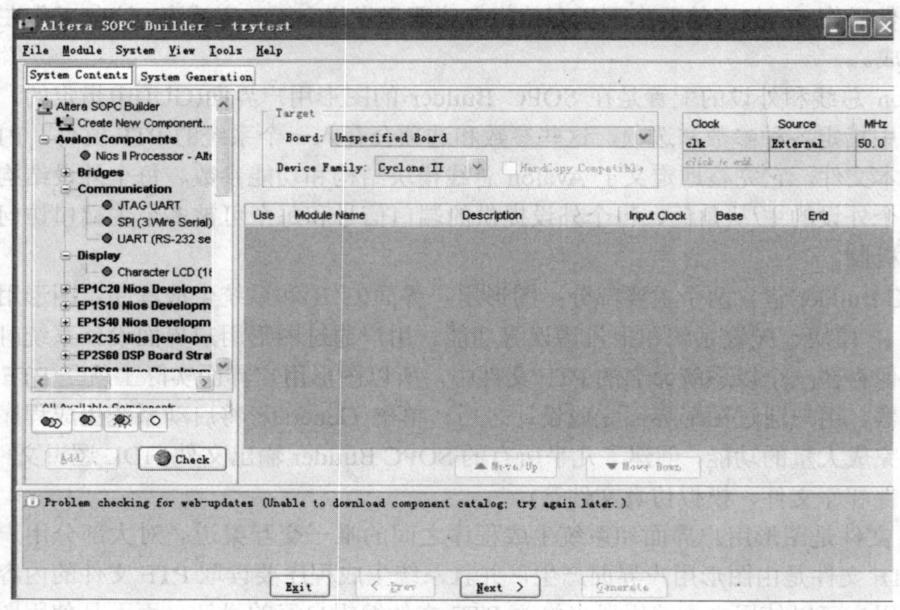

图 9.4　SOPC Builder 界面

可以通过添加图 9.4 左侧的组件来完成系统的构建。在该系统中需要以下组件：

(1) Nios II 软核处理器。

(2) 用于存储程序代码以及程序运行空间的片内 ROM。

(3) 用于变量存储(R/W 数据)、Heap、stack 等的片内 RAM。存储空间的大小用户根据系统需要和 FPGA 型号来确定。

(4) PIO。PIO 为 Nios II 处理器系统接收输入信号以及输出信号提供了一种简易的方法。

(5) 系统 ID 外设。在 IDE 中，如果用户程序不是基于对应的 Nios II 系统，那么调试时，Nios II IDE 将阻止用户下载程序到 Nios II 系统。

(6) SDRAM Controller。SDRAM 控制器内核提供一个连接片外 SDRAM 芯片的 Avalon 接口。SDRAM 控制器可让设计者在 Nios II 系统中简易连接并使用 SDRAM 芯片。SDRAM 通常用于需要大量易失性存储器且成本要求高的应用系统。

(7) EPCS Controller。带 Avalone 接口的 EPCS 设备控制器内核允许 Nios II 系统访问 Altera EPCS 串行配置器件。

(8) UART 内核。UART 是一个常用的字符型外围设备。Nios II 系统可以集成两种 UART 内核：一种是 JTAG_UART，其数据通过 JTAG 通信端口与 PC 机进行交互，一般用于程序的调试；另一种是常说的 UART，其数据以 RS-232 协议的形式与外界进行交互。

此外还需要自定义一个 DPRAM 来存储和网络处理器的交互信息。定制用户外设有两种可行的方法：一种是 SOPC Builder 提供的元件编辑器在图形用户界面下将用硬件描述语言描述的用户逻辑封装成一个 SOPC Builder 元件；另一种是在 Altera 提供的元件基础上来修改。此处用第一种方法。SOPC Builder 提供了一个元件编辑器，通过元件编辑器用户可以在 GUI 下将用户逻辑封装成一个 SOPC Builder 元件，当用户修改了元件的描述时，可以使用元件编辑器对定制好的元件进行修改。完成将用户逻辑封装为 SOPC Builder 可用的元件后，就可以像使用 Altera 提供的外设元件一样使用，而且可以提供给其他设计者使用。

在顶层图空白处双击，弹出 symbol 对话框。单击 MegaWizard Plug-In Manger，弹出 MegaWizard Plug-In Manger[paga 1]对话框。选择 Create a new custom megafunction variation，单击 next，如图 9.5 所示。

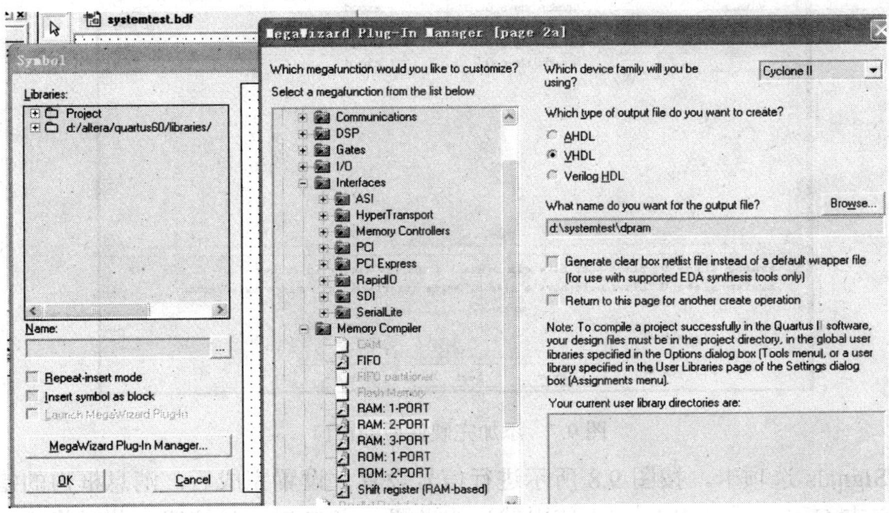

图 9.5　定制双口 RAM

此模块是 Altera 公司开发软件 Quartus II 提供的参数化的模块，可以根据需要选择相应的参数。最后生成如图 9.6 所示的模块和相应的硬件描述语言文件。这里利用此硬件描述语言文件把 DPRAM 封装成 SOPC Builder 的组件。

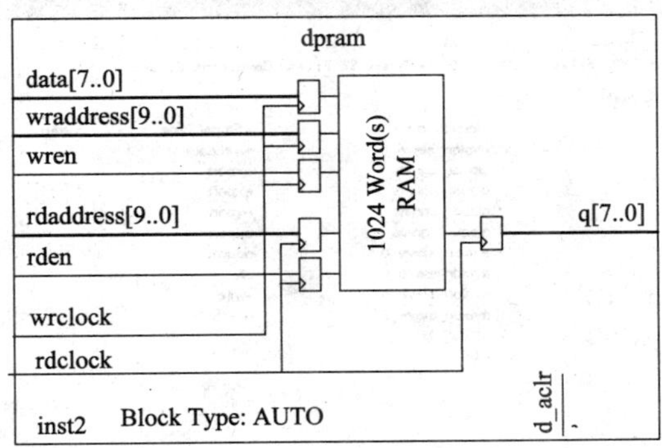

图 9.6　DPRAM 模块

在 Quartus II 中，选择 Tools→SOPC Builder，打开 SOPC Builder。在 SOPC Builder 中，单击 Create New Component，打开创建新元件向导，选择 HDL Files 选项卡，单击 Add HDL File，打开添加文件对话框，把 dpram.v.添加完硬件文件后，HDL Files 栏中可看到刚添加的文件。绿色闪烁的条纹表示系统正在分析该文件，请等待系统分析完成文件再进行其他操作。此步骤完成后，在消息窗口中会出现错误，这将在后面的步骤中解决，如图 9.7 所示。

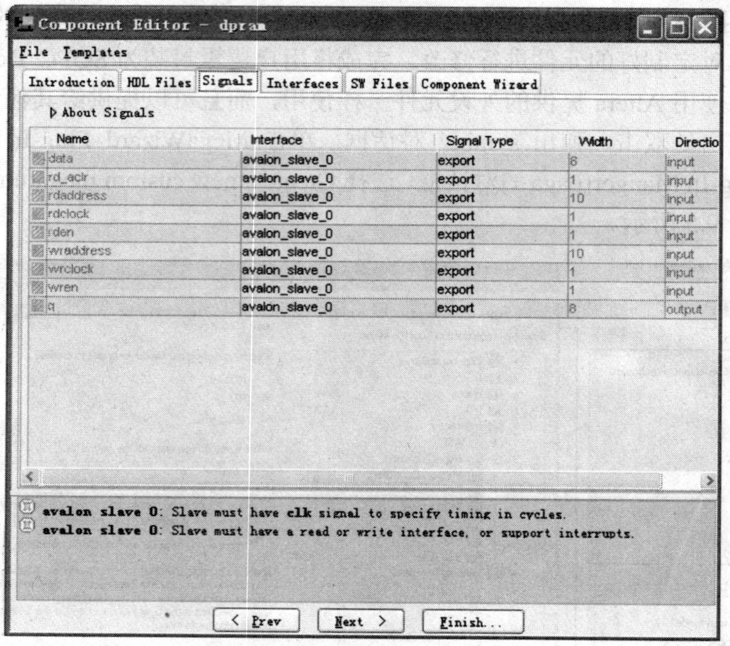

图 9.7　添加完硬件后的窗口

选择 Signals 选项卡，按图 9.8 所示进行信号设置。设置完成后，消息框内的错误提示将消失。点击 Component Wizard，使用默认的设置，点击 Finish 按钮，此时将弹出一个消息框，告诉设计者元件存放的路径，创建了哪些文件等，如图 9.9 所示。在 SOPC Builder 左边的可用元件列表中，将产生一个 Unknown Group。至此，dpram 元件的创建就完成了，如图 9.10 所示。

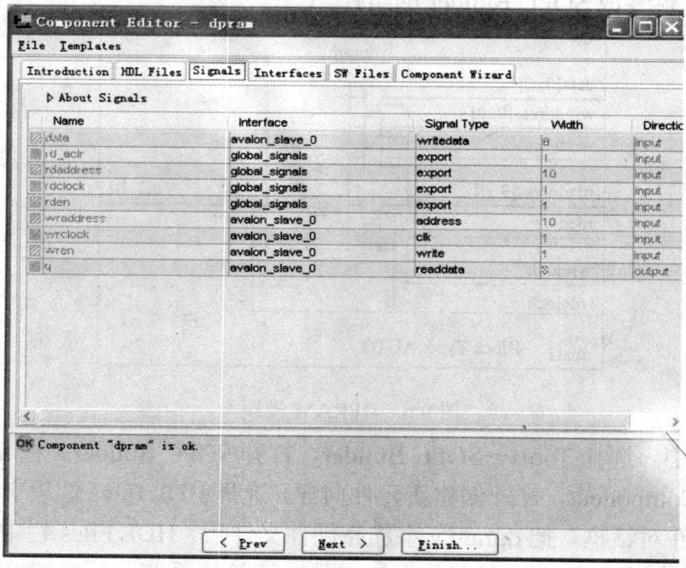

图 9.8　设置信号

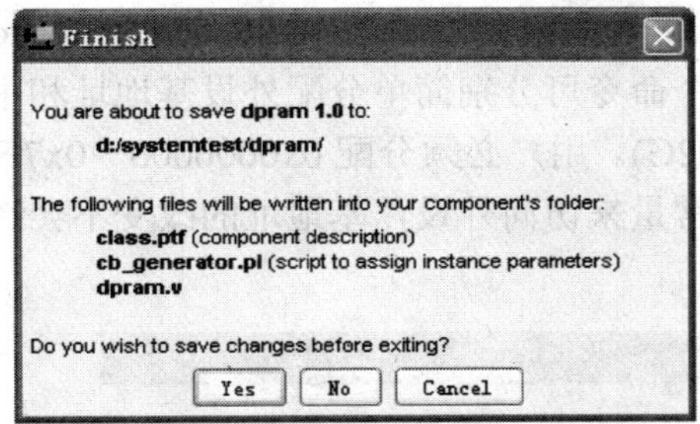

图 9.9　创建的消息框

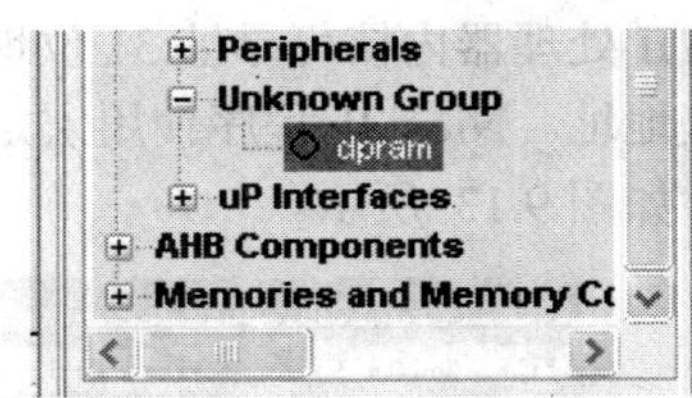

图 9.10　新创建的 dpram

用同样的方法再创建一个 dpram，给其命名为 downdpram。新的 dpram 只是信号设置不同，其余均按默认设置，如图 9.11 所示。

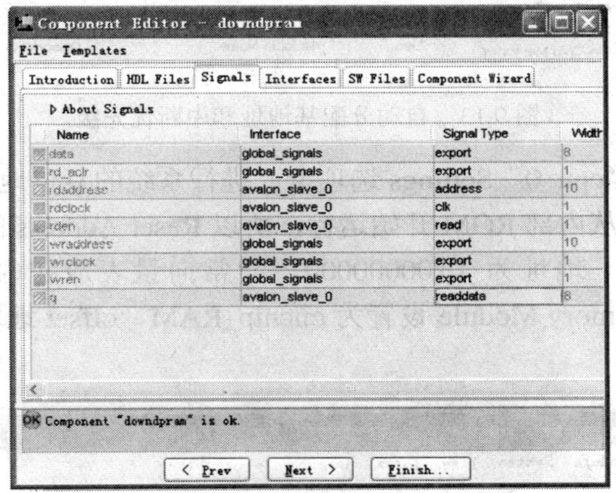

图 9.11　downdpram 设置信号

自此，系统中已经添加完成本实例所有的必需元件，如图 9.12 所示。

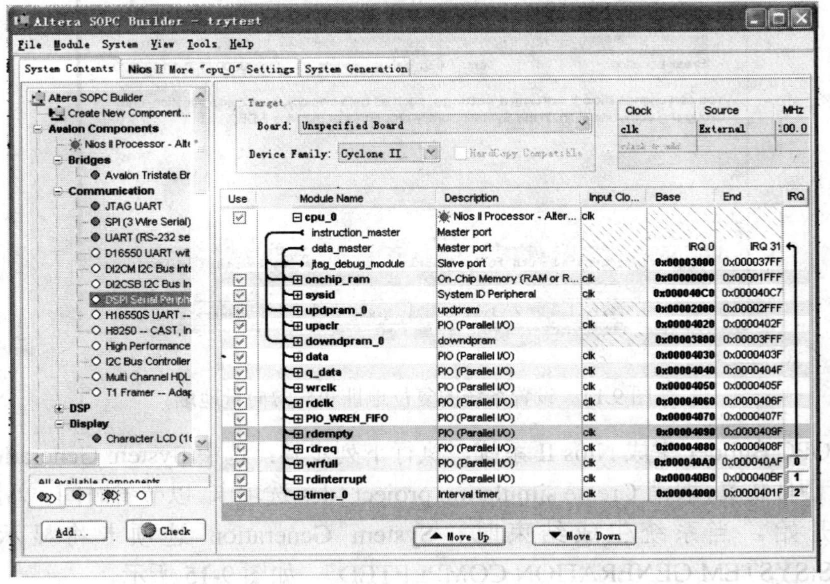

图 9.12　添加完所用元件的窗口

接下来，要为每个外设分配基地址和中断优先级。SOPC Builder 提供 Auto-Assign BaseAddress 和 Auto-Assign IRQs 命令，这两个命令可分别简单分配外设基地址和中断优先级。Nios II 处理器内核可寻址 31 位地址范围(2G)。用户必须分配 0x0000000～0x7FFFFFFF 之间的基地址。Nios II 程序使用宏定义符号常量来访问外设，基地址的改变不会造成程序的修改，如图 9.13 所示。

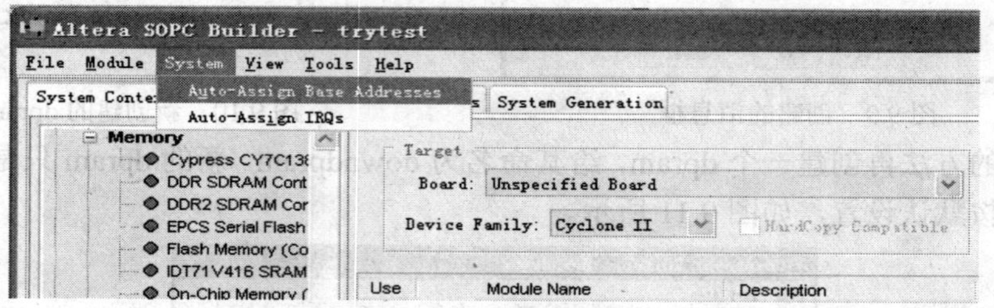

图 9.13　自动分配基地址和中断优先级

选中 Nios II More “cpu_0” Settings 选项卡，进行系统的复位地址和异常地址的设置。本实例在系统上电后，从内部 ROM 开始运行，所以 Reset Address 的 Memory Modele 设置为 onchip_ROM，offset 地址为 0x00000000。异常向量表放在内部 RAM 里面，所以 ExceptionAddress 的 Memory Module 设置为 onchip_RAM，offset 地址为 0x00000020，如图 9.14 所示。

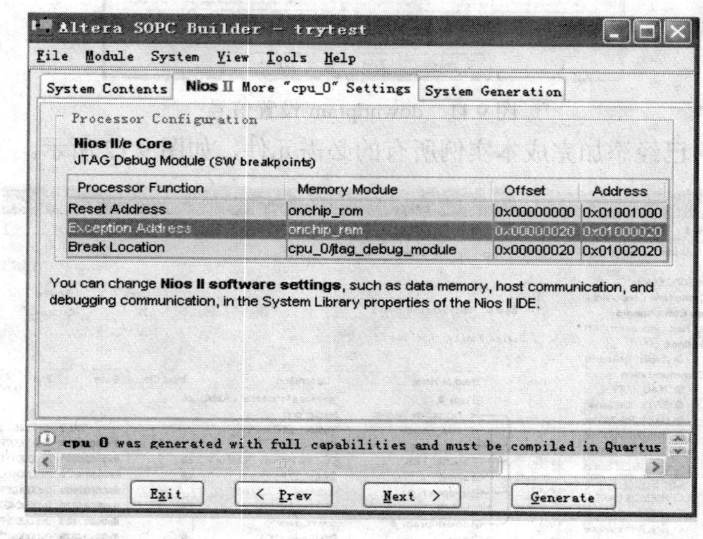

图 9.14　设置系统的复位地址和异常向量地址

使用 SOPC Builder 生成 Nios II 系统，执行下列步骤：选中 System Generation 选项卡，如果不进行硬件仿真，取消 Create simulation project files 选项卡，以节省时间。单击 Generate，系统生成开始。当系统生成结束时，System Generation 选项卡将显示一条消息“SUCCESS:SYSTEM GENERATION COMPLETED”，如图 9-15 所示。

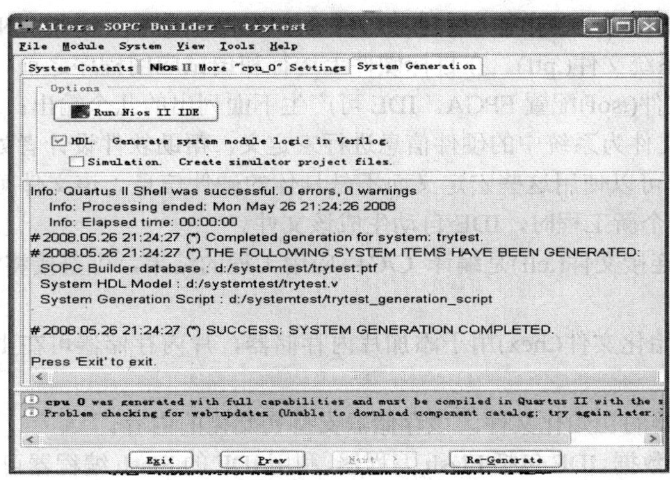

图 9-15　系统成功生成

UTOPIA 是采用异步传输模式(ATM)的通用测试及操作物理层接口(Universal Test and Operations PHY Interface for ATM)，UTOPIA 是其英文缩写。ATM 论坛技术委员会(ATM-Forum Technical Committee)在 1995 年指定选用 UTOPIA Level 2 总线为 ATM 层(数据链路)与 ATM 物理层芯片之间的标准接口。标准的 Level 2 总线可支持 622 Mb/s 的数据传输速度，而 UTOPIA Level 2 标准则可支持多达 31 颗物理层芯片(从属)及一颗 ATM 层芯片(主控)。

此外，该设计用 Altera 提供的 UTOPIA Level 2 IP 核来从物理层芯片接收 ATM 信元进入 FPGA。在顶层图空白处双击，弹出 symbol 对话框，单击 MegaWizard Plug-In Manger，弹出 MegaWizard Plug-In Manger[1]对话框，选择 Create a new custom megafunction variation，单击 next，可以看到此 IP 核的定制一共分三步。单击 step1，选择 Receiver；单击 next，进入 step2，选择 Generate Simulation Model；单击 next，进入 step3，生成 IP 核。UTOPIA 接收接口 IP 核定制，如图 9.16 所示。

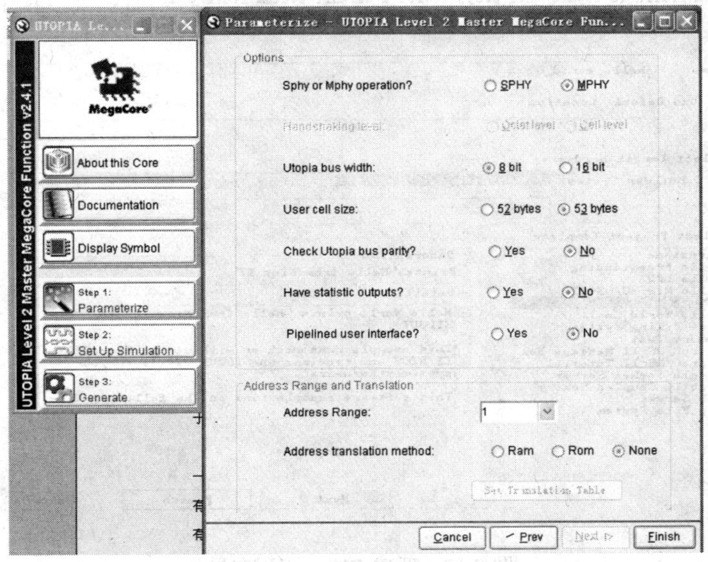

图 9.16　UTOPIA 接收接口 IP 核定制

使用 Nios II IDE 建立用户程序。启动一个新的 C/C++应用工程时，Nios II IDE 需要使用 SOPC Builder 系统文件(.ptf)。在目标硬件上运行和调试应用程序之前，软件设计者需要使用 FPGA 配置文件(.sof)配置 FPGA。IDE 可产生下面列出的几个输出：

(1) system.h 文件为系统中的硬件信息进行宏定义，帮助软件设计者处理硬件潜在的变化性，软件设计者可以使用这些宏定义而不是具体的硬件信息。该文件可以用于查阅系统中的硬件。创建一个新工程时，IDE 自动生成该文件。

(2) 可执行的连接文件(.elf)是编译 C/C++应用工程的结果，可直接将它下载到 Nios II 处理器。

(3) 存储器初始化文件(.hex)用于添加片内存储器，片内存储器可在上电时预定义存储器的内容。

(4) 片内存储器的初始化文件。该存储器支持初始化的内容。

(5) Flash 编程数据。IDE 包括 Flash 编程器，利用 IDE 的 Flash 编程器可以写程序到 Flash 存储器。用户也可以使用 Flash 编程器来写任意二进制数据到 Flash 存储器。

执行下面的步骤可以创建一个新的 C/C++应用工程：

(1) 选择“开始”→“程序”→Altera→Nios II IDE，打开 Nios II IDE 软件。

(2) 在弹出的 Workspace Launcher 对话框中，单击 Browse…按钮，设置工作空间为 Quartus II 工程的文件夹。如果第一次进入工作区，Nios II IDE 会弹出一个欢迎界面，此时单击右上角的 Workbench 图标，就可以进入 Nios II IDE 编辑界面。

(3) 选择 File→New→C/C++ Application，打开新建 C/C++工程向导。

(4) 单击 Select Target Hardware 选项区中的 Browse…按钮，打开 Select Target Hardware 对话框。选择 trytest.ptf，即指向当前硬件设计系统，弹出 New Project 对话框；选择 Select Project Template 列表框中的软件模板，如图 9.17 所示。

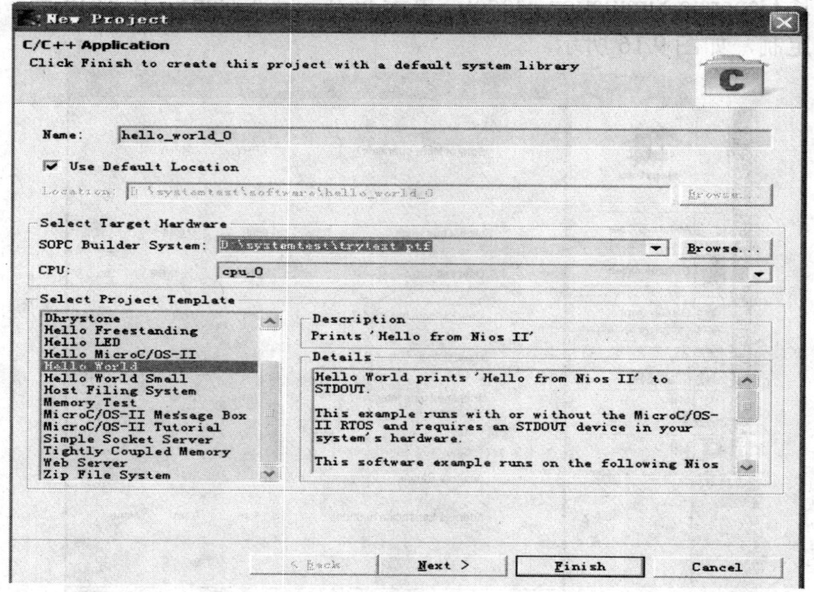

图 9.17　新建 C/C++工程向导

创建工程后，在 Nios II IDE 主界面左侧的 C/C++ Project 选项卡中将显示两个新的工程：hell0_world_0 和 hell0_world_0_syslib。hell0_world_0 是 C/C++ 应用工程，而 hell0_world_0_syslib 是描述 trytest 系统硬件细节的系统库。打开 hello_world.c 就可以开发自己的应用程序了。该例中的应用程序要实现以下功能：以 53 字节为单位，顺序在 FIFO 中读出数据，然后根据 ATM 信元格式，提取出 ATM 信元头，对信元头进行分析，看是否能判断出其类型(AAL2 或者 AAL5)。如果是 AAL5 就可以不用分析随后的 ATM 信元净荷；如果是 AAL2 就需要接着分析此 ATM 信元的 48 字节的净荷。根据“STF”标志位中的“OSF”域值找到第一个 CPS-Packet 的起始位置，从而提取出 3 个字节的 CPS-PH 来，然后就可以提取 CPS-PH 头的 CID 号了，对这些参数的详细解释请参阅文档“I.363.2-CPS 拆分与重组机制”和“I.363.5 拆分与重组机制”。

最后根据提取出的参数按照规定的格式写入 DPRAM 的相应区域，通过上行中断 INT_UP 通知，由 8280 根据从 DPRAM 中读取的配置信息对 CPM 进行初始化配置，然后激活信道，实现数据的采集。

在监测过程中，如果发现新的传输链路，则把配置信息写入 DPRAM 相应区域(命令上行区域)，实时通过上行中断 INT_UP 通知 8280 进行新增链路的配置，从而实现动态监测的功能。

上层软件根据协议的分析以及用户的需求对底层驱动(8280 的驱动)可以发出 Open、Close、Del 链路的请求。注意：上层软件所发的命令都只是针对 8280 的，所以 8280 要根据命令的含义来决定是否把命令按照规定的格式改写入 DPRAM 的相应区域(命令下行区域 DPRAM)，同时通过下行中断 INT_DOWN 通知 Nios II，让 Nios II 也对此命令做出相应的动作。其中 Open 表示上层主动创建或者打开一条链路，此命令也要通知 NiosII，完成 Table1 的维护。Close 表示上层主动关闭一条链路，但不拆除，即底层不把此条链路携带的信息上传，此命令不用通知 Nios II。Del 表示上层主动拆除一条链路，此命令要通知 Nios II，完成 Table1 的维护。

在 Nios II 中，需要动态维护两张表格：表 9.2 记录下曾经扫描到的所有 VPI、VCI 组合，以及它们的类型(AAL2/AAL5)，如果是 AAL2 还应该记录下所有扫描到的 CID 号；表 9.3 用于记录下曾经扫描到，但是没有判断出其 AAL 类型的所有 VPI/VCI 组合，以方便后续的监测。

表 9.2　扫描到的所有 VPI、VCI 组合及类型(AAL2/AAL5)

VPI	VCI	AALTYPE	CID_MARK	备　注
2 字节	2 字节	1 字节	32 字节	CID_MARK=1 表示此 CID 在用
		0，1，2，5	1：True；0：False	

表 9.3　扫描到的所有 VPI、VCI 组合(类型待定)

VPI	VCI	Number	备　注
2 字节	2 字节	2 字节	Number 计数超过某一规定值，就按照 AAL2 解码
		0～65 535	

FPGA 必须对 UTOPIA 接口的所有数据进行监测，也就是要监测所有的 ATM 信元，以实现自动扫描、动态监测的功能。

9.5 Nios II 应用程序及其外设 HAL 驱动开发

本节主要介绍 Nios II IDE 开发环境的使用，重点介绍硬件抽象层(HAL)系统库，包括 HAL 下的应用程序开发以及开发 HAL 下的设备驱动。

9.5.1 Nios II IDE 集成开发环境

Nios II 集成开发环境(IDE)是 Nios II 系列嵌入式处理器的基本软件开发工具。所有软件开发任务都可以在 Nios II IDE 下完成，包括编辑、编译和调试程序。Nios II IDE 提供了一个统一的开发平台，用于所有 Nios II 处理器系统。仅仅通过一台 PC 机、一片 Altera 的 FPGA 以及一根 JTAG 下载电缆，软件开发人员就能够往 Nios II 处理器系统写入程序以及和 Nios II 处理器系统进行通讯。Nios II IDE 基于开放式的、可扩展 Eclipse IDE project 工程以及 Eclipse C/C++开发工具(CDT)工程。Nios II IDE 为软件开发提供了四个主要的工具：工程管理器、编辑器及编译器、调试器和闪存编程器。

1. 工程管理器

Nios II IDE 提供了多个工程管理任务，以加快嵌入式应用程序的开发进度。

(1) 新工程向导。Nios II IDE 推出了一个新工程向导(如图 9.18 所示)，用于自动建立 C/C++ 应用程序工程和系统库工程。采用新工程向导，能够轻松地在 Nios II IDE 中创建新工程。

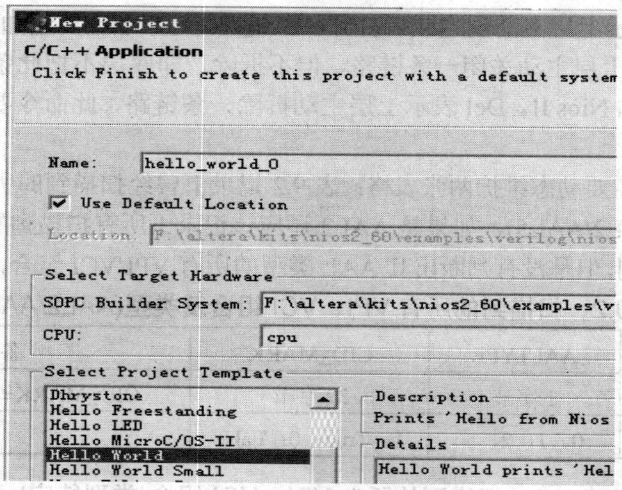

图 9.18 Nios II IDE 新工程向导

(2) 软件工程模板。除了新工程创建向导，Nios II IDE 还以工程模板的形式提供了软件代码实例，帮助软件工程师尽可能快速地推出可运行的系统。每个模板包括一系列软件文件和工程设置。通过覆盖工程目录下的代码或者导入工程文件的方式，开发人员能够将他们自己的源代码添加到工程中。

图 9.19 描述了一些可用的软件工程模板。

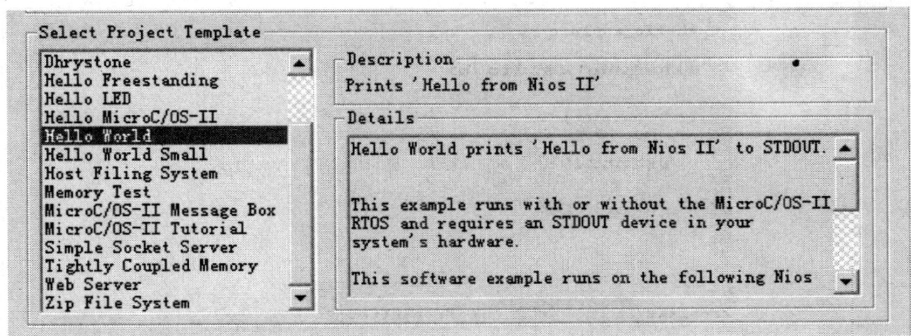

图 9.19　软件工程模板

(3) 软件组件。Nios II IDE 使开发人员通过使用软件组件能够快速地定制系统。软件组件(或者称为"系统软件")为开发人员提供了一个简单的方式来轻松地为特定目标硬件配置系统。组件包括：Nios II 运行库(或者称为硬件抽象层(HAL))、轻量级 IP TCP/IP 库、MicroC/OS-II 实时操作系统(RTOS)、Altera 压缩文件系统。

2. 编辑器和编译器

Nios II IDE 提供了一个全功能的源代码编辑器和 C/C++编译器。

(1) 文本编辑器。Nios II IDE 文本编辑器是一个成熟的全功能源文件编辑器。这些功能包括：高亮显示 C/C++ 代码、代码辅助/代码协助完成、全面的搜索工具、文件管理、广泛的在线帮助主题和教程、引入辅助快速定位、自动纠错内置调试功能。

(2) C/C++ 编译器。Nios II IDE 为 GCC 编译器提供了一个图形化用户界面，Nios II IDE 编译环境使设计 Altera 的 Nios II 处理器软件更容易，它提供了一个易用的按钮式流程，同时允许开发人员手工设置高级编译选项。

Nios II IDE 编译环境自动地生成一个基于用户特定系统配置(SOPC Builder 生成的 PTF 文件)的 makefile。Nios II IDE 中编译/链接设置的任何改变都会自动映射到这个自动生成的 makefile 中。这些设置可包括生成存储器初始化文件(MIF)的选项、闪存内容、仿真器初始化文件(DAT/HEX)以及 profile 总结文件的相关选项。

3. 调试器

Nios II IDE 包含一个强大的、在 GNU 调试器基础之上的软件调试器——GDB。该调试器提供了许多基本调试功能，以及一些在低成本处理器开发套件器中不会经常用到的高级调试功能。

(1) 基本调试功能。Nios II IDE 调试器包含如下的基本调试功能：运行控制、调用堆栈查看、软件断点、反汇编代码查看、调试信息查看、指令集仿真器。在调试中用户通过调试信息查看可以访问本地变量、寄存器、存储器、断点以及表达式赋值函数。图 9.20 所示是 Nios II IDE 调试器软件断点。

(2) 高级调试。除了上述基本调试功能之外，Nios II IDE 调试器还支持以下高级调试功能：硬件断点调试、ROM 或闪存中的代码、数据触发指令跟踪。Nios II IDE 调试器通过JTAG 调试模块和目标硬件相连。另外，支持片外跟踪功能便于和第三方跟踪探测工具结合使用，如FS2 公司提供的用于 Nios II 处理器的 in-target 系统分析仪(ISA-NIOS)。

```
*hello_world.c

#include <stdio.h>

int main()
{
    printf("Hello from Nios II!\n");

    return 0;
}
```

Problems　Console　Properties

图 9.20　Nios II IDE 调试器软件断点

(3) 调试信息查看。调试信息查看使用户可以访问本地变量、寄存器、存储器、断点以及表达式赋值函数。图 9.21 所示是调试信息查看的一个实例，显示的是一个应用实例的寄存器。

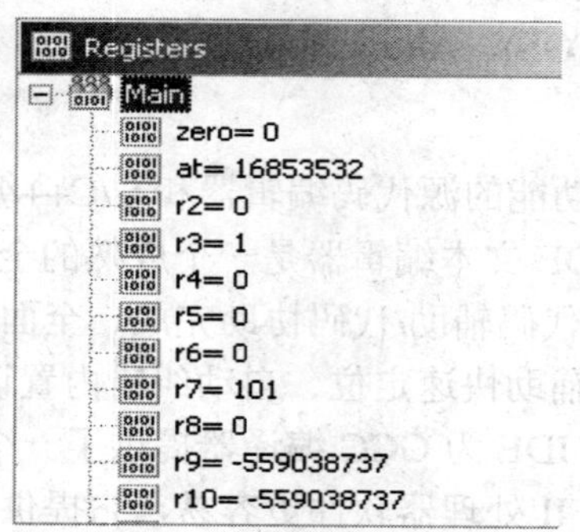

图 9.21　调试信息查看——寄存器显示

(4) 目标。Nios II IDE 调试器能够连接多种目标。表 9.4 列出了 Nios II IDE 中可用的目标连接。

表 9.4　Nios II IDE 调试器目标

目　标	说　明
硬件(通过 JTAG)	连接至 Altera 的 FPGA 开发板，如 Nios II 开发套件或其他Altera 及其合作伙伴提供的套件中的开发板
指令集仿真器	Nios II 指令集架构的软件例化，用于硬件平台(如 FPGA 电路板)未搭建好时的系统开发
硬件逻辑仿真器	连接至 ModelSim HDL 仿真器，用于验证用户创建的外设

4. 闪存编程器

许多使用 Nios II 处理器的设计都在单板上采用了闪存，可以用来存储 FPGA 配置数据和(或)Nios II 编程数据。Nios II IDE 提供了一个方便的闪存编程方法。任何连接到 FPGA 的兼容通用闪存接口(CFI)的闪存器件都可以通过 Nios II IDE 闪存编程器来烧结。除 CFI 闪存之外，Nios II IDE 闪存编程器能够对连接到 FPGA 的任何 Altera串行配置器件进行编程。

闪存编程器管理多种数据。表 9.5 所示为编程到闪存中的通用内容类型。

表 9.5　编程到闪存中的通用内容类型

内容类型	说　明
系统固定软件	烧结到闪存中的软件，用于 Nios II 处理器复位时从闪存中导入启动程序
FPGA 配置	如果使用一个配置控制器(例如用在Nios 开发板中的配置控制器)，FPGA 能够在上电复位时从闪存获取配置数据
任意二进制数据	开发人员想存储到闪存内的任何二进制数据，如图形、音频等

Nios II IDE 闪存编程器具有易用的接口，如图 9.22 所示。

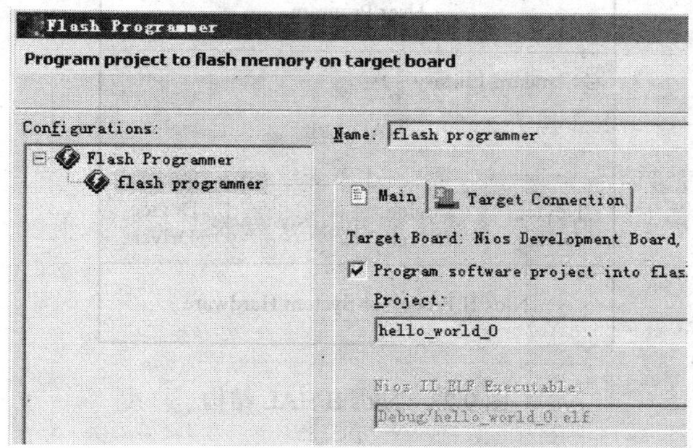

图 9.22　闪存编程器接口

Nios II IDE 闪存编程器已做了预先配置，能够用于 Nios II 开发套件中的所有单板，而且能够轻易地引入到用户硬件中。

9.5.2　HAL 系统库

HAL 系统库是 Nios II 处理器的硬件抽象层系统库，为系统提供底层硬件的驱动。HAL 系统库应用程序接口(API)由标准的 ANSI C 库组成。HAL 的 API 允许用户使用熟悉的 C 语言函数对器件进行访问，如 printf()、fopen()、fwrite()等。

HAL 作为 Nios II 处理器的开发板套件，为嵌入式系统的外围器件提供接口，将 Altera 的 SOPC Builder 和 Nios II IDE 紧密联系在一起，自动生成 HAL 系统库。在 SOPC Builder 生成系统硬件后，Nios II IDE 创建生成 HAL 系统库以匹配生成的硬件系统。当系统硬件配置发生改变时，系统自动将信息传给 HAL 系统库，以减少由于底层硬件发生微小变化而产生的系统错误。HAL 系统库对具体应用和器件驱动软件设计的支持有明显的分别。在硬件不改变的情况下可以重复使用系统提供的应用代码。

在 Nios II IDE 中建立新工程的过程中，系统自动生成 HAL 系统库。用户不需要创建或者复制 HAL 文件，同样也不需要对任何 HAL 源代码进行修改。Nios II IDE 自动创建 HAL 系统库，同时对其进行管理。HAL 系统库建立在特定的 SOPC Builder 系统上。综合外围器件和存储器, SOPC Builder 生成完整的 Nios II 系统。

HAL 系统库提供了下列系统服务：

(1) 集成 newlib——一个 ANSI C 标准库。

(2) 设备驱动。这些设备驱动程序提供了常用设备的驱动，同时也是我们学习设备驱动程序开发的范例。

(3) HAL API。提供了一个一致的设备存取、中断处理以及 ALARM 等的工具。

(4) 系统初始化。在 main 执行前完成相关的初始化任务。

(5) 设备初始化。在 main 执行前分配设备空间并初始化设备。

图 9.23 所示为 HAL 基本结构层设置，从底层的硬件层到用户的程序层。

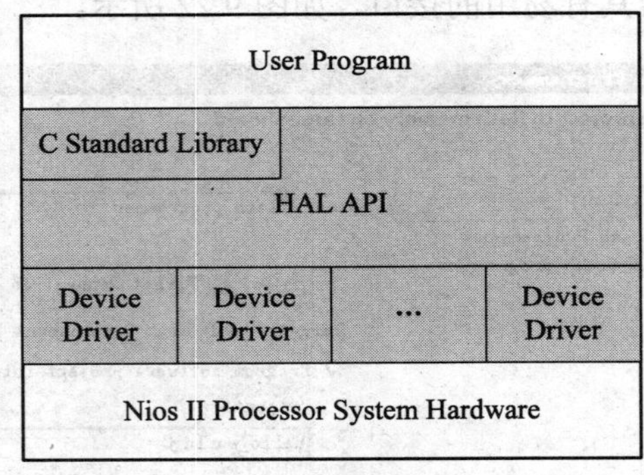

图 9.23　Nios II HAL 结构

在 Nios II 软件系统开发中，程序员划分为应用程序开发和设备驱动开发，大多数为应用开发设计者，一般负责系统的 main()程序。应用设计一般使用标准的 C 函数库或者 HAL 系统库 API 进行系统资源调用。设备驱动开发人员一般设计设备驱动供应用开发使用。设备驱动开发人员直接对系统底层硬件进行操作处理。

HAL 为嵌入式系统外围器件提供通用的模板，如定时器、以太网 MAC/PHY 芯片以及按字节传输的 I/O 外围设备。外围器件通用模板可以使用通用的 API，而不用考虑底层硬件。

HAL 为下列器件提供模板：

(1) 字符模式设备。串行收发字节的外围器件，如 UART。

(2) 时间模式设备。可以对时钟信号进行计数并产生周期中断的外围器件。

(3) 文件系统设备。支持访问文件存储，由于是内部执行操作，文件子系统驱动器可以直接访问底层硬件。例如，用户可以编写 Flash 文件子系统驱动，通过 HAL 的 API 访问 Flash。

(4) 以太网设备。使 Altera 的低标准 IP 协议接入以太网接口。

(5) DMA 设备。支持大量数据高速传输。

(6) Flash 设备。用于存储数据或程序的非易失性存储器。

在 Nios II 安装完毕以后，NIOS II IDE 中提供了上述类型的外设和相应的驱动程序。设备驱动程序开发人员可以分析这些设备驱动程序，从而为开发自己的设备驱动提供有力的支持和坚实的基础。

9.5.3　使用 HAL 开发应用程序

基于 HAL 系统库的软件工程的创建和管理与 Nios II IDE 紧密相关。图 9.24 所示为 Nios II IDE 程序框架。

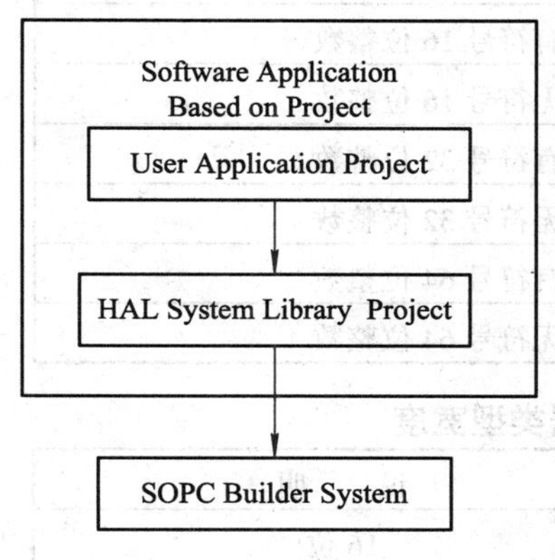

Also known as:Your program ,or user project
Described by:.c,.h,.s files
Creat by : You

Also known as: HAL ,or system library project
Described by:. Nios II IDE project setting
Creat by : Nios II IDE

Also known as : Nios II process system,or the hardware
Described by:..ptf file
Creat by : SOPC Builder

图 9.24　Nios II IDE 程序框架

基于 HAL 的 Nios II 程序由两个 Nios II IDE 工程组成：用户应用程序工程和 HAL 系统库工程，如图 9.24 所示。用户程序在一个工程(User Application Project)之中并建立在一个分离的系统库(HAL System Library)之上。用户的代码都包括在应用工程(Application Project)中，对这个工程编译便得到最终的运行程序。

当用户建立应用工程时，系统建立 HAL 系统库。HAL 包含了所有底层硬件与用户程序接口的有关信息。编译时，与用户 SOPC 系统相关的 HAL 驱动自动被添加到系统库工程中。建立在 SOPC Builder 之上的系统库工程，由 SOPC Builder 生成的.ptf 文件定义。Nios II IDE 管理 HAL 系统库和驱动配置的更新来正确反映硬件系统。如果 SOPC 系统发生改变，IDE 将在用户编译和运行应用程序时重新对 HAL 进行编译。这种工程从属结构显示将用户程序与底层硬件相分离，使用户不用担心程序是否与目标硬件相匹配。HAL 系统库的程序始终与硬件保持同步。

当第一次编译 Nios II IDE 工程时，编译工具会根据硬件系统文件(.ptf 文件)生成一个描述硬件信息的 system.h 文件。system.h 文件是由编译工具根据 SOPC Builder 系统的内容(.ptf 文件)和系统库的配置设置生成的一个头文件。system.h 文件的内容主要由两部分组成：一部分描述系统库的设置信息；一部分给出了每个外围设备的详细信息，其内容包括外围设备的硬件配置、外设的基地址、中断优先级(如果外设有中断)和外围器件的符号名称。system.h 文件为 Nios II 硬件系统提供完整的软件说明，是硬件与软件的连接点。对应用程序开发人员来讲，system.h 提供的信息基本用不到，所需要关心的仅仅是外围设备信息的宏定义及相关用法。

在编程过程中，用户需要知道数据类型的宽度和精度。ANSIC C 数据类型没有非常确切地定义数据宽度。HAL 使用 alt_types.h 头文件定义一套支持 ANSI C 类型的数据类型，如表 9.6 所示。Altera 提供的 GNU 编译器下的 ANSI C 数据类型宽度如表 9.7 所示。

表 9.6 HAL 数据类型定义

类　型	说　明
alt_8	有符号 8 位整数
alt_u8	无符号 8 位整数
alt_16	有符号 16 位整数
alt_u16	无符号 16 位整数
alt_32	有符号 32 位整数
alt_u32	无符号 32 位整数
alt_64	有符号 64 位整数
alt_u64	无符号 64 位整数

表 9.7 ANSI C 数据类型宽度

类　型	说　明
short	16 位
long	32 位
char	8 位
int	32 位

HAL 提供了对系统启动的支持。如果系统不能启动，应用程序也只能作摆设。这里的启动是指系统上电复位后到运行 main()函数前，初始化硬件，构建应用程序运行时环境的过程。如果开发工具不提供这段代码，则由用户自己编写。Nios II 的 HAL 系统库为用户提供了这段代码，如果用户采用链接器(Linker)的默认设置，那么链接器会自动链入 HAL 提供的初始化函数，这些初始化函数将实现 Nios II 系统的启动和初始化过程。这样 HAL 系统库就将用户程序和底层硬件分离，但 HAL 与用户程序由 Nios II 工程统一管理，用户在开发和调试程序时，就不必考虑硬件的细节。

HAL 提供对异常处理的支持。Nios II 采用典型的、简单的异常处理方式，使用一个简单的处理器来处理所有类型的中断。当异常发生后，异常处理除 ISR 外所有的工作都由 HAL 系统库代码替用户完成。在 Nios II 系统中，Nios II 异常和中断是非向量的，所有异常和中断都由驻留在一个单一存储空间的代码来处理，这个存储空间称为 exception address。在该存储空间，HAL 系统库会自动插入中断源和中断优先级代码。对于用户来说，所要做的工作就是编写中断服务程序。为了方便创建和维护中断服务程序，HAL 系统库提供了中断 API 函数。

在对处理性能要求严格的嵌入式实时系统中，可以从软件和硬件两个方面来提高处理性能。一般来说，首先从软件上来考虑，在不能满足要求的情况下再从硬件上来考虑。从软件上改善性能应主要考虑如下几个方面：

(1) 把无关紧要的以及影响中断执行性能的请求放在中断服务程序之外处理。

(2) 把传输大量数据之类的事情交给 DMA 来完成。如果 DMA 传输大量数据，可以加大缓冲区以减少中断次数。

(3) 使用快速的存储空间来存储关键代码。可将中断服务程序和堆栈放置在快速的存储器中，如 on_chip_memory。

(4) 将应用工程和系统工程都设置为高的编译优化等级，使用－O3 等级的编译优化能获得最好的中断和应用程序执行性能。

从硬件上改善处理性能，要修改重新生成 SOPC Builder 系统，且重新编译 Quartus II 系统。硬件改善性能可以考虑以下几个方面：

(1) 添加或加大快速存储器来存储关键代码或作为数据缓存。

(2) 添加 DMA 控制器。

(3) 使用性能更好的 Nios II 处理器。

(4) 根据系统实际的中断优先级来合理分配 SOPC Builder 系统的中断号。

9.5.4　开发 HAL 下的设备驱动

在 Nios II 系统中，如果用户定制了自己的外设，则必须为其提供驱动程序才能使用 Nios II 处理器对其进行操作。如果定制的外设属于 HAL 的通用设备模型之一，定制外设者应该将其编写的驱动程序集成到 HAL 系统库中，这样就可以通过标准的 HAL API 函数对定制的外设进行操作。如果不属于 HAL 所提供的通用设备模型，应该提供该外设的访问函数接口，编程者使用定制者提供的函数接口而不是 HAL API 函数对外设进行操作。

驱动程序一般的开发步骤如下：

(1) 创建一个设备头文件，用于描述设备的寄存器及其访问方法。

(2) 定义并实现设备驱动的功能。

(3) 在 main()中单独测试设备驱动的功能。

(4) 把设备驱动集成到 HAL 中。

下面我们依次介绍各个步骤。

1. 创建一个描述设备寄存器的头文件

对驱动开发人员来说，设备可以看做一组寄存器的抽象。研究设备寄存器的集合是驱动开发的第一步。驱动开发的第一步就是创建一个用于描述设备寄存器的头文件。在这个头文件中，应用清晰易懂的宏符号描述出设备的寄存器集合，并给出其访问的方法。具体的头文件实现可以参考<Nios II kit 安装路径>\component\altera_avalon_jatg_uart\inc 文件夹下的 altera_avalon_jtag_uart_regs.h 文件。用户可以以此为模板进行修改，从而得到增加的设备的头文件。

下面以字符型设备为例来说明设备驱动的实现方法及如何将其注册到 HAL 系统中去。

虚拟设备对具体的设备来说是一个抽象的概念，对虚拟设备的操作，最终会通过驱动程序落实在某个具体的设备上。要开发针对某个真实设备的操作，应先把描述这类设备的普遍概念具体化。Altera 把字符型设备的共性抽象出一个结构体。下面的程序为字符型设备结构体的定义：

```
struct alt_dev_s {
    alt_llist       llist;       /* for internal use */
    const char*     name;
    int (*open)     (alt_fd* fd, const char* name, int flags, int mode);
```

```
    int (*close) (alt_fd* fd);
    int (*read)  (alt_fd* fd, char* ptr, int len);
    int (*write) (alt_fd* fd, const char* ptr, int len);
    int (*lseek) (alt_fd* fd, int ptr, int dir);
    int (*fstat) (alt_fd* fd, struct stat* buf);
    int (*ioctl) (alt_fd* fd, int req, void* arg);
};
    typedef  struct alt_dev_s alt_dev;
```

这个结构体表达的意思是，字符型设备有这样的共性：它们有一个以字符串形式表达的名字，都支持 open()、close()、read()、write()、lseek()、fstat()、ioctl()操作中的一种或者几种。

这里需要注意的是，open()等函数的输入参数 fd(file descriptor)的类型是 alt_fd 类型而不是 int 类型。alt_fd 类型定义以下程序：

```
typedef struct alt_fd_s
{
    alt_dev* dev;
    alt_u8*  priv;
    int      fd_flags;
} alt_fd;
```

这里 dev 是指向设备类型结构体的指针，fd_flags 传递文件处理标志。priv 指针是由驱动程序完全自主管理和使用的指针变量，驱动程序可以将这个指针指向一个已经分配的数据空间，也可以用来记录函数运行的状态信息，还可以忽略(初始化为 NULL)。这里，priv 是 private(私有的)的缩写。

了解了字符型设备的共性描述后，以 UART 设备为例来说明如何具体化。下面是描述 UART 设备的程序的一部分：

```
/*描述 UART 设备的结构体*/
typedef struct
{
    alt_dev          dev;
    void*            base;
    alt_u32          ctrl;
    alt_u32          rx_start;
    volatile alt_u32 rx_end;
    volatile alt_u32 tx_start;
    alt_u32          tx_start;
#ifdef ALTERA_AVALON_UART_USE_IOCTL
    struct termios termios;
    alt_u32          freq;
#endif
```

```
    alt_u32             flags;
    ALT_FLAG_GRP          (events)
    ALT_SEM              (read_lock)
    ALT_SEM              (write_lock)
    alt_u8              rx_buf[ALT_AVALON_UART_BUF_LEN];
    alt_u8              tx_buf[ALT_AVALON_UART_BUF_LEN];
} alt_avalon_uart_dev;
```

从上面描述 UART 的结构体可以看出，所谓“具体化”，就是在共性的基础上添加具有个性的东西。结构体的第一行 alt_dev　dev，就继承了通用设备的共性，从第二行开始，就是 UART 设备个性化的东西。例如，base 记录 UART 设备的基地址；ctrl 记录 UART 设备控制寄存器的当前值；rx_start、rx_end、tx_start、tx_end 这 4 个指针用于操作接收和发送数据缓冲区。

上面定义出 UART 设备的数据类型，但是内存空间中还没有真正描述 UART 设备的数据域，所以要把 UART 设备实例化。程序如下：

```
/*实例化 UART 设备*/
define ALTERA_AVALON_UART_INSTANCE(name, dev)
  static alt_avalon_uart_dev dev =
    {
      {
        ALT_LLIST_ENTRY,
        name##_NAME,
        NULL, /* open */
        NULL, /* close */
        alt_avalon_uart_read,
        alt_avalon_uart_write,
        NULL, /* lseek */
        NULL, /* fstat */
        ALTERA_AVALON_UART_IOCTL,
      },
      (void*) name##_BASE,
      0,
      0,
      0,
      0,
      0,
      ALTERA_AVALON_UART_TERMIOS(name##_STOP_BITS,
                                 (name##_PARITY == 'N'),
                                 (name##_PARITY == 'O'),
                                 name##_DATA_BITS,
```

```
                                    name##_USE_CTS_RTS,
                                    name##_BAUD)
      ALTERA_AVALON_UART_FREQ(name)
      (name##_FIXED_BAUD ? ALT_AVALON_UART_FB : 0) |
        (name##_USE_CTS_RTS ? ALT_AVALON_UART_FC : 0)
   }
```

从上面实例化 UART 设备的过程可以看出，实例化就是定义并初始化一个设备类型的变量。实例化 UART 设备后，内存中就真正地生成 UART 设备的变量，通过这个变量，可以轻松地获取 UART 设备的属性和访问方法。

在获得设备属性的同时，也把访问函数地址填入了相应的函数指针，接下来就是如何实现这些函数。实现这些函数可以参考 UART 的实现文件(<Nios II 安装路径>\sopc_builder\components\altera_avalon_uart\HAL\src 文件夹下的 altera_avalon_uart.c)。

实现了描述设备的数据和访问设备的方法，可以说已经完成了设备的驱动开发。但是，如果设备驱动不是由开发者管理而是由其他软件层来管理，那么还应向软件层注册设备。向 HAL 注册设备的方法是在设备初始化函数中调用字符设备驱动注册函数：

```
Int alt_dev_reg(alt_dev *dev)
```

该注册函数的输入参数是指向 alt_dev 类型的指针，由此也可以看出，上层软件管理的对象并不是具体的设备，而是具有设备共性的虚拟设备。

注册函数返回 0 表示注册成功，返回一个负数表示注册失败。至此，字符型设备的驱动开发工作就完成了。驱动程序开发完毕后，开发人员必须为驱动程序提供一个 Makefile 文件，以便于工程的管理和编译。由于*.c 文件放置在 src 文件夹中，因此 Makefile 文件也应该放置在该文件夹中。驱动程序 Makefile 的基本格式如下：

```
/*Makefile 的基本格式*/
#list all source files supplied by this component.
C_LIB_SRCS+=altera_avalon_uart.c
ASM_LIB_SRCS+=
INCLUDE_PATH+=
```

实例化 UART 设备的步骤如下：

(1) 欲编译的 c 文件放置在 C_LIB_SRCS 一行。

(2) 欲编译的汇编文件放置在 ASM_LIB_SRCS 一行。

(3) 欲增加包含文件的路径，把路径加在 INCLUDE_PATH 一行。

(4) 多个文件之间和多个路径之间用空格分开。

完成以上几个步骤后，编译器可以找到驱动设备文件，并把它编译到 HAL 系统库中。

Nios II 的 HAL 系统库能在 main()函数调用前，调用初始化函数 alt_sys_init()(位于 alt_sys_init.c)来初始化所有的设备。这个过程可自动执行，不需要开发人员调用设备初始化函数。alt_sys_init.c 是由 Nios II IDE 自动产生的，编译器会扫描驱动文件目录，如果找到一个文件名与 SOPC Builder 中的组件(component)名一致的设备头文件，编译器会在 alt_sys_init.c 文件中插入下面一组代码(alt_sys_init.c 片断，如下程序清单)。

插入为该设备分配存储空间的宏定义：<name of device>_INSTANCE；在初始化函数 alt_sys_init()中插入初始化该设备的宏定义：<name of device>_INIT。

```
#include "system.h"
#include "sys/alt_sys_init.h"
/*device heards */
#include "altera_avalon_timer.h"
#include"altera_avalon_uart.h"
/* Allocate the device storage */
ALTERA_AVALON_UART_INSTANCE(UART1,uart1);
ALTERA_AVALON_TIME_INSTANCE(SYSCLK,sysclk);
/*Initialise the device*/
void alt_sys_init(void)
{
    ALTERA_AVALON_UART_INIT(UART1,uart1);
    ALTERA_AVALON_TIMER_INIT(SYSCLK,sysclk);
}
```

为了使编译器自动产生 alt_sys_init.c，必须对设备头文件的格式加以要求。

(1) 设备的头文件名要与 SOPC Buider 中对应的组件名一致。比如，SOPC Buider 中的组件名为 altera_avalon_uart，那么设备头文件名就为 altera_avalon_uart.h。

(2) 在设备头文件中以<name of device>_INSTANCE 的形式定义一个设备实例化的宏，如程序清单所列为 altera_avalon_uart 设备的实例化宏。

```
define ALTERA_AVALON_UART_INSTANCE(name, device)
  static alt_avalon_uart_dev device =
   {
     {
       ALT_LLIST_ENTRY,
       name##_NAME,
       NULL, /* open */
       NULL, /* close */
       alt_avalon_uart_read,
       alt_avalon_uart_write,
       NULL, /* lseek */
       NULL, /* fstat */
       NULL,/*ioctl*/
     },
 name##_BASE
 }
```

(3) 在设备头文件中以<name of device>_INIT 的形式定义一个设备初始化的宏。以下程序所列为 altera_avalon_uart 设备的初始化宏。

```
# define ALTERA_AVALON_UAT_INIT(name,device) alt_dev_reg(&device.dev)
```

如果满足以上几条要求，Nios II IDE 的 gtf-generate 工具就会在自动生成的系统初始化文件 alt_sys_init.c 中插入设备实例化和初始化宏，并在 main 函数调用前完成设备的实例化和初始化工作。因为 alt_sys_init.c 文件中包含了 system.h，所以为了提高工程的编译效率，各设备驱动的头文件中不必包含 system.h。

至此，已介绍了 HAL 下设备驱动开发的关键内容。读者可以参考 Altera 提供的设备驱动来编写一个自己的驱动。

9.6 本章小结

本章主要介绍了以 Altera 公司的 Nios II 软核处理器为核心的 SOPC 设计。需要理解的比较重要的概念是芯片的 SOC 化和嵌入式系统的 SOPC 化。从内容上来说，本章更注重上机操作实践。因而，为了使读者迅速熟悉这一设计流程，本章详细介绍了 SOPC 的开发流程，包括：基于 Quartus II、SOPC Builder 的硬件设计，基于 Nios II IDE 的软件设计。

通过本章节的学习，读者应该掌握的内容有：

➢ 熟悉多种系列的基于 SOPC 的 FPGA，包括工艺、性能、系统仿真软件等参数指标。

➢ 硬件开发使用 Quartus II 和 SOPC Builder。用 SOPC Builder 软件完成 CPU、存储器以及各外围器件(如片内存储器、PIO、定时器、UART、片外存储器接口等)的初始化；生成 Nios II 系统后，将其集成到整个 Quartus II 中；生成 FPGA 的配置文件(.sof)；最后完成硬件配置文件的下载。

➢ 软件开发使用 Nios II IDE。完成 Nios II 处理器系统的所有软件开发任务。

➢ Nios II 集成开发环境(IDE)的使用。

➢ 基于 HAL 开发应用程序和设备驱动程序。

思考与练习

1. SOC 和 SOPC 的定义及二者的区别是什么？
2. 了解几个常用的 FPGA 系列的特点和性能。
3. SOPC 硬件开发需要做哪些工作？
4. 根据本书的介绍，掌握整个 SOPC 基本开发流程。
5. 熟悉 Nios II 集成开发环境(IDE)，学会使用 Nios II 软件开发工具。

第 10 章　嵌入式系统项目开发方法

项目开发涉及到大量人力、物力，为了使各种资源协同工作，充分保证项目开发质量，减少因质量问题所引起的开发延迟和投入运行后可能发生的大量维护费用，定义一个合适的项目研发流程显得尤为重要。其作用具体表现有：对项目组的内部管理有力，使工作有条不紊；项目组可以控制项目研发质量，提高研发水平。本章将介绍嵌入式系统项目开发的一些基本方法和原则，为读者进行嵌入式系统开发提供参考。

一个项目的开发要经历数个流程，需要合理安排，才能做到最终优质高效地完成项目的开发。根据不同的工程要求，研发过程采用不同的模型来展开，具体的模型有下面几种。

1. 线形顺序模型(瀑布模型)

模型概念：瀑布模型(Waterfall Model)是由 W.W.Royce 在 1970 年最初提出的软件开发模型，在瀑布模型中，开发被认为是按照需求分析、设计、实现、测试、集成和维护的顺序顺畅地进行。

模型特点：瀑布模型最早强调系统开发应有完整的周期，且必须完整地经历周期的每一开发阶段，并系统化地考虑分析与设计的技术、时间与资源投入等，因此瀑布模型又可以称为“系统发展生命周期”(System Development Life Cycle，SDLC)。由于该模式强调系统开发过程需有完整的规划、分析、设计、测试及文件等的管理与控制，因此能有效地确保系统品质，它已经成为业界大多数软件开发的标准。

2. 迭代模型

迭代模型是 RUP(Rational Unified Process，统一软件开发过程/统一软件过程)推荐的研发周期模型。在 RUP 中，迭代被定义为：包括产品发布(稳定、可执行的产品版本)的全部开发活动和要使用该发布所必需的所有其他外围元素。所以，在某种程度上，开发迭代是一次完整地经过所有工作流程的过程，它至少包括需求工作流程、分析设计工作流程、实施工作流程和测试工作流程。实质上，它类似小型的瀑布式项目。RUP 认为，所有的阶段(需求及其他)都可以细分为迭代。每一次迭代都会产生一个可以发布的产品，这个产品是最终产品的一个子集。

3. 增量模型

增量模型是一种非整体开发的模型。该模型具有较大的灵活性，适合于软件需求不明确、设计方案有一定风险的软件项目。

增量模型和瀑布模型之间的本质区别是：瀑布模型属于整体开发模型，它规定在开始下一个阶段的工作之前，必须完成前一阶段的所有细节。而增量模型属于非整体开发模型，它推迟某些阶段或所有阶段中的细节，从而较早地产生工作软件。

4. 喷泉模型

喷泉模型的开发过程有分析、系统设计、软件设计和实现4个阶段，各阶段相互重叠。它反映了软件过程并行性的特点，以分析为基础，资源消耗成塔状。喷泉模型强调增量开发，整个过程是一个迭代的逐步提炼的过程。

5. 智能模型

智能模型也称为基于知识的软件开发模型，是知识工程与软件工程相结合的软件开发模型。其主要特点是必须建立知识库，并将模型本身、软件工程知识、特定领域知识放入知识库。其具体描述可以使用形式功能规约，也可以使用知识处理语言描述等。

10.1　嵌入式系统项目主要开发流程

嵌入式系统项目主要开发流程包括以下步骤：问题定义和可行性分析(预研报告、立项报告)→产品商标和型号→立项和计划→需求分析→概要设计(总体设计)→专利申请→详细设计→实现→测试→验收评审→版权登记→中试→试运行→申请证书→生产定型鉴定、开始批量生产→结题→维护。

其中，在几个主要步骤之间均需要进行审查。由项目外的专家组成审查小组对该项目的设计进行审核确认，如果有问题则返回进行修正后再进入下一个步骤。

10.1.1　需求分析

在开发一个嵌入式系统项目之前，首先要进行需求分析。需求分析是整个项目开发的基础，需求分析做得好，产品才能得到市场的认可，所开发的项目才有意义。

1. 需求分析的任务

对产品的需求(包括功能、性能、可生产性、可靠性、可维护性、可测试性等)进行定义，描述实现的初步考虑，对技术难点的解决方案制定实施计划和进一步的任务分解。

2. 需求分析的步骤

1) 获取用户的需求

这是需求分析中的第一项任务，也是最重要的一项任务。明确用户需要什么样的产品，包括产品的功能、性能、价格、尺寸、质量和功耗等，将需求细分为功能需求和非功能需求。对收集到的需求做进一步的分析和整理，然后将用户需求以文档及项目视图等方式呈交给相关人员，大家共同确认需求分析是否真实地反映了用户的意图。最后，确定系统的整体目标和系统的工作范围。

2) 分析用户的需求

分析用户需求是与获取用户需求并行的，主要通过建立模型的方式来描述用户的需求，这为系统研发人员提供了一个交流的渠道。这些模型是指对需求进行抽象，以可视化的方式提供一个易于沟通的桥梁。用户需求的分析与获取有着相似的步骤，区别在于分析需求时使用模型来描述，以获取用户更明确的需求。

3) 编写需求分析文档

在明确用户需要的产品标准和分析好怎样满足用户的需求之后，应该编写一份需求分析文档。尤其对一个大型系统而言，进行需求分析是一项复杂而费时的工作，而编写文档正是一个简化需求分析过程的好方法。总的来说，需求分析文档主要包括以下内容：

➢ 名称：这一项十分简单，但却十分有用。给该工程取一个名字不仅在和别人讨论这个工程时更加方便，也可以使设计的目的更加明确。

➢ 目的：确定研发中的目标和要求。

➢ 输入和输出：这两项内容比较复杂，包含了大量细节。

● 数据类型：模拟电信号和数字数据；

● 数据特性：数据的表示方法，每个数据元素多少位等；

● 输入/输出设备的类型：按键、模/数转换器、视频显示器等。

➢ 功能：系统所做工作更详细的描述。从输入到输出进行分析是提出功能的一种好方法。

➢ 性能：对系统使用中应该具备的各项性能参数的描述。

➢ 生产成本：生产成本主要包含了硬件构件的花费。如果不能确定要花费在硬件构件上费用的确切数目，那么要对最终产品的价格有一个粗略的了解，因为价格最终会影响系统的体系结构。

➢ 功耗：嵌入式系统功耗是一个重要的指标，设计中需要重点考虑这方面的信息。

➢ 物理尺寸和质量：系统的物理尺寸和质量是系统体系结构设计的基础。

4) 需求审查

需求分析的最后一步是根据需求文档对需求分析进行审查，主要包括有效性检查、一致性检查、完备性检查和现实性检查等。

10.1.2　总体方案设计

在完成项目的需求分析，写好需求分析文档之后，就要进行总体方案设计了。这部分工作我们也称为概要设计阶段。概要设计部分必须描述所设计的总体结构、外部接口、各主要部件的功能以及各主要部件之间的接口，必要时还必须对主要部件的每一个部件进行描述。在这个阶段，设计者会大致考虑并照顾模块的内部实现，但不要过多纠缠于此，应主要集中于划分模块、分配任务、定义调用关系。模块间的接口与传递参数在这个阶段要定得十分细致明确，应编写严谨的数据手册，避免后续设计产生不解或误解。概要设计一般不是一次就能做到位，而是要反复地进行结构调整。典型的调整是合并功能重复的模块，或者进一步分解出可以复用的模块。在概要设计阶段，应最大限度地提取可以重用的模块，建立合理的结构体系，节省后续环节的工作量。概要设计文档最重要的部分是分层数据流图、结构图、数据字典以及相应的文字说明等。以概要设计文档为依据，各个模块的详细设计可以并行展开。

在概要设计阶段需要编写概要设计说明书。概要设计说明书的内容包括：

➢ 提出系统体系结构，划分软硬件功能；定义软件和硬件之间的协议和其他接口关系；关键技术的研究及实现。

➢ 将硬件总体逻辑划分为独立的物理实体，定义每个物理实体的接口关系(协议、时序关系、电气特征)；物理实体定位为板级。

➢ 将软件总体逻辑划分为相对独立的模块，定义每个模块的接口关系(协议、时序关系等)；模块至少要划分为界面和后台部分，对于界面部分，还要列出它将要基于的硬件平台。

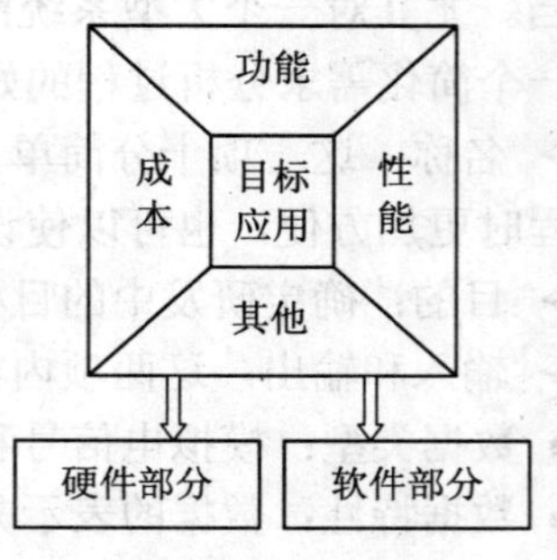

图 10.1　总体方案设计

下面从总体方案设计开始重点阐述在整个系统设计中需要考虑的问题，如图 10.1 所示。

在设计过程中，具体功能的实现都围绕目标应用而提出，功能、性能及成本等因素都是紧密联系、互相影响的，需要综合考虑。通常做一个具体产品时，需要根据目标应用从上述模块中选择所需要的模块，当这些功能模块确定之后，接下来需要考虑性能方面的问题。

10.1.3　详细设计阶段

概要设计就是设计软件的结构，包括组成模块、模块的层次结构、模块的调用关系、每个模块的功能等等。同时，还要设计该项目的应用系统的总体数据结构和数据库结构，即应用系统要存储什么数据，这些数据是什么样的结构，它们之间有什么关系。详细设计阶段就是为每个模块完成的功能进行具体的描述，要把功能描述转变为精确的、结构化的过程描述。

在详细设计阶段，各个模块可以分给不同的人去并行设计。设计者的工作对象是一个模块，根据概要设计赋予的局部任务和对外接口，设计并表达出模块的算法、流程、状态转换等内容。这里要注意，如果发现有结构调整(如分解出子模块等)的必要，必须返回到概要设计阶段，将调整反应到概要设计文档中，而不能就地解决。详细设计文档最重要的部分是模块的流程图、状态图、局部变量及相应的文字说明等。每个模块均需要提供详细的设计文档。

1. 划分硬件与软件

从体系结构上看，嵌入式系统是软件和硬件的统一体。因为嵌入式设计关系到硬件与软件的分工，设计人员必须决定问题的哪一部分在硬件中解决，哪一部分在软件中解决，这种选择称为软/硬件划分决策。

详细模块设计部分必须给出每一个基本部件的功能、算法和过程描述，扩充概要设计，以获得处理逻辑、数据结构和数据定义的更加详尽的描述，直到设计完善到足以能实现的地步。对硬件部分，要详细设计每个物理实体，包括原理图、单板软件接口、关键技术和器件说明。

对软件部分，要详细设计每个模块，包括每一模块的进一步逻辑功能划分、流程图、数据结构、编程工具及环境。

2. 硬件设计

1) 设计硬件子系统

硬件子系统的设计一般采用由上而下的设计方法。设计硬件子系统时先将硬件分成部件或模块，并画出一张或多张硬件部件的框图。一个框图表示一个单独的电路板或电路板的一部分(如处理器子系统、存储器子系统可以作为一个模块)、外设等，除非硬件设计非常简单或使用现成的板卡，否则很可能还需要将框图用于一个或多个电路板。把电路逻辑分割成大致对应于各功能的一些部件，这些功能将由某个成品芯片或某个需要制备的PAL(可编程阵列逻辑)芯片等提供。例如，CPU 在任何情况下都是一个标准模块，同样的还有存储器芯片和很多其他模块，如 UART 部件、以太网部件、现场可编程门阵列(FPGA)、子电路板等。

找出硬件各部件也就是将系统设计细化，把系统分成更多的可管理的小块，能够被独立地考虑，还可能被单独设计和实现。此外，这也有助于找出哪些部件可以是成品或可利用以前项目的部件，而不是从头做起。

这一阶段设计的硬件框图不仅对硬件设计者，而且对软件工程师和项目管理人员都非常有用。框图提供了一个快速直观的参考，框图给出了硬件之间的通信方式，硬件各部件之间的连接，并且帮助设计者在头脑中构建出一个高级的系统框架。

2) 定义硬件接口

接下来的步骤是设计硬件与软件之间的接口。接口的设计需要硬件设计者和软件设计者协同工作才能完成。硬件接口说明至少需要有以下几点。

(1) I/O 端口：需要列出硬件所用到的所有端口、端口地址、端口的属性(只读、只写、读写)、能写入各端口的所有命令和命令序列的意义；对于状态端口，需定义状态表示的意义。

(2) 硬件寄存器：对每个寄存器需要设计寄存器的地址和寄存器中的位地址、每个位表示的意义、对寄存器如何读/写的说明(例如，是通过读写某个 I/O 端口，还是命令序列)以及使用该寄存器的时序要求或其他约束。

(3) 共享内存或内存映像 I/O 的地址：对内存映像 I/O，需说明用以进行每个可能的 I/O 操作的读/写序列和地址分配。

(4) 硬件中断：如果系统使用硬件中断，应列出所使用的硬件中断号和其他硬件事件。

(5) 存储器空间分配：系统中程序存储器占用的地址、空间大小；数据存储器占用的地址、空间大小；用于存放配置参数的 EEPROM/NVRAM 的存储空间、访问方式等。

(6) 处理器的运行速度：有时必须提供系统处理器的运行速度，原因是进行软件设计时，一些参数如 UART 的波特率是由 CPU 的时钟分频得到的，设置 UART 时必须知道 CPU 的时钟。

3. 软件设计

1) 设计软件子系统

软件设计应采用由上而下的设计方法，在定义了硬件接口后，将系统的软件分解成一些适当定义好的子系统或模块，目的是找出自成一体的模块或子系统。考虑这些模块或子系统之间的关系比考虑和讨论整个系统更容易些，并且分离出的软件模块可以并行开发，然后进行组装。例如设计一个嵌入式系统，包括 LCD 显示、UART 通信端口、以太网端口，设计时把这些模块分开，分别设计和实现，将会大大加快项目的进展。

分解模块独立开发，可以复用以前的设计工作，避免重复开发每一个子系统。也可以购买注册第三方的软件(如开发网络设备)或商品化的TCP/IP协议栈以缩短产品上市的时间。

软件设计同样采取自上而下的设计方法，应该按照下面的原则进行：先设计大的子系统，然后把大的系统设计进行细化，把较大的子系统分成小的子系统，小的子系统再划分，如此下去，直到每个模块都细化成一个可管理的子系统为止。例如使用 C 语言进行程序设计时，软件设计的最终细化是提供到函数一级的设计。对于一个中小规模的项目来说，这通常是一个多层次的工作。

对于一个大型的嵌入式软件设计来说，设计可能由分层的部门来完成，上层部门或人员完成上层系统的设计，最底层的程序员完成自己负责的功能模块，如网络协议栈开发工作中负责协议栈的设计和实现，设计到 C 语言的函数一级。

软件是数据、数据结构和算法的综合体，它们合在一起完成某个特定的功能。系统的其他部分对子系统数据无直接的访问，使用该子系统的程序员/设计者无须知道其内部是如何工作的，只需知道它干什么和如何使用它，也就是说，模块实现的细节对使用者来说是透明的。

接下来，我们详细介绍各个子系统和模块的功能。其实在找出子系统时，设计者已经开始做这种工作了，因为这个任务本身就需要理解各个子系统的功能。软件设计者需要加强对各子系统的了解，如各子系统做什么用，它提供什么服务和需要别的哪个子系统提供什么服务。这些子系统的功能描述应该以文档的形式提供。需要说明的是，在设计嵌入式软件模块时，设计者必须用专业技能和专业知识确保系统实时性良好并且在允许的范围内不占用更多的存储空间。

2) *定义软件接口*

规定各个子系统配备的软件接口；详细规定说明 API(应用程序编程接口)，如规定函数调用、数据结构以及各系统接口用到的全局数据。用函数原型、数据结构声明、类声明等建立头文件。

3) *规定系统启动和关闭过程*

说明系统启动和关闭过程中事件发生的顺序。对于启动过程，说明硬件和软件子系统初始化的细节以及初始化的顺序。

4) *规定出错处理方案*

在设计阶段建立出错处理策略，在实现阶段尽早建立出错处理程序(或留出这个程序的位置)是非常重要的。尽早定义出错处理程序有助于确保程序员在设计一开始就纳入出错处理代码，而不会在实现过程中因出错处理功能的定义工作还没到位而忽略出错条件。

许多在实现过程暴露出的潜在的出错条件可以容许被忽略，或者说容易逐步地解决。但是当出现了一个不可忽略的错误，或当发生了一些不合常理的事和一些意味着软件有隐藏错误或系统被破坏的事时，出错处理策略应当包括对致命性错误的应对处理。

嵌入式系统的应用环境千差万别，对于出错的处理，不同的系统所用的处理方法不同。如有的系统具有自动复位功能，有的系统需要一个模块通知系统管理员进行处理，有的系统可能具有冗余功能，冗余监视模块监视系统的运行。当出现不可恢复的错误时，进行冗余切换。所有的纠正方法取决于系统的用户界面、通信能力、任务的重要程度以及其他系统特点。

5) *项目文档编写*

在嵌入式项目开发过程中，涉及了一系列文档。这些文档要求具有针对性、精确性、清晰性、完整性、灵活性和可追溯性。标准规范的文档体现了思维的缜密性、工作的细心程度以及对业务的熟悉程度，对完成项目设计和维护等工作非常重要。

一般来说，在项目的不同阶段应提交的文档如下：

➢ 立项阶段：市场调查报告、立项报告、项目任务书、产品商标和型号申请书。

➢ 需求分析阶段：需求规格说明书、需求节点技术评审申请表、技术可行性报告、风险评估报告。

➢ 设计阶段：概要设计说明书、概要节点技术评审申请表、详细设计说明书、详细节点技术评审申请表、专利申请书。

➢ 编码阶段：编码规范文档。

➢ 测试阶段：测试计划、单元测试表、单元测试报告、综合测试表、综合测试报告、系统联调报告、系统测试表、系统测试报告、版本号申请表。

➢ 完成阶段：系统文件提交表、单板技术说明书、项目开发总结报告、资料移交表、文档审核报告、验收申请表、节点技术评审决议书、验收评审决议书、研发经费使用报告、项目进度报告、项目结题报告。

➢ 发布阶段：操作手册、系统说明书、安装实施手册、版权登记申请表、质量信息反馈表、技术通知发布表。

10.1.4　项目测试及中试

1. 项目测试

项目测试主要有两种方法：黑盒测试和白盒测试。

白盒测试也称结构测试或逻辑驱动测试，它是按照程序内部的结构测试程序，通过测试来检测产品内部动作是否按照设计规格说明书的规定正常进行，检验程序中的每条通路是否都能按预定要求正确工作。白盒测试目前主要用在具有高可靠性要求的软件领域，例如：军工软件、航天航空软件、工业控制软件等等。白盒测试工具在选购时应当主要比较对开发语言的支持、代码覆盖的深度、嵌入式软件的测试、测试的可视化等参数。

黑盒测试也称功能测试，它是通过测试来检测每个功能是否都能正常使用。在测试中，把程序看做一个不能打开的黑盒子，在完全不考虑程序内部结构和内部特性的情况下，在程序接口进行测试，它只检查程序功能是否按照需求规格说明书的规定正常使用，程序是否能适当地接收输入数据而产生正确的输出信息。黑盒测试着眼于程序外部结构，不考虑内部逻辑结构，主要针对软件界面和软件功能进行测试。黑盒测试是以用户的角度，从输入数据与输出数据的对应关系出发进行测试的。很明显，如果外部特性本身设计有问题或规格说明的规定有误，用黑盒测试方法是发现不了的。

嵌入式系统项目测试包括硬件测试和软件测试两部分。硬件测试对产品硬件的功能度、安全可靠性、兼容性、可扩充性、效率、资源占用、易用性、用户文档 8 个质量特性给予测试评价。具体内容包括单板测试和系统测试两部分。需要做单板兼容性测试、一致性测试、回归测试和综合测试等。单元测试着重单板测试，或者说板内模块的测试，包括单板调试阶段、单板设计功能验证阶段等。但单板测试不同于单元测试，单板测试时要放置于系统中，单板才有意义。系统测试是对整个系统功能、可靠性等的测试，是多块单板的组合，也是系统功能的验证。系统测试需要更多模块间的耦合性及各模块的协调工作能力。

嵌入式软件项目测试常采用"瀑布型"开发方式。在这种开发方式下，各个项目主要活动比较清晰，易于操作。整个项目生命周期为"需求—设计—编码—测试—发布—实施—维护"。然而，在制定测试计划的时候，有些测试经理对测试的阶段划分还不是十分明晰，经常遇到的问题是把测试单纯理解成系统测试，或者把各类型测试设计(测试用例的编写和测试数据准备)全部放入生命周期的"测试阶段"，这样造成的问题是一方面浪费了开发阶段可以并行的项目日程，另一方面造成测试不足。

2. 中试

中试是中间性试验的简称，是产品样机向批量产品转化的必要环节。批量产品的成败主要取决于中试的成败。中试产品是指经初步技术鉴定或样机研试成功的科技成果，为验证、补充相关数据，确定、完善技术规范(即产品标准和产品工艺规程)或解决工业化、商品化规模生产关键技术而进行的试验或试生产阶段的产品。

中试过程中必须完成以下几个方面的工作：

➢ 可生产性的评价及建议；
➢ 可靠性的评价及建议；
➢ 易施工的评价及建议；
➢ 外观设计的评价及建议；
➢ 从人体工程学对人机操作的评价及建议；
➢ 产品功能的进一步确认；
➢ 产品性能的进一步检测。

中试在以上工作的基础上形成生产工艺、施工工艺和产品定型意见。项目组要对中试提出的意见进行研究，以确定是否对有关功能进行改进和增加。

10.1.5 项目结题

在嵌入式项目研发完成之后，有必要对整个研发过程进行总结，这就是项目结题。结题由公司技术部门组织，主要内容有项目进度、经费使用情况及经费决算、项目质量、生产技术支持、生产定型情况等，并且要对项目的质量进行评价，其依据是节点技术评审决议书和项目验收评审决议书。结题之后项目组才能正式解散，但是一旦发生产品质量问题，原项目组成员必须优先解决。项目结题必须形成项目结题报告，呈交有关部门。

10.2 嵌入式系统工程设计方法简介

10.2.1 由上而下与由下而上

由上而下是目前电子类产品开发中常用的设计方式，所有的设计皆是遵循系统工程的流程来进行的，确定需求、制定系统规格、设计、实现、测试，皆是一步一步、按部就班地进行。

与由上而下相对，由下而上的意思则是说，一个系统是由已经有的基础(或组件)为起点，开始往上延伸，最后将系统完成，所以在先天上已经有所限制。

就这两种方法来说，它们都是依循着系统工程的流程在进行，最大的不同在于，由下而上的设计已被局限在某个特定的框框中，需要根据现成的组件(或次系统)来完成整个系统。

实际上，在实际的系统设计时，大部分情况都是这两种方法的混和体，很少有整个项目都是由上而下的，同样，也很少有整个项目都是由下而上的。由上而下的设计方式需要考虑到现实因素，刚开始接触设计的人也许会设计出一些他心中“完美”的系统。例如，使用非常特殊的电阻来匹配电路，或用一个特制螺丝来固定机构。但是现实是需要妥协的，就是说还必须采用由下而上的设计方法。虽然说系统的设计讲究程序，不过有一些系统设计的智慧，还是要经过经验的累积才能得到。

10.2.2　UML 系统建模

UML(Unified Modeling Language)是一种建模语言(Modeling Language)，用于对软件系统制品进行详述、可视化、构造和文档化，也可以用于业务建模以及其他非软件系统的建模。作为一种建模语言，UML 定义了建立面向对象系统模型所需的概念(建模元素)并给出其可视化表示法，但是它并不介绍如何进行系统建模，所以它只是一种面向对象建模语言，而不是一种面向对象建模方法。UML 是独立于过程的，就是说，这种建模语言并不只针对某种特定的过程，它可以适应不同的建模过程，可以配合不同的过程指导构成不同的建模方法。

人类语言的功能在于让用相同语言的人可以互相沟通，而电脑语言的作用，就是使人类和电脑可以互相“倾听”对方。UML 也是一种语言，它利用视觉化的方法来制定、构建以及记录对象导向系统。因此可以把 UML 当作一种软件上常用的语言。

使用 UML 的好处在于可以在短时间内了解别人要传达的消息，而不是花时间在了解消息本身如何解读。UML 提供了基础的工具与基本的规范。在这个基础上，用户可以利用这个语言去描述他所想要描述的系统，用不同的界面去描绘系统的不同方面。

就嵌入式项目系统而言，系统有许多不同的“面相”，需要用不同方法去记录与描述。就如同盖大楼一样，一个大楼是无法只由一张蓝图就能完全描述清楚的。盖大楼需要有结构图、水电分配图、网络布线图、室内装潢规划图等等。一个系统也是如此。传统的程序流程图无法详细描述到系统的每一个细节，只有利用适当的方法，才能将一个系统的每一个功能在设计阶段就被审慎地考虑。在系统设计的阶段将系统的架构稳定下来，才不会在系统完成实现时才发现系统有潜在问题。

10.2.3　面向对象的思想

1. 面向对象技术的基本概念

面向对象技术是分析问题和解决问题的新方法。其基本出发点就是尽可能按照人类认识世界的方法和思维方式来分析和解决问题。客观世界是由许多具体的事物或事件、抽象的概念、规则等组成的。

在面向对象的设计方法中，对象和消息传递分别是表现事物和事物间相互联系的概念。

类和继承是适应人们一般思维方式的描述范式。方法是允许作用于该类对象上的各种操作。这种对象、类、消息和方法的程序设计范式的基本点在于对象的封装性和继承性。通过封装能将对象的定义和实现分开，通过继承能体现类与类之间的关系，以及由此带来的动态联编和实体的多态性，从而构成了面向对象的基本特征。

2. 面向对象的系统分析

面向对象分析(Object-Oriented Analysis，OOA)基本方法共分为五大步骤：标识对象、标识结构、标识主题、定义属性及定义服务。下面分别作简要介绍。

1) 标识对象

OOA 中的对象实质上是类，它可定义为对数据和在其上执行操作的抽象，反映出一个系统为现实世界的事物保存信息及与其发生相互作用的能力，同时它也是属性的值以及这些属性上专有操作的封装。

2) 标识结构

结构是问题空间里复杂事物和复杂关系的表示。这里结构分为两种：分类结构和组装结构。分类结构用于刻划问题空间的类——成员层次，它通过搜集公共特性并把这种特性扩充到特例中来显示现实世界事件的通用性及专用性。组装结构刻划一个整体及其组成部分。

3) 标识主题

主题提供了一个引导读者(分析员、问题领域的专家、管理者或客户)在一定时间内所能考虑和理解模型的多少部分的机制，主题同时也给出了 OOA 模型的概貌。

4) 定义属性

属性是描述对象或分类结构实例的数据单元。通过对抽象模型增加更多的细节，属性明确了一个对象的名字的含义。在 OOA 中，对属性的定义分为以下步骤：认定属性、确定属性的位置、识别实例的关联、检查特例、说明属性。

5) 定义服务

一个服务就是收到一条消息之后所执行的处理。服务进一步细化了现实的抽象表示，它表明某个类的对象能提供什么处理。

3. 面向对象的系统设计

在面向对象分析与面向对象设计(Object-Oriented Design，OOD)之间并没有像传统范型那样明显的界限，这与采用了一致的思维方式及面向对象范型本身就是基于状态变换和进化的认识论有关。但两者之间在抽象程序、先后顺序、侧重点等方面存在差别。

尽管对 OOD 的地位和作用已经有一定的认识，但目前还没有现成的、形式化的方法论，相应的工具也处于研究之中。下面简要介绍 OOD 的基本方法和步骤。

1) 类的认定

OOD 中关于类的认定与 OOA 中关于对象的认定有着密切的关系。但是 OOD 中对类的认定不能像 OOA 中那样以准确反映问题空间为衡量准则，更多的要考虑通过对类以及类层次结构的认定，寻找解空间的基本结构，并为实现提供有效的支持。

2) 类的设计

在任何面向对象应用中，类实例都是系统的主要部分，而且如果采用纯面向对象的方法，那么整个系统就是由类实例组成的。因此，每个独立的类的设计对整个应用系统都有影响。

3) 类层次结构的组织

OOD 中类层次结构的组织与 OOA 采用的策略是相似的，但在涉及递增开发时将有所不同。OOA 基于分类的概念，利用现实世界中对事物的分类来认定对象及其分类结构，再导出相应的类层次结构。但是如果考虑重用已有的类层次结构，就会出现问题。从设计和实现的角度来看，需要类层次结构中的非叶结构点，也可以有实例。在这一点上，需要设计人员有扎实的面向对象概念基础，有丰富的经验，因而是掌握 OOD 和 OOP(Object Oriented Programming，面向对象的程序设计)的难点之一。

4) 类模块之间的接口技术

类模块之间的接口是 OOD 中的一个关键，接口的方法大致有以下几类：

(1) 通过继承机制实现类之间的接口。第一种方法可定义两层或多层：描述接口的通用类以及提供各种实现的子类(例如以列表作为通用类，以堆栈、队列等作为列表的实现)，从而实现同一接口、不同实现的接口方法。第二种方法使用继承机制实现类模块接口对称目的：采用几种接口移植到基本模块中，通过继承的正交性与输出机制来实现此方法。通用类不作输出，而多个子类执行不同的输出。例如银行的账目作为通用类，而由不同的用户来实现对它的查询。

(2) 使类实例具有人工智能的状态机和主动数据结构。在定义类实现抽象数据类型及数据抽象时，将这些抽象设置成“主动”方式。也就是说，类实例不仅作为信息的被动集合，而且可看做具有内部状态及局部存储的状态集合。这为类之间的接口提供了有用的方法。

5) 对类库和应用构架的支持

OOD 的最终目标是把方法和实例变量放在类库中抽象层次尽可能高的类中，一个方法在类库的类层次结构中的层次越高，能够共享这个方法的子类就越多，以这种方式进行设计，就使重用达到了最大的可能限度。由于类库的目标是支持重用，因此纳入类库的类层次结构必须仔细加以推敲。

10.3 本章小结

本章首先介绍了嵌入式系统项目的主要开发流程。对需求分析、总体方案的设计、项目审查、项目详细设计、测试、项目中试及项目结题等步骤做了详细的介绍，为嵌入式系统项目开发提供一些借鉴。本章的后半部分介绍了三种嵌入式系统工程设计方法，包括由上而下与由下而上的设计方式，最后介绍的面向对象的思想是分析问题和解决问题的新方法，其基本出发点就是尽可能按照人类认识世界的方法和思维方式来分析和解决问题。在嵌入式项目中引入面向对象的思想，有助于分清设计的层次，确定类模块之间的接口，加快开发进度。

思考与练习

1. 用户的需求一般包括哪些方面？

2. 怎样写需求说明书？
3. 简述嵌入式系统设计的总体流程。
4. 简述项目审查中立项单位和审查单位的注意事项。
5. 详细模块的开发一般划分为哪两部分？各自的流程怎样？
6. 在项目的每个阶段应提交的文档有哪些？
7. 项目结题报告的基本格式和要求是什么？
8. 简述由上而下与由下而上设计方法的不同之处。
9. 按照 UML 规范，开发一个系统模型需要建立哪几种图？
10. 简述使用 UML 的好处。

后　记

早在两年前就开始准备这本书了，但是由于工作忙，再加上其他的一些事情，这本书的出版一再推迟，这里我要感谢西安电子科技大学出版社的支持和帮助，正是他们的鼓励，让我顺利写完了这本书！

在我国，电子领域虽然进步很大，但和发达国家相比仍有不小的差距。在目前提倡发展自主知识产权和国家产业转型的大环境下，我们获得了很好的机遇。嵌入式系统为技术研发提供了一种很好的工具和平台，在工业、医疗、军事、农业等各行各业中具有良好的应用前景，特别是随着智能社会、物联网等技术的推广，将获得更好更多的应用。

现在嵌入式技术发展进步很快，这方面也有很多很好的著作。本书主要针对初学嵌入式系统的读者，对整个嵌入式系统相关知识进行了整理。由于时间和水平有限，书中难免有不完善和疏漏的地方，请大家批评指正。另外，本书在编写过程中参考了很多相关资料，包括网上的许多资料，由于篇幅限制，在此一并表示感谢。

最后，欢迎广大读者基于本书能够提出自己的想法，也欢迎大家和我交流。我的邮箱：huangjun@cqupt.edu.cn，huangjun@sjtu.org。

参考文献

[1] Stuart R. Ball P. E. Embedded Microprocessor System：Real World Design Third Edition，中译本[M]. 北京：电子工业出版社，2004

[2] 杜春雷. ARM 体系结构与编程[M]. 北京：清华大学出版社，2003

[3] 周明德，蒋本珊. 微机原理与接口技术[M]. 北京：人民邮电出版社，2002

[4] 张钧良. 计算机组成原理[M]. 北京：清华大学出版社，2003

[5] 张琦文，谢建雄，谢劲心. ARM 嵌入式常用模块与综合系统设计实例精讲[M]. 北京：电子工业出版社，2007

[6] 韩山，郭云，付海艳. ARM 微处理器应用开发技术详解与实例分析[M]. 北京：清华大学出版社，2007

[7] 胡伟. ARM 嵌入式系统基础与实践[M]. 北京：北京航空航天大学出版社，2007

[8] 周建设. Windows CE 设备驱动及 BSP 开发指南[M]. 北京：中国电力出版社，2009

[9] 何宗健. Windows CE 嵌入式系统[M]. 北京：北京航空航天大学出版社，2006

[10] 张冬泉，谭南林. Windows CE 开发实例精粹[M]. 北京：电子工业出版社，2008

[11] 张冬泉，谭南林，苏树强. WINDOWS CE 实用开发技术. 2 版. [M]. 北京. 电子工业出版社，2008

[12] 李大为. Windows CE 工程实践完全解析[M]. 北京：中国电力出版社, 2008

[13] 傅曦，齐宇. 嵌入式 Windows CE 开发技巧与实例[M]. 北京：化学工业出版社，2004

[14] 田东风. Windows CE 应用程序设计[M]. 北京：机械工业出版社，2003

[15] 叶宏材，陈峙桐. Windows CE.NET 嵌入式工业控制器及自动控制系统设计[M]. 北京：清华大学出版社，2005

[16] 隋成城，周博. Visual C++.NET 基础教程[M]. 北京：机械工业出版社，2004

[17] 王宏，李冬，付新苗. Windows API 常用技巧汇编[M]. 北京：清华大学出版社，2000

[18] 姜波. Windows Embedded CE 6.0 程序设计实战[M]. 北京：机械工业出版社，2008

[19] 马忠梅. ARM 嵌入式处理器结构与应用基础. 北京：北京航空航天大学出版社，2002

[20] 马忠梅. ARM & Linux 嵌入式系统教程. 北京：北京航空航天大学出版社，2004